Adriano Oprandi
Angewandte Differentialgleichungen
De Gruyter Studium

Weitere empfehlenswerte Titel

Angewandte Differentialgleichungen
Adriano Oprandi, 2021

Band 1: Kinetik, Biomathematische Modelle
ISBN 978-3-11-068379-0, e-ISBN (PDF) 978-3-11-068380-6,
e-ISBN (EPUB) 978-3-11-068406-3

Band 2: Elastostatik, Schwingungen
ISBN 978-3-11-068381-3, e-ISBN (PDF) 978-3-11-068382-0,
e-ISBN (EPUB) 978-3-11-068407-0

Band 3: Baudynamik
ISBN 978-3-11-068413-1, e-ISBN (PDF) 978-3-11-068414-8,
e-ISBN (EPUB) 978-3-11-068423-0

Band 4: Wärmetransporte
ISBN 978-3-11-068445-2, e-ISBN (PDF) 978-3-11-068446-9,
e-ISBN (EPUB) 978-3-11-068474-2

Band 6: Fluiddynamik 2
ISBN 978-3-11-068453-7, e-ISBN (PDF) 978-3-11-068454-4,
e-ISBN (EPUB) 978-3-11-068471-1

Differentialgleichungen und mathematische Modellbildung
Eine praxisnahe Einführung unter Berücksichtigung
der Symmetrie-Analyse
Nail H. Ibragimov, 2017
ISBN 978-3-11-049532-4, e-ISBN (PDF) 978-3-11-049552-2,
e-ISBN (EPUB) 978-3-11-049284-2

Numerik gewöhnlicher Differentialgleichungen
Band 1: Anfangswertprobleme und lineare Randwertprobleme
Martin Hermann, 2017
ISBN 978-3-11-050036-3, e-ISBN (PDF) 978-3-11-049888-2,
e-ISBN (EPUB) 978-3-11-049773-1

Numerik gewöhnlicher Differentialgleichungen
Band 2: Nichtlineare Randwertprobleme
Martin Hermann, 2018
ISBN 978-3-11-051488-9, e-ISBN (PDF) 978-3-11-051558-9,
e-ISBN (EPUB) 978-3-11-051496-4
Band 1 und 2 als Set erhältlich (Set-ISBN: 978-3-11-055582-0)

Adriano Oprandi

Angewandte Differential-gleichungen

Band 5: Fluiddynamik 1

DE GRUYTER

Mathematics Subject Classification 2010
65L10

Author
Adriano Oprandi
Bartenheimerstr. 10
4055 Basel
Schweiz
spideradri@bluewin.ch

ISBN 978-3-11-068451-3
e-ISBN (PDF) 978-3-11-068452-0
e-ISBN (EPUB) 978-3-11-068475-9

Library of Congress Control Number: 2020938225

Bibliografische Information der Deutschen Nationalbibliothek
Die Deutsche Nationalbibliothek verzeichnet diese Publikation in der Deutschen
Nationalbibliografie; detaillierte bibliografische Daten sind im Internet über
http://dnb.dnb.de abrufbar.

© 2020 Walter de Gruyter GmbH, Berlin/Boston
Umschlaggestaltung: dianaarturovna / iStock / Getty Images Plus
Satz: le-tex publishing services GmbH, Leipzig
Druck und Bindung: CPI books GmbH, Leck

www.degruyter.com

Inhalt

1   Einleitung —— 1

2   Reibungsfreie Rohrströmungen —— 2
2.1   Kontinuitätsgleichung —— 3
2.2   Die Euler- und die Bernoulli-Gleichung —— 4
2.3   Der Stützkraftsatz —— 13
2.4   Ausfluss- und Entleerungszeiten —— 24

3   Strömungswirbel —— 33
3.1   Starrer Wirbel —— 33
3.2   Potenzialwirbel (Badewannenwirbel) —— 33
3.3   Rankine-Wirbel —— 34
3.4   Umrechnung eines Vektorfeldes von kartesischen
         in Polarkoordinaten —— 34
3.5   Die Rotation einer Strömung —— 36
3.6   Die Zirkulation einer Strömung —— 38
3.7   Die Euler-Gleichung für normale Koordinaten —— 42
3.8   Die Euler-Gleichung für Kreisbahnen —— 43

4   Potenzialströmungen —— 45
4.1   Stromlinien —— 48
4.2   Stromfunktion —— 48

5   Lösungen von Potenzialströmungen —— 55
5.1   Die erste Grundlösung: die Translationströmung —— 55
5.2   Die zweite Grundlösung: die Quellströmung —— 56
5.3   Überlagerung von Translations- und Quellströmung —— 56
5.4   Überlagerung von Translations-, Quell- und Senkeströmung —— 60
5.5   Die dritte Grundlösung: die Dipolströmung —— 63
5.6   Überlagerung von Translations- und Dipolströmung —— 64
5.7   Die vierte Grundlösung: der Potenzialwirbel —— 67
5.8   Überlagerung von Potenzialwirbel und Quell-
         bzw. Senkeströmung —— 68
5.9   Überlagerung von Translationsströmung
         und zwei Potenzialwirbeln —— 69
5.10   Überlagerung von Zylinderumströmung und Potenzialwirbel —— 71

6   Keil- und Eckströmungen —— 77

VI —— Inhalt

7 **Räumliche Potenzialströmungen** —— **82**
7.1   Räumliche Translationsströmung —— **87**
7.2   Räumliche Staupunktströmung —— **87**
7.3   Räumliche Quell- oder Senkeströmung —— **90**
7.4   Überlagerung von räumlicher Translations- und Quellströmung —— **91**
7.5   Räumliche Dipolströmung —— **93**
7.6   Umströmung einer Kugel —— **93**

8 **Reibungsbehaftete Rohrströmungen** —— **95**
8.1   Die Bernoulli-Gleichung für reibungsbehaftete Rohrströmungen —— **95**
8.2   Laminare Rohrströmungen —— **99**
8.3   Turbulente Rohrströmungen —— **102**

9 **Lineare Wellenthoerie nach Airy** —— **105**

10 **Gerinneströmungen** —— **125**
10.1   Energielinie und Wasserspiegel bei konstantem Abfluss —— **126**
10.2   Maximaler Abfluss bei konstanter Energie —— **133**
10.3   Minimaler benetzter Umfang —— **133**
10.4   Wehrüberströmungen —— **137**
10.5   Unterströmung eines Schützes —— **142**
10.6   Reibungsbehaftete Gerinneströmungen —— **147**
10.7   Instationäre Gerinneströmungen —— **154**
10.8   Das Spannungs- und Geschwindigkeitsprofil
           einer Gerinneströmung —— **159**

11 **Strömungen von Gasen** —— **162**
11.1   Die Isentropengleichungen —— **162**
11.2   Rohrströmungen von Gasen —— **163**
11.3   Die Energiegleichung für Gase —— **165**
11.4   Gasgeschwindigkeiten —— **165**

12 **Die Laval-Düse** —— **171**
12.1   Die Hugoniot-Gleichung —— **171**
12.2   Der senkrechte Verdichtungsstoß —— **177**
12.3   Änderung der Ruhegrößen beim Verdichtungsstoß —— **182**
12.4   Das Pitot-Rohr —— **183**
12.5   Fiktiver kritischer Querschnitt einer Unterschallströmung —— **184**

Übungen —— **189**

Weiterführende Literatur —— **195**

Stichwortverzeichnis —— **197**

1 Einleitung

Große Siedlungen seit der Antike verlangten nach immer neueren Ideen und Fertigkeiten, um die Wasserversorgung der Bevölkerung zu gewährleisten. Ein beindruckendes Beispiel hierfür ist das Wassersystem des römischen Reichs.

Aus bis zu 100 km Entfernung wurde das Wasser bis in die Nähe der Stadt geleitet und dann, um das Wasser sauber und kühl zu halten, in unterirdischen Kanälen ins Innere der Stadt geführt. Über weitere Kanäle und Rohre aus Blei oder Ton wurde das Abwasser entsorgt. Musste man Täler oder Senken überwinden, dann konnte man die beiden höchsten Talpunkte durch eine leicht fallende Leitung auf einem Aquädukt verbinden. Dabei durfte das Gefälle der Leitungen nicht zu klein sein, um ein Fließen zu gewährleisten, aber nicht zu groß, um nicht unnötig Höhe (Potenzialenergie) zu verschenken. Das Gefälle schwankte etwa zwischen 0,1 % bis 0,4 % (Das niedrigst mögliche Gefälle liegt bei 0,07 %).

Oft führten die Leitungen steil einen Abhang hinab, um auf der anderen Seite des Tals wieder (fast gleich hoch) hinaufzusteigen. An den Knickstellen schoss das Wasser mit solch großer Geschwindigkeit heran, dass die Ingenieure die Leitung durch Becken erweiterten, um den Druck auf die Krümmungsstelle zu nehmen. Die Rohre besaßen kleine Löcher, Luft und Wasser konnten entweichen und so (durch eine Grenzschicht entstandene) Turbulenzen vermindern. Zudem war die Oberfläche des Rohrinneren nicht zu glatt, um beim Öffnen der Leitung keine (Schock)-Welle zu verursachen, aber auch nicht zu rauh, um Reibungsverluste geringer zu halten.

Vieles, was die damaligen Ingenieure aus Erfahrung erkannten und umsetzten, werden wir im Folgenden mit unseren heutigen Begriffen und Modellen beschreiben können.

https://doi.org/10.1515/9783110684520-001

2 Reibungsfreie Rohrströmungen

Normalerweise bestimmen vier Kriterien die Art einer Strömung.

i) Dimension. Im Allgemeinen verlaufen Strömungen dreidimensional. Bei leicht gekrümmten oder geradlinigen Rohren kann man zwei der drei Geschwindigkeitskomponenten gegenüber der Hauptstromrichtung vernachlässigen. Die Strömung ist dann eindimensional.

ii) Zeitabhängigkeit. Bei Anlauf- und Anschaltvorgängen ist die Strömung zusätzlich instationär, also zeitabhängig. Eine stationäre Strömung liegt vor, wenn die charakteristischen Zustandsgrößen zeitunabhängig sind: $\frac{dv}{dt} = \frac{dp}{dt} = \frac{dT}{dt} = \frac{d\rho}{dt} = 0$.

iii) Dichte der Strömung. Dazu definieren wir:
a) Ein Fluid heißt inkompressibel, wenn die Dichte $\rho = konst.$ ist.
b) Eine Strömung heißt inkompressibel, wenn sich die Dichte des Fluids mit der Zeit nicht ändert: $\frac{d\rho(x,y,z,t)}{dt} = 0$. Das bedeutet nicht, dass die Strömung dann stationär ist.

Andere Größen wie die Geschwindigkeit können immer noch von der Zeit abhängen. Inkompressibilität bedeutet, dass z. B. jedes Tröpfchen, das durch einen Ort $P(x, y, z)$ strömt, zu jeder Zeit dieselbe Dichte aufweist.

Inkompressibel bedeutet aber nicht zwangsweise, dass die Dichte an jedem Ort konstant sein muss, diese kann immer noch ortsabhängig bleiben. Beispielsweise besteht die Meerströmung aus Lagen verschiedener Dichten (die dichteste unten).

Ob die Kompressibilität berücksichtigt werden muss, hängt von der Machzahl $Ma = \frac{v}{c}$ (mit der Strömungsgeschwindigkeit v und der Schallgeschwindigkeit c) ab.

Bei einer Machzahl von $Ma^2 \ll 1$ kann man die Strömung als inkompressibel betrachten. In der Praxis setzt man den Richtwert bei $Ma = 0,3$ an. Für Wasser wäre dann $v = 1600 \frac{km}{h}$ und für Luft $v = 360 \frac{km}{h}$.

Es gibt dazu drei Erhaltungssätze, die eine reibungsfreie Strömung mit den obigen drei Kriterien berücksichtigen: Die Kontinuitätsgleichung (Massenerhaltungssatz), die Euler-Gleichung (Impulserhaltungssatz) und die Bernoulli-Gleichung (Energieerhaltungssatz).

Speziell in Wandnähe müssen die Reibungskräfte berücksichtigt werden.

iv) Reibung. Solche Strömungen nennt man viskos. Überwiegen Trägheitskräfte oder Druck- und Gewichtskraft, dann kann man näherungsweise von der Reibung absehen. Wird die Reibung miteinbezogen, dann erhält man die Navier-Stokes-Gleichungen (siehe 6. Band).

https://doi.org/10.1515/9783110684520-002

2.1 Kontinuitätsgleichung

Wir betrachten eine dreidimensonale, instationäre, kompressible Strömung. Das bedeutet, sowohl Geschwindigkeit als auch Dichte sind vom Ort und von der Zeit abhängig: $v(x, y, z, t), \rho(x, y, z, t)$. Dasselbe gilt folglich auch für die drei Raumkomponenten der Geschwindigkeit $v_x(x, y, z, t)$, $v_y(x, y, z, t)$ und $v_z(x, y, z, t)$.

Wir greifen ein Volumenelement $dV = dx\,dy\,dz$ zur Zeit t heraus (Abb. 2.1).

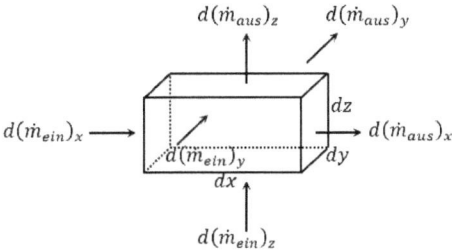

Abb. 2.1: Skizze zum Volumenelement

Definition. In Analogie zum Wärmestrom bezeichnen wir mit $\dot{m} = \frac{dm}{dt} = \lim_{\Delta t \to 0} \frac{\Delta m}{\Delta t}$ den Massenstrom, die pro Zeiteinheit durch einen Querschnitt A fließende Masse.

$m(t)$ sei die Masse zur Zeit t. Innerhalb des Zeitraums Δt wächst diese Masse um den eindringenden Teil Δm_{ein} und fällt um den austretenden Teil Δm_{aus} auf den Wert $m(t + \Delta t)$.

Insgesamt erhalten wir

$$m(t + \Delta t) = m(t) + \Delta m_{ein} - \Delta m_{aus} .$$

Im mehrdimensionalen Fall hat man $m(t + \Delta t) - m(t) = \sum \Delta m_{ein} - \sum \Delta m_{aus}$.

Die Division durch Δt liefert

$$\frac{m(t + \Delta t) - m(t)}{\Delta t} = \sum \frac{\Delta m_{ein}}{\Delta t} - \sum \frac{\Delta m_{aus}}{\Delta t} .$$

Der Grenzübergang führt zur Massenstrombilanz $d\dot{m} = \sum(\dot{m}_{ein} - \dot{m}_{aus})$. Für ein kleines Kontrollvolumen dV wird daraus $d\dot{m} = \sum(d(\dot{m}_{ein}) - d(\dot{m}_{aus}))$. Die gesamte Massenstromänderung aufgrund der Kompressibilität ist

$$
\begin{aligned}
d\dot{m} &= \frac{\left(\rho + \frac{\partial \rho}{\partial t}\,dt + \frac{1}{2} \cdot \frac{\partial^2 \rho}{\partial t^2}\,dt^2 + \cdots\right) dx\,dy\,dz - \rho\,dx\,dy\,dz}{dt} \\
&\approx \frac{\left(\rho + \frac{\partial \rho}{\partial t}\,dt\right) dx\,dy\,dz - \rho\,dx\,dy\,dz}{dt} = \frac{\partial \rho}{\partial t}\,dx\,dy\,dz \quad \text{(1. Näherung)} .
\end{aligned}
$$

Für den Massenstrom $d(\dot{m}_{\text{ein}})_x$ des Volumenelements dV in x-Richtung gilt $d(\dot{m}_{\text{ein}})_x = \frac{\rho\,dx\,dy\,dz}{dt} = \rho v_x\,dy\,dz$.

Damit folgt wieder in 1. Näherung $d(\dot{m}_{\text{aus}})_x \approx (\rho v_x + \frac{\partial(\rho v_x)}{\partial x}\,dx)dy\,dz$.

Für die Differenz ist

$$d(\dot{m}_{\text{ein}})_x - d(\dot{m}_{\text{aus}})_x = -\frac{\partial(\rho v_x)}{\partial x}\,dx\,dy\,dz\,.$$

Analoges ergibt sich für die beiden anderen Geschwindigkeitskomponenten.

Zusammen erhalten wir

Die Kontinuitätsgleichung für dreidimensionale, kompressible, instationäre Fluide

$$\frac{\partial\rho}{\partial t} + \frac{\partial(\rho v_x)}{\partial x} + \frac{\partial(\rho v_y)}{\partial y} + \frac{\partial(\rho v_z)}{\partial z} = 0 \quad \text{(Massenbilanz in einem Raumpunkt)}.$$

Andere Schreibweisen sind $\frac{\partial\rho}{\partial t} + \text{div}(\rho\vec{v}) = 0$ oder $\frac{\partial\rho}{\partial t} + \vec{\nabla}(\rho\vec{v}) = 0$ mit $\vec{\nabla} = (\frac{\partial}{\partial x}, \frac{\partial}{\partial y}, \frac{\partial}{\partial z})$.

Spezialfälle

I. Fluid kompressibel, Strömung stationär. Aus Letzterem folgt $\frac{d\rho}{dt} = 0$. Dichte und Geschwindigkeitskomponenten sind nur vom Ort abhängig:

$$\frac{\partial(\rho v_x)}{\partial x} + \frac{\partial(\rho v_y)}{\partial y} + \frac{\partial(\rho v_z)}{\partial z} = 0\,.$$

II. Fluid inkompressibel, Strömung instationär. Aus Ersterem folgt $\rho = konst$. Die Geschwindigkeitskomponenten bleiben vom Ort und der Zeit abhängig. Also ist

$$\frac{\partial(v_x)}{\partial x} + \frac{\partial(v_y)}{\partial y} + \frac{\partial(v_z)}{\partial z} = 0 \quad \text{oder} \quad \text{div}(\vec{v}) = 0\,.$$

III. Fluid inkompressibel, Strömung stationär. Aus Letzterem folgt $\frac{d\rho}{dt} = 0$. Die Geschwindigkeitskomponenten sind nur vom Ort abhängig:

$$\text{div}(\vec{v}) = 0\,.$$

2.2 Die Euler- und die Bernoulli-Gleichung

Vorweg wollen wir zwei Begriffe unterscheiden: Stromlinie und Bahnlinie (Abb. 2.2).

Bahnlinien beschreiben den zurückgelegten Weg eines Teilchens. Dargestellt sind die Bahnlinien zweier Geschwindigkeitsteilchen 1 und 2 zu *unterschiedlichen* Zeiten t_1 und t_2. Im Punkt A werden die Teilchen im Allgemeinen verschiedene Geschwindigkeiten aufweisen.

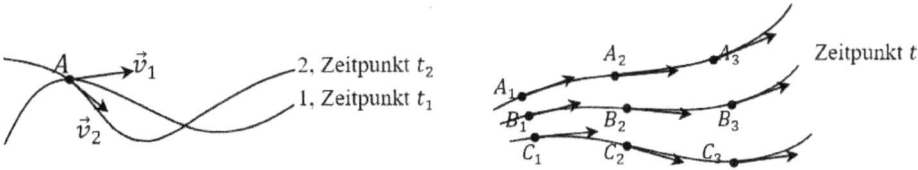

Abb. 2.2: Skizze zu den Strom- und Bahnlinien

Stromlinien hingegen entstehen in einer Momentaufnahme zu einem *bestimmten* Zeitpunkt t.

Im Punkt A wird ein Teilchen zu diesem Zeitpunkt den Geschwindigkeitsvektor $\vec{v}_A$ besitzen. Im Punkt B wird der Geschwindigkeitsvektor des momentanen Strömungsfeldes in Richtung $\vec{v}_B$ zeigen usw., für jeden anderen Punkt.

Stromlinien sind demnach Kurven, deren Tangentenrichtungen in jedem Punkt mit den Richtungen der Geschwindigkeitsvektoren des Strömungsfeldes übereinstimmen. Theoretisch sind bei einer instationären Strömung unendlich viele Geschwindigkeitsvektoren durch einen Punkt A denkbar und folglich auch unendlich viele Bahnen, die ein Teilchen innerhalb einer Strömung zurücklegen kann. Es muss nicht einmal durch einen bestimmten Punkt verlaufen. Im Mittel wird sich ein Teilchen entlang einer Stromlinie bewegen.

Bei einer stationären Strömung fallen Stromlinie und Bahnlinie zusammen. Dasselbe gilt für eine laminare Strömung. Mehrere (auch unendlich viele) Stromlinien (die einander ja nicht schneiden) können gedanklich zu einer Stromröhre zusammengefasst werden. Für eine eindimensionale Strömung (beispielsweise in x-Richtung) durch eine solche Stromröhre soll die Massenbilanz noch einmal durchgeführt werden.

Es gilt $\frac{\partial m}{\partial t} = \dot{m}_{\text{ein}} - \dot{m}_{\text{aus}} = \rho_1 v_1 A_1 - \rho_2 v_2 A_2$ für zwei Kontrollpunkte 1 und 2 in einem Abstand Δx mit den entsprechenden Dichten, Geschwindigkeiten und Querschnitten.

Dann ist $\frac{\partial(\rho A \Delta x)}{\partial t} = -(\rho_2 v_2 A_2 - \rho_1 v_1 A_1)$ und weiter $\frac{\partial(\rho A)}{\partial t} = -\frac{(\rho v A)_{x+\Delta x} - (\rho v A)_x}{\Delta x}$. Im Grenzfall $\Delta x \to 0$ erhalten wir

$$\frac{\partial(\rho A)}{\partial t} = -\frac{\partial(\rho v A)}{\partial x} \qquad \text{(Massenbilanz für eine Stromröhre).} \qquad (2.1)$$

Speziell für eindimensionale, inkompressible, stationäre Fluide ist $\rho = konst.$ und es folgt $0 = -\frac{\partial(v A)}{\partial x}$ und daraus die Kontinuitätsgleichung $A \cdot v = konst.$

Für die Herleitung der Euler-Gleichung ist die Unterscheidung zwischen Stromlinie und Bahnlinie unerheblich. Wir stellen uns die gesamte Strömung in Stromlinien zerlegt vor. Dann erfolgt die Strömung immer tangential zur ausgewählten Stromlinie und nicht quer in diese hinein. Wir greifen ein beliebiges Volumen dV aus einer solchen Stromlinie heraus (Abb. 2.3).

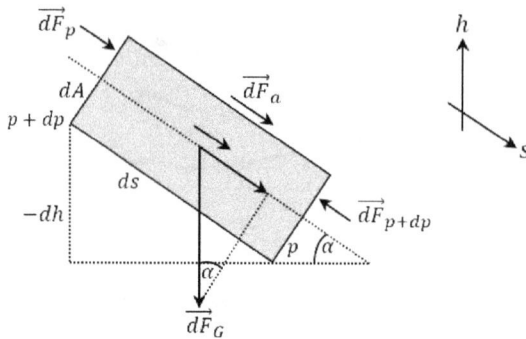

Abb. 2.3: Skizze zu den am Stromlinienelement wirkenden Kräfte

Mit $d\vec{F}_a$ bezeichnen wir die Richtung der beschleunigenden Kraft.

$d\vec{F}_{Gv}$ ist derjenige Anteil der Gewichtskraft $d\vec{F}_G$, der die Bewegung begünstigt. Zusätzlich wirken die Druckkräfte $d\vec{F}_p$ und $d\vec{F}_{p+dp}$ auf die Stirnflächen dA, einmal in Bewegungsrichtung und einmal entgegengesetzt.

Die Kräftebilanz lautet

$$dF_a = +dF_{Gv} + dF_p - dF_{p+dp} \,. \tag{2.2}$$

Ausgeschrieben ist

$$dm \cdot a = +dm \cdot g \cdot \sin\alpha + p \cdot dA - (p + dp) \cdot dA \,,$$

$$dm \cdot a = +dm \cdot g \cdot \sin\alpha - dp \cdot dA \quad \text{und}$$

$$dm \cdot a = -dm \cdot g \cdot \frac{dh}{ds} - dp \cdot \frac{dm}{\rho \cdot ds} \quad \Longrightarrow \quad a + g \cdot \frac{dh}{ds} + \frac{dp}{\rho \cdot ds} = 0 \,.$$

Bei der Beschleunigung $a = \frac{dv}{dt}$ gilt es zu beachten, dass $v = v(s, t)$ vom Ort und der Zeit abhängt. Also erhält man $\frac{dv(s,t)}{dt}$ mit Hilfe der allgemeinen Kettenregel

$$a = \frac{dv(s, t)}{dt} = \frac{\partial v}{\partial s} \cdot \frac{ds}{dt} + \frac{\partial v}{\partial t} \cdot \frac{dt}{dt} = \frac{\partial v}{\partial s} \cdot v + \frac{\partial v}{\partial t} \,.$$

Die gesamte Beschleunigung setzt sich aus einem örtlichen, in s-Richtung verlaufenden und einem lokalen, zeitabhängigen Teil zusammen.

Dann lautet unsere DGL

$$v \cdot \frac{\partial v}{\partial s} + \frac{\partial v}{\partial t} + g \cdot \frac{dh}{ds} + \frac{dp}{\rho \cdot ds} = 0 \,.$$

Multiplikation mit ds führt zur

Euler-Gleichung

$$\frac{\partial v}{\partial t} \cdot ds + v \cdot dv + \frac{dp}{\rho} + g \cdot dh = 0 \,, \quad v = v(s, t), \rho = \rho(s) \,. \tag{2.3}$$

Die Euler-Gleichung entspricht der Impulserhaltung.

Die bestimmte Integration ergibt

$$\int_{s_1}^{s_2} \frac{\partial v}{\partial t} ds + \int_{v_1}^{v_2} v\, dv + \int_{p_1}^{p_2} \frac{dp}{\rho} + g\int_{h_1}^{h_2} dh = 0 \,.$$

Es folgt die

Bernoulli-Gleichung

$$\int_{s_1}^{s_2} \frac{\partial v}{\partial t} ds + \frac{1}{2}(v_2^2 - v_1^2) + \int_{p_1}^{p_2} \frac{dp}{\rho} + g(h_2 - h_1) = 0 \,.$$

Dabei ist $v = v(s, t), \rho = \rho(s)$. Dies ist die eindimensionale Gleichung der Energieerhaltung.

Spezialfälle

I. Fluid kompressibel, Strömung stationär,

$$\frac{1}{2}(v_2^2 - v_1^2) + \int_{p_1}^{p_2} \frac{dp}{\rho(p)} + g(h_2 - h_1) = 0 \,.$$

II. Fluid inkompressibel, Strömung instationär,

$$\int_{s_1}^{s_2} \frac{\partial v}{\partial t} ds + \frac{1}{2}(v_2^2 - v_1^2) + \frac{p_2 - p_1}{\rho} + g(h_2 - h_1) = 0 \,.$$

III. Fluid inkompressibel, Strömung stationär,

$$\frac{1}{2}(v_2^2 - v_1^2) + \frac{p_2 - p_1}{\rho} + g(h_2 - h_1) = 0 \,.$$

In diesem Fall schreibt man die Gleichung in der Form $\frac{1}{2}\rho v^2 + \rho g h + p = konst.$ Multiplikation mit dem Volumen liefert $\frac{1}{2}mv^2 + mgh + pV = konst.$

Man erkennt die einzelnen Energieanteile: $E_{kin} + E_{pot} + E_{Druck} = konst.$

In der Darstellung $\frac{1}{2}\rho v^2 + \rho g h + p = konst.$ besitzt die Konstante die Einheit eines Druckes und setzt sich zusammen aus dem Staudruck $\frac{1}{2}\rho v^2$ (Erhöhung des Drucks gegenüber dem statischen Druck aufgrund der kinetischen Energie), dem hydrostatischen Druckanteil $\rho g h$ (hervorgerufen durch die potenzielle Energie), und dem Betriebsdruck p (als Form der inneren Energie). Dieser letzte Druck bezeichnet denjenigen Anteil des statischen Drucks, der nicht aus dem Eigengewicht des Fluids resultiert.

Beispiel 1. Ein Gefäß mit dem Durchmesser 40 cm ist bis zu einer Höhe $H = 1$ m mit Wasser gefüllt (Abb. 2.4 links). Es wird am Boden über ein Rohr mit dem Durchmesser 10 cm entleert. Damit der Ausfluss stationär ist, wird der Behälter stets bis zur ursprünglichen Höhe H aufgefüllt. Es soll zuerst die Ausfließgeschwindigkeit v_2 des Wassers beim Öffnen des Ventils bestimmt werden.

Wir setzen die Höhe der ausströmenden Röhre auf Null. Die Geschwindigkeit innerhalb der Wassersäule ist aufgrund des gleichbleibenden Behälterquerschnitts nur zeitabhängig, $v(s, t) = v(t)$ und nahezu konstant: $\frac{\partial v}{\partial t} = \frac{dv}{dt} \approx 0$. Deswegen ist der instationäre Teil $\int_{P_1}^{P_2} \frac{\partial v}{\partial t}\, ds$ Null. Auf beide Querschnitte wirkt derselbe Außendruck p_0. Dann lautet die Bernoulli-Gleichung $\frac{1}{2}\rho(v_2^2 - v_1^2) + p_0 - p_0 + \rho g(0 - H) = 0$ oder $\frac{1}{2}(v_2^2 - v_1^2) - gH = 0$. Mit Hilfe der Kontinuitätsgleichung gilt $A_1 v_1 = A_2 v_2$.

Es entsteht

$$v_2^2 - \frac{A_2^2}{A_1^2}v_2^2 = 2gH \quad \Longrightarrow \quad v_2 = \sqrt{2gH}\,\frac{A_1}{\sqrt{A_1^2 - A_2^2}} \approx \sqrt{2g} \cdot 1{,}002 = 4{,}57\,\frac{\mathrm{m}}{\mathrm{s}}\,.$$

Ist $A_1 \gg A_2$, dann wird daraus $v_2 \approx \sqrt{2gH}$ (Ausflussformel von Torricelli).

Aus beiden Formeln ist ersichtlich, dass die Geschwindigkeit am Boden nur von der Höhe der Wassersäule abhängt. Das Wasser bewegt sich so, als würden alle Tröpfchen aus der Höhe H im freien Fall absinken.

Nun lassen wir den Behälter auslaufen und berechnen die Ausflusszeit. Die Geschwindigkeit am Boden können wir als

$$v_2(t) = \sqrt{2g \cdot h(t)}\,\frac{A_1}{\sqrt{A_1^2 - A_2^2}}$$

ansetzen. In der Zeit dt sinkt der Wasserspiegel um $dh = -v_1(t)\, dt$. Aus der Kontinuitätsgleichung entnehmen wir $v_1 = \frac{A_2}{A_1}v_2$. Eingesetzt erhält man

$$dh = -\sqrt{2gh}\,\frac{A_2}{\sqrt{A_1^2 - A_2^2}}\, dt\,.$$

Nach Variablen getrennt folgt

$$\frac{dh}{\sqrt{h}} = -\sqrt{2g}\,\frac{A_2}{\sqrt{A_1^2 - A_2^2}}\, dt\,.$$

Die Integration führt zu

$$2\sqrt{h(t)} = -\sqrt{2g}\,\frac{A_2}{\sqrt{A_1^2 - A_2^2}}\, t + C\,.$$

Mit der Anfangsbedingung $h(0) = H$ erhält man $C = 2\sqrt{H}$.

Das ergibt

$$\sqrt{h(t)} = -\sqrt{\frac{g}{2}}\frac{A_2}{\sqrt{A_1^2 - A_2^2}}t + \sqrt{H} \quad \Longrightarrow \quad h(t) = \left(\sqrt{H} - \sqrt{\frac{g}{2}}\frac{A_2}{\sqrt{A_1^2 - A_2^2}}t\right)^2 .$$

Der Behälter leert sich in der Zeit

$$t = \sqrt{\frac{2H}{g}} \cdot \frac{\sqrt{A_1^2 - A_2^2}}{A_2} = 7{,}21\,\text{s} .$$

Beispiel 2. Gleiches Gefäß wie in Beispiel 1 mit dem Unterschied, dass sich das Wasser unter einer Glocke mit einem Überdruck Δp befindet (Abb. 2.4 rechts). Die Bernoulli-Gleichung besitzt dann die Gestalt $\frac{1}{2}\rho(v_2^2 - v_1^2) + (p_0 + \Delta p) - p_0 - \rho gH = 0$, die in $\frac{1}{2}(v_2^2 - v_1^2) + \frac{\Delta p}{\rho} - gH = 0$ übergeht. Nehmen wir der Einfachheit halber an, es sei $A_1 \gg A_2$, dann ist $v_1 \approx 0$ und man erhält $\frac{1}{2}v_2^2 + \frac{\Delta p}{\rho} - gH = 0$. Für die Ausfließgeschwindigkeit v_2 folgt schließlich

$$v_2 \approx \sqrt{2gH - \frac{2\Delta p}{\rho}} .$$

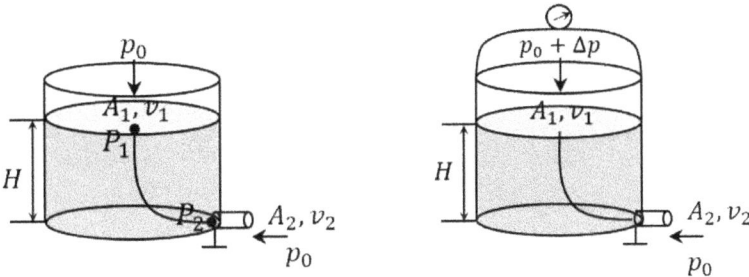

Abb. 2.4: Skizze zu den Beispielen 1 und 2

Beispiel 3 (Das Pitot-Rohr). Dieses Instrument dient der Geschwindigkeitsmessung von Fluiden (Abb. 2.5 links). Nach der Bernoulli-Gleichung $p_G = p_S + p_d$ setzt sich der Gesamtdruck p_G aus dem statischen Druck p_S und dem dynamischen Druck $p_d = \frac{1}{2}\rho v^2$ zusammen (bei Vernachlässigung des hydrostatischen Teils). Der Druckvergleich in den Punkten A und B liefert $p_{S,A} + p_{d,A} = p_{S,B} + p_{d,B}$. Im Punkt B ist $p_{d,B} = 0$, da $v_B = 0$. Gemessen wird demnach der Druck $p_{S,B} := p_0$. Es gilt $p_{S,B} > p_{S,A}$, da bei Reduktion der Geschwindigkeit der Druck steigt. $p_{S,A}$ wird über eine Bohrung gemessen. p_0 heißt auch Staudruck. Insgesamt erhalten wir $p_{S,A} + \frac{1}{2}\rho v^2 = p_0$ und daraus

$$v = \sqrt{\frac{2(p_0 - p_{S,A})}{\rho}} .$$

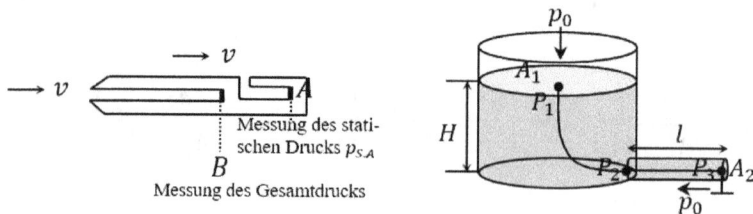

Abb. 2.5: Skizzen zu den Beispielen 3 und 4

Beispiel 4. Gleiches Gefäß wie in Beispiel 1 mit dem Unterschied, dass das Wasser über eine schon mit Wasser gefüllte Röhre der Länge l entleert wird (Abb. 2.5 rechts). Damit haben wir es mit einer instationären Strömung zu tun, denn die Wassermasse $m = \rho A_2 l$ muss beim Öffnen des Ventils beschleunigt werden. Geht man von einem durchgehend bis zur Höhe H gefüllten Gefäß aus, so kann die Absenkgeschwindigkeit v_1 Null gesetzt werden. Dann lautet die Bernoulli-Gleichung

$$\int_{P_1}^{P_2} \frac{\partial v}{\partial t}\, ds + \frac{1}{2}v^2 - gH = 0 \quad \text{mit} \quad v_2 = v \, .$$

Der Weg von P_1 bis P_3 besteht (im Mittel) aus dem Teilstück $P_1 P_2$, für das wir wie bisher $\frac{\partial v}{\partial t} \approx 0$ annehmen können, und dem Rohrweg. Somit bleibt $\int_0^l \frac{\partial v}{\partial t}\, ds$ übrig. Wir setzen eine konstante Beschleunigung $\frac{\partial v}{\partial t} \approx konst.$ voraus, was zu

$$\int_0^l \frac{\partial v}{\partial t}\, ds \approx l \cdot \frac{\partial v}{\partial t}$$

und der DGL $\dot{v} + \frac{1}{2l}v^2 - \frac{gH}{l} = 0$ führt. Die Lösung zusammen mit der Anfangsbedingung $v(t = 0) = 0$ lautet (Abb. 2.6 links)

$$v_1(t) = \sqrt{2gH}\, \tanh\left(\frac{\sqrt{gH}}{\sqrt{2} \cdot l} \cdot t \right).$$

Der kinematische Druck auf die Rohrwand ist dann

$$p_k(t) = \frac{1}{2}\rho v^2 = \rho gH \cdot \tanh^2\left(\frac{\sqrt{gH}}{\sqrt{2}\cdot l} \cdot t \right)$$

(Abb. 2.6 links, vgl. auch 1. Band, Übungsteil). Speziell für den stationären Zustand $(t \to \infty)$ ist $v(t) = \sqrt{2gH}$.

Für kleine Zeiten benutzt man $\tanh x = x - \frac{1}{3}x^3 + \frac{2}{15}x^5 \mp \dots$ und findet (Abb. 2.6 links)

$$v_3(t) \approx \sqrt{2gH}\, \frac{\sqrt{gH}}{\sqrt{2}\cdot l} \cdot t = \frac{gH}{l} \cdot t \, .$$

Diese lineare Strömung mit der Zeit findet man auch so: Zu Beginn der Anlaufströmung $v(t=0) = 0$ gilt $\dot{v}(0) + \frac{1}{2l}v^2(0) - \frac{gH}{l} = 0$. Also ist die Beschleunigung $a(0) = \frac{gH}{l}$. Im stationären Zustand ($t \to \infty$) muss die Beschleunigung Null sein:

$$a(t \to \infty) = \frac{gH}{l} - \frac{1}{2l}v^2(t \to \infty) = \frac{gH}{l} - \frac{1}{2l} \cdot 2gH = 0\,.$$

Wird die Reibung noch mitberücksichtigt, dann erhält man eine gegenüber $v_1(t)$ flacher verlaufende Kurve $v_2(t)$ (siehe Kapitel 8.1).

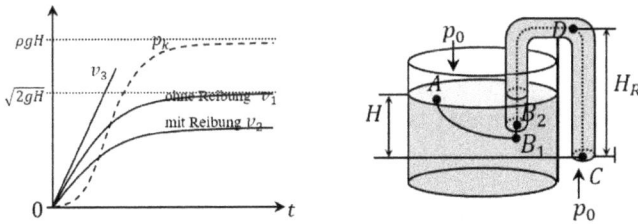

Abb. 2.6: Skizzen zu den Ergebnissen von Beispiel 4 und Skizze zu Beispiel 5

Beispiel 5 (Die Heberleitung). Ein Gefäß soll über eine sogenannte Heberleitung entleert werden (Abb. 2.6 rechts). Als Bezugslinie wählen wir das Ende des Rohres. Die Höhe H des Wasserspiegels sei wieder konstant, was $v_A = 0$ bedeutet. Zudem ist die Röhre wie in Beispiel 4 schon vollständig mit Wasser gefüllt. Den Weg des (mittleren) Stromfadens zerlegen wir in drei Teilwege und bestimmen zuerst

$$\int_A^C \frac{\partial v}{\partial t}\,ds = \int_A^{B_1} \frac{\partial v}{\partial t}\,ds + \int_{B_1}^{B_2} \frac{\partial v}{\partial t}\,ds + \int_{B_2}^C \frac{\partial v}{\partial t}\,ds\,.$$

Das erste Integral der rechten Seite ist Null, weil $v = v_A = 0$ für diesen Teilabschnitt gilt. Das zweite Integral verschwindet ebenfalls, weil $ds \approx 0$. Übrig bleibt

$$\int_A^C \frac{\partial v}{\partial t}\,ds = \int_{B_2}^C \frac{\partial v}{\partial t}\,ds\,.$$

Innerhalb der Röhre nehmen wir die Änderung von v entlang der Rohrlänge l als wegunabhängig an, was zu

$$\int_A^C \frac{\partial v}{\partial t}\,ds = l \cdot \frac{dv}{dt}$$

führt. Die Bernoulli-Gleichung für die beiden Punkte A und C lautet demnach

$$\int_A^C \frac{\partial v}{\partial t}\,ds + \frac{1}{2}v_C^2 - \frac{1}{2}v_A^2 + \frac{p_C - p_A}{\rho} + g(h_C - h_A) = 0\,.$$

Mit $v_A = 0$, $v_C = v$, $h_C - h_A = H$ und $p_C = p_A = p_0$ folgt

$$l \cdot \frac{dv}{dt} + \frac{1}{2}v^2 - gH = 0 \quad \Longrightarrow \quad \dot{v} + \frac{1}{2l}v^2 - \frac{gH}{l} = 0 \, .$$

Man erhält dieselbe DGL wie in Beispiel 4, weil die Form des Rohrs keine Rolle spielt. Im Unterschied zu Beispiel 4 verläuft die Röhre teilweise über dem Wasserspiegel des Behälters. Man muss also gewährleisten, dass der (minimale) Druck in der Höhe H_R genügend groß ist, damit die Strömung nicht abreißt. Dazu formulieren wir die Bernoulli-Gleichung für die Punkte C und D:

$$\int_D^C \frac{\partial v}{\partial t} \, ds + \frac{1}{2}v_C^2 - \frac{1}{2}v_D^2 + \frac{p_C - p_D}{\rho} + g(h_C - h_D) = 0 \, .$$

Mit $\frac{\partial v}{\partial t} = a(t) \approx konst.$, $v_C = v_D$ im Abschnitt CD und $p_C = p_0$ folgt $p_D(t) = p_0 - \rho g H_R + \rho \cdot a(t) \cdot H_R$. Zum Startpunkt ist

$$p_D(0) = p_0 - \rho g H_R + \rho \frac{gH}{l} H_R = p_0 - \rho g H_R \left(1 - \frac{H}{l} \right)$$

und im stationären Fall erhält man

$$p_D(t \to \infty) = p_0 - \rho g H_R + \rho \cdot 0 \cdot H_R = p_0 - \rho g H_R$$

(Luftdruck minus hydrostatischer Druck)

Beispiel 6. In einem gekrümmten Rohr mit durchgehend gleichem Querschnitt befindet sich eine imkompressible Flüssigkeit der Länge l (Abb. 2.7 links). Der Außendruck ist an beiden offenen Enden gleich groß. In der Ruhelage steht die Flüssigkeit links und rechts gleich hoch. Aufgrund des gleichbleibenden Querschnitts entspricht eine Auslenkung x auf der linken Seite derselben Auslenkung im rechten Rohrstück. Zudem sind die Geschwindigkeiten v_1 und v_2 an den beiden Rohrenden zu jeder Zeit gleich groß: $v_1 = v_2 = v$. Für die Höhen h_1 und h_2, die zur potenziellen Energie gehören, gilt: $h_1 = -x \cdot \sin \alpha$ und $h_2 = x \cdot \sin \beta$. Schließlich können wir wiederum die Beschleunigung $\frac{\partial v}{\partial t}$ der Wassersäule auf der gesamten Länge l als konstant voraussetzen. Somit lautet die Bernoulli-Gleichung

$$l \cdot \ddot{x} + \frac{1}{2}(v^2 - v^2) + \frac{p_0 - p_0}{\rho} + g(x \cdot \sin \beta + x \cdot \sin \alpha) = 0 \, .$$

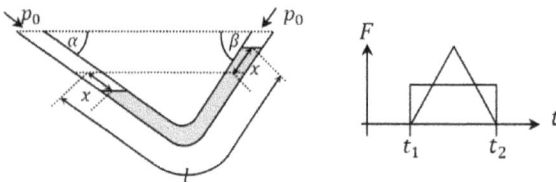

Abb. 2.7: Skizzen zu Beispiel 6 und zum Impuls

Die Schwingungsgleichung für dieses Rohr bekommt die Gestalt

$$\ddot{x} + \frac{g}{l}(\sin\beta + \sin\alpha)x = 0\,.$$

Als Frequenz ergibt sich

$$\omega = \sqrt{\frac{g}{l}(\sin\beta + \sin\alpha)}\,.$$

Wählt man speziell ein U-Rohr, dann ist $\alpha = \beta = 90°$ und es folgt

$$\ddot{x} + \frac{2g}{l}x = 0 \quad \text{mit} \quad \omega = \sqrt{\frac{2g}{l}} \quad \text{(vgl. 1. Band, Übungsteil)}.$$

Aufgabe
Bearbeiten Sie die Übungen 1 bis 5.

2.3 Der Stützkraftsatz

Aus der Euler-Gleichung (Impulserhaltung) haben wir die Bernoulli-Gleichung (Energieerhaltung) hergeleitet. Die Impulserhaltung selber wird in Form des Stützkraftsatzes formuliert.

Bei der Anwendung des Impulssatzes ist wichtig, dass alle äußeren Kräfte berücksichtigt werden, die auf die Strömung wirken. Dazu gehören sowohl die Kräfte, welche die Wand auf die Strömung ausübt, als auch die Druckkräfte an den Endquerschnitten und die Schwerkraft als normalerweise einzige Massenkraft.

Der Impuls ist definiert als $\vec{I} = m\vec{v}$ und die Kraft als zeitliche Änderung des Impulses:
$\vec{F} = \dot{\vec{I}} = \frac{d\vec{I}}{dt} = \frac{d(m\vec{v})}{dt}$. Für Festkörper ist $m = konst.$, woraus $\vec{F} = m\frac{d(\vec{v})}{dt}$ resultiert.
Integration von einem Zustand 1 (t_1) bis zu einem Zustand 2 (t_2) ergibt

$$\vec{I} = \int_{t_1}^{t_2} \vec{F}\,dt = m\int_{t_1}^{t_2} \vec{v}\,dt = m(\vec{v}_2 - \vec{v}_1)\,.$$

Zur Bestimmung des Impulses ist es egal, wie der Kraftverlauf im Einzelnen verläuft (Abb. 2.7 rechts). Der zurückgelegte Weg der Masse ist ebenfalls belanglos. Beispielsweise ergibt sowohl der rechteckige als auch der dreieckige Kraftstoß denselben Impuls, solange der Flächeninhalt gleich groß ist.

Bei Flüssigkeiten haben wir es nicht mehr mit einer bewegten, diskreten Einzelmasse zu tun, sondern mit dem Durchfluss einer kontinuierlich fließenden Menge, das bedeutet, dass die bewegte Masse sich mit der Zeit ändert. Dann erhält man

$$\vec{F} = \frac{d(m\vec{v})}{dt} = \frac{dm}{dt}\vec{v} + \frac{d\vec{v}}{dt}m\,.$$

Gehen wir von einer stationären Strömung aus, dann ist $\frac{\partial v}{\partial t} = 0$. Zusätzlich denken wir uns die Strömung entlang von Stromlinien verlaufend, so dass $\frac{\partial v}{\partial z} = \frac{\partial v}{\partial y} = \frac{\partial v}{\partial z} = 0$ gesetzt werden kann.

Die totale Beschleunigung beträgt dann $\frac{d\vec{v}}{dt} = 0$.

Übrig bleibt somit

$$\vec{F} = \frac{dm}{dt}\vec{v} = \frac{\rho\,dV}{dt}\vec{v} = \rho\vec{v} \cdot \dot{V} = \rho\vec{v} \cdot Q \,.$$

Dabei ist Q der Volumenstrom und ρ wird als konstant vorausgesetzt.

Soll nun eine Geschwindigkeitsänderung dv_x der Masse dm entlang der Strecke dx erfolgen, dann ist dazu die Kraft $dF_x = \rho \cdot Q_x \cdot dv_x$ erforderlich. Summiert man über alle Kräfte von einem Zustand 1 bis zu einem Zustand 2, dann gilt

$$\int\limits_{1}^{2} dF_x = \rho Q_x \int\limits_{v_{x_1}}^{v_{x_2}} dv_x = \rho Q_x [v_x]_{v_{x_1}}^{v_{x_2}}$$

$$\implies \sum_{\substack{\text{bis } 2 \\ \text{Alle Zustände von 1}}} F_x = \rho Q_x (v_{x_2} - v_{x_1}) \,.$$

Analoges leitet man für die beiden anderen Koordinaten her. Daraus entsteht (Abb. 2.8 links)

$$\sum_{\substack{\text{bis } 2 \\ \text{Alle Zustände von 1}}} \vec{F} = \rho Q (\vec{v}_2 - \vec{v}_1) \,.$$

An diesem Ergebnis erkennt man, dass es egal ist, welche Kräfte im Einzelnen zwischen beiden Zuständen an der Fluidmasse angreifen und sich dann gegenseitig aufheben. Zusammen ergeben sie genauso viel wie die Änderung des Impulsstroms dieser Masse.

Nun wollen wir die Summe dieser Kräfte etwas aufschlüsseln. Dazu betrachten wir den Abschnitt einer Rohrleitung begrenzt durch die Querschnitte A_1 und A_2 bei konstantem Durchfluss Q (Abb. 2.8 rechts). Auf das Fluid wirken folgende Kräfte:
1. Die Gewichtskraft $\vec{G}$ der Fluidmasse des Rohrabschnitts.
2. Die Kraft $\vec{K}$ der Wand des Rohrs auf das Fluid aufgrund der Krümmung (keine Reibungskraft). Die Wand reagiert auf die Richtungsänderung mit einer rücktreibenden Kraft.
3. Druckkraft $\vec{F}_{p_1} = \vec{p}_1 \cdot A_1$ auf die Fläche A_1 und Druckkraft $-\vec{F}_{p_2} = \vec{p}_2 \cdot A_2$ auf die Fläche A_2. Dabei ist $\vec{F}_{p_2}$ eine Antwortkraft des Fluids auf die Druckkraft $\vec{F}_{p_1}$, also diejenige Kraft, die dem Fluid in Strömungsrichtung entgegen wirkt, deswegen $-\vec{F}_{p_2}$.

Zusammen haben wir $\sum \vec{F} = \vec{F}_{p_1} - \vec{F}_{p_2} + \vec{K} + \vec{G}$.

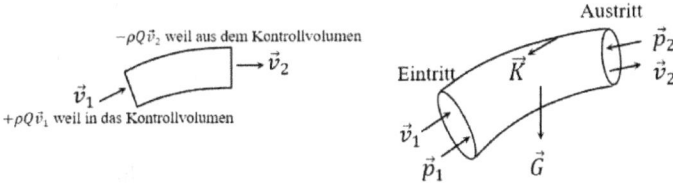

Abb. 2.8: Skizzen zum Stützkraftsatz

Da auf dem Weg vom Zustand 1 zum Zustand 2 keine Masse verloren geht, und das Rohr selber nicht beschleunigt wird, gilt

$$\vec{F}_{p_1} - \vec{F}_{p_2} + \vec{K} + \vec{G} = \rho Q(\vec{v}_2 - \vec{v}_1) = \dot{\vec{I}}_2 - \dot{\vec{I}}_1 = \dot{\vec{I}} = \frac{d\vec{I}}{dt}.$$

Es folgt der Stützkraftsatz

$$\rho Q(\vec{v}_2 - \vec{v}_1) = \vec{F}_{p_1} - \vec{F}_{p_2} + \vec{K} + \vec{G}. \tag{2.4}$$

Bemerkung. Der Name leitet sich folgendermaßen ab:

$$\vec{F}_{p_1} + \rho Q \vec{v}_1 := \vec{S}_1, \quad \vec{F}_{p_2} + \rho Q \vec{v}_2 := \vec{S}_2.$$

$\vec{S}_1$ und $\vec{S}_2$ bezeichnet man als Stützkräfte.

In kurzer Form lautet der Stützkraftsatz damit $\vec{K} + \vec{G} + (-\vec{S}_2) + \vec{S}_1 = 0$.

Beispiel 1. Wir betrachten einen Springbrunnen, dessen Wasserstrahl eine Düse mit dem Querschnitt A_1 im Punkt 1 verlässt (Abb. 2.9 links). In diesem Punkt ist der Rohrdruck nicht mehr vorhanden. Gleiches gilt im Punkt 2, den wir auf einer Höhe h wählen. Also gilt für die Stützkräfte $S_1 = p_1 A_1 + \rho v_1 Q = \rho v_1 Q$, $S_2 = p_2 A_2 + \rho v_2 Q = \rho v_2 Q$.

Der Fluss beträgt $Q = A_1 v_1$ (für die Wassermenge außerhalb des Rohrs gilt die Kontinuitätsgleichung nicht mehr).

Folglich ist $S_1 = \rho A_1 v_1^2$, $S_2 = \rho A_1 v_1 v_2$. Der Stützkraftsatz lautet für diesen Fall $\vec{K} + \vec{G} - \vec{S}_2 + \vec{S}_1 = 0$. Da die Strömung keine Kraft auf das Rohr ausübt, ist $\vec{K} = 0$. Übrig bleibt (Abb. 2.9 rechts)

$$\vec{G} + (-\vec{S}_2) + \vec{S}_1 = 0 \quad \Longrightarrow \quad |\vec{G}| + |-\vec{S}_2| = |-\vec{S}_1|.$$

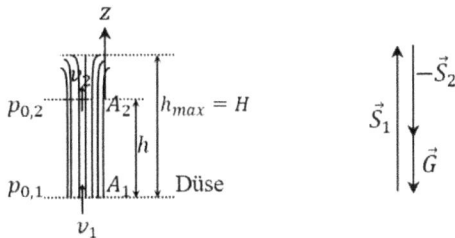

Abb. 2.9: Skizzen zu Beispiel 1

Dann ist

$$\rho g V + \rho A_1 v_1 v_2 = \rho A_1 v_1^2$$

$$\implies \quad V = \frac{A_1 v_1}{g}(v_1 - v_2) \quad (= \text{ausgeworfenes Wasservolumen}).$$

Auf die Wassersäule wirkt nur der atmosphärische Druck p_0. Die Bernoulli-Gleichung erhält die Form

$$\frac{1}{2}\rho(v_1^2 - v_2^2) + \rho g(0 - h) = 0 \quad \implies \quad v_2 = \sqrt{v_1^2 - 2gh}.$$

Eingesetzt entsteht

$$V = \frac{A_1 v_1}{g}\left(v_1 - \sqrt{v_1^2 - 2gh}\right).$$

Das maximale Volumen wird für $v_2 = 0$ erreicht und beträgt $V = \frac{A_1 v_1^2}{g}$. Es entspricht einer kompakten Säule mit der Grundfläche A_1 und der Höhe $\frac{v_1^2}{g}$.

Die Höhe ist dabei gerade halb so groß wie die maximal mögliche Höhe eines Tröpfchens, wie man aus dem Energiesatz entnimmt: $\frac{1}{2}m_T v_T^2 = m_T g H \implies H = \frac{v_T^2}{2g}$.

Beispiel 2. Dies ist eine Variante zum 1. Beispiel (Abb. 2.10 links). Eine Pumpe wird in einer Tiefe h^* zur Düse installiert. Der zu erzeugende Überdruck sei Δp. Wir überlegen uns, mit welcher Geschwindigkeit v_1 der Wasserstrahl aus der Düse tritt. Es ist $Q = A_0 v_0 = A_1 v_1$. Die Bernoulli-Gleichung liefert in diesem Fall $\frac{1}{2}\rho(v_0^2 - v_1^2) + (p_0 + \Delta p) - p_0 + \rho g(0 - h^*) = 0$. Dann ist

$$\left(\frac{A_1^2}{A_0^2}v_1^2 - v_1^2\right) = 2gh^* - \frac{2\Delta p}{\rho} \quad \implies \quad v_1 = \sqrt{\frac{\frac{2}{\rho}(\Delta p - \rho g h^*)}{1 - \frac{A_1^2}{A_0^2}}}.$$

Mit Hilfe dieser Geschwindigkeit könnte man wie in Beispiel 1 weiterfahren und beispielsweise das Volumen des ausströmenden Wassers in Abhängigkeit von v_1 bestimmen.

Der Stützkraftsatz für unsere Pumpe lautet $\rho Q(v_1 - v_0) = (p_0 + \Delta p)A_0 - p_0 A_1 - K - G$ (Abb. 2.10 rechts). Damit kann die Mantelkraft K berechnet werden:

$$K = (p_0 + \Delta p)A_0 - p_0 A_1 - G - \rho A_1 v_1^2 \left(1 - \frac{A_1}{A_0}\right).$$

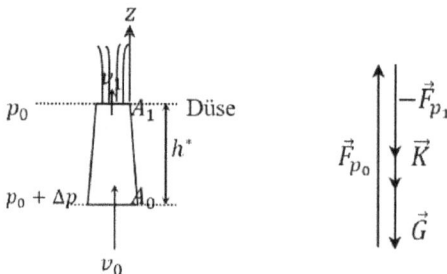

Abb. 2.10: Skizzen zu Beispiel 2

Es sei $p_0 = \Delta p = 10^5$ Pa, $A_0 = 0,12\,\text{m}^2$, $A_1 = 0,03\,\text{m}^2$, $h^* = 5\,\text{m}$, $\rho = 10^3\,\frac{\text{kg}}{\text{m}^3}$. Dann ergibt sich v_1 zu

$$v_1 = \sqrt{\frac{\frac{2}{1000}(10^5 - 10^3 \cdot 9,81 \cdot 5)}{1 - \frac{0,03^2}{0,12^2}}} = 10,43\,\frac{\text{m}}{\text{s}}\,.$$

Für die Gewichtskraft gilt

$$G = \rho g V = \rho g \frac{h^*}{3}(A_0 + \sqrt{A_0 A_1} + A_1) = 3433,50\,\text{N}\,.$$

Damit erhält man für die Mantelkraft $K = 15.118,84$ N. Diese Kraft kann noch in eine Komponente senkrecht und eine parallel zur Wand zerlegt werden.

Bemerkung. Im 6. Band werden wir zeigen, dass die Wandreibung für eine turbulente Strömung sich mit $F_{W,\text{tur}} = 0,037 \cdot b \cdot \rho \cdot v^{0,2} \cdot \overline{u}^{1,8} \cdot l^{0,5}$ berechnen lässt. Für uns wäre das

$$F_{W,\text{tur}} = 0,037 \cdot 2\pi \cdot 10^3 \cdot (1,5 \cdot 10^{-6})^{0,2} \cdot \left(\frac{13,87 + 55,48}{2}\right)^{1,8} \cdot 1,01^{0,5} = 9434,51\,\text{N}\,.$$

Beispiel 3. Wir betrachten ein kurzes Teilstück eines horizontalen geraden Rohrs (Abb. 2.11 links). Den Einfluss der Gewichtskraft beachten wir vorerst noch nicht. Die Bernoulli-Gleichung liefert $\frac{1}{2}\rho(v_1^2 - v_2^2) + p_1 - p_2 = 0 \implies p_1 = p_2 + \frac{1}{2}\rho(v_2^2 - v_1^2)$.

Des Weiteren gehen wir direkt zu einem Zahlenbeispiel über. Das betrachtete Rohrstück sei vollständig mit Wasser durchflossen und $l = 1$ m lang. Weiter wählen wir $A_1 = 0,12\,\text{m}^2$, $A_2 = 0,03\,\text{m}^2$, $\rho = 10^3\,\frac{\text{kg}}{\text{m}^3}$, $p_2 = 50$ kPa, $Q = 120\,\frac{1}{\text{s}} = 0,12\,\frac{\text{m}^3}{\text{s}}$.

Die Kontinuitätsgleichung $Q = A_1 v_1 = A_2 v_2$ liefert

$$v_1 = \frac{Q}{A_1} = 1\,\frac{\text{m}}{\text{s}}\,, \quad v_2 = \frac{Q}{A_2} = 4\,\frac{\text{m}}{\text{s}}\,.$$

Weiter ist $p_1 = p_2 + \frac{1}{2}\rho(v_2^2 - v_1^2) = 57.500$ Pa.

Der Stützkraftsatz ohne Gewichtskraft lautet $\vec{K} + (-\vec{S}_2) + \vec{S}_1 = 0$ (Abb. 2.11 rechts). Dabei sind $S_1 = p_1 A_1 + \rho v_1 Q = 7020$ N, $S_2 = p_2 A_2 + \rho v_2 Q = 1980$ N. Mit $K = S_1 - S_2$ wird daraus $K = 5040$ N.

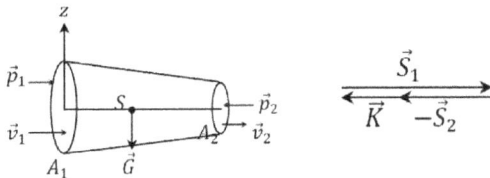

Abb. 2.11: Skizzen zu Beispiel 3

Diese Mantelkraft wirkt in horizontaler Richtung. Sie kann zerlegt werden in einen Druckkraftanteil normal zur Wand und einen Zugkraftanteil parallel zur Wand (Abb. 2.12 links). Für ein kreisrundes Rohr wäre

$$\Delta l = r_1 - r_2 = \sqrt{\frac{A_1}{\pi}} - \sqrt{\frac{A_2}{\pi}} = 0,0977\,\text{m} \quad \text{und} \quad \alpha = \tan^{-1}\left(\frac{\Delta l}{l}\right) = 5,58°.$$

Weiter ist $K_W = K \cdot \cos\alpha$, $K_N = K \cdot \sin\alpha$.
   Es folgt

$$K_W = K \cdot \cos\left(\tan^{-1}\left(\frac{\sqrt{A_1} - \sqrt{A_2}}{l\sqrt{\pi}}\right)\right) = 6011,37\,\text{N}, \quad K_N = \sqrt{K^2 - K_W^2} = 587,43\,\text{N}.$$

$$\vec{K} = \begin{pmatrix} -K \\ 0 \end{pmatrix} = \begin{pmatrix} -6040\,\text{N} \\ 0 \end{pmatrix}, \quad \vec{K}_W = \begin{pmatrix} -K \cdot \cos^2\alpha \\ K \cdot \sin\alpha \cdot \cos\alpha \end{pmatrix} = \begin{pmatrix} -5982,87\,\text{N} \\ 584,65\,\text{N} \end{pmatrix},$$

$$\vec{K}_N = \begin{pmatrix} -K \cdot \sin^2\alpha \\ K \cdot \sin\alpha \cdot \cos\alpha \end{pmatrix} = \begin{pmatrix} -57,13\,\text{N} \\ -584,65\,\text{N} \end{pmatrix}$$

Schließlich kann noch die Gewichtskraft des Wassers berücksichtigt werden. Den größten Einfluss der gesamten Gewichtskraft des Wassers erfährt die Rohrwand an der tiefsten Stelle.
   Es ist

$$G = \rho g V = \frac{\rho g}{3}(A_1 + \sqrt{A_1 A_2} + A_2) = 686,70\,\text{N}.$$

Aufgrund dieser Gewichtskraft wirkt längs des Rohrs eine rücktreibende Kraft von $L = \sqrt{G^2 + K^2} = 6078,91\,\text{N}$, die um $\beta = 6,49°$ geneigt, leicht abwärts gerichtet ist (Abb. 2.12 rechts oben). Quer zur Fließrichtung erfährt das Rohr aufgrund der Gewichtskraft ebenfalls eine kleine Belastung $B(h)$. Diese ist am tiefsten Punkt der Röhre am größten und sinkt bis zur Höhe des halben Durchmessers auf Null ab.
   Als Zusatz bestimmen wir noch den Schwerpunkt der gesamten Wassermasse, an dem wir uns die gesamte Gewichtskraft angreifend denken können (Abb. 2.12 rechts unten). Dazu fassen wir den Kreiskegelstumpf als einen Rotationskörper auf.

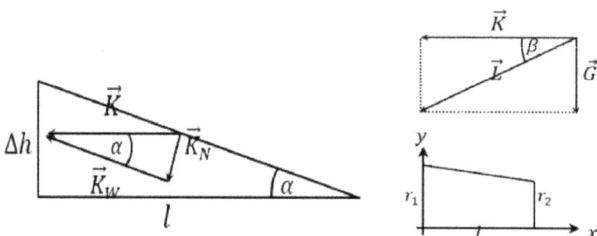

Abb. 2.12: Skizzen zur Mantelkraft von Beispiel 3

Für die Koordinaten des Schwerpunkts gilt

$$x_S = \frac{1}{V} \int_0^V x\, dV, \quad y_S = 0$$

$$\implies \quad x_S = \frac{1}{V} \int_0^l x \pi f^2(x)\, dx = \frac{\pi}{V} \int_0^l x \left(r_1 - \frac{r_1 - r_2}{l} x\right)^2 dx$$

$$= \frac{\pi}{V} \int_0^l x \left(r_1^2 - \frac{2r_1(r_1 - r_2)}{l} x + \frac{(r_1 - r_2)^2}{l^2} x^2\right) dx$$

$$= \frac{\pi}{V} \left[r_1^2 \frac{x^2}{2} - \frac{2r_1(r_1 - r_2)}{l} \frac{x^3}{3} + \frac{(r_1 - r_2)^2}{l^2} \frac{x^4}{4} \right]_0^l$$

$$= \frac{\pi}{V} l^2 \left(\frac{1}{2} r_1^2 - \frac{2}{3} r_1^2 + \frac{2}{3} r_1 r_2 + \frac{1}{4} r_1^2 - \frac{1}{2} r_1 r_2 + \frac{1}{4} r_2^2 \right) = \frac{\pi l^2}{V} \left(\frac{r_1^2}{12} + \frac{r_1 r_2}{6} + \frac{r_2^2}{4} \right)$$

$$= \frac{\pi l^2}{12V} (r_1^2 + 2r_1 r_2 + 3r_2^2) = \frac{l^2}{12V}(A_1 + 2\sqrt{A_1 A_2} + 3A_2).$$

Mit $V = \frac{l}{3}(A_1 + \sqrt{A_1 A_2} + A_2)$ folgt

$$x_S = \frac{l}{4} \left(\frac{A_1 + 2\sqrt{A_1 A_2} + 3A_2}{A_1 + \sqrt{A_1 A_2} + A_2} \right).$$

In unserem Zahlenbeispiel ist

$$A_1 = 4A_2 \quad \implies \quad x_S = \frac{l}{4} \left(\frac{4A_2 + 4A_2 + 3A_2}{4A_2 + 2A_2 + A_2} \right) = \frac{l}{4} \cdot \frac{11A_2}{7A_2} = \frac{11}{28} l.$$

Beispiel 4 (Vertikaler Rohrkrümmer, Sicht von der Seite, Abb 2.13). In diesem Fall kann man aus der Vektorgleichung des Stützkraftsatzes $\rho Q(\vec{v}_2 - \vec{v}_1) = \vec{F}_{p_1} - \vec{F}_{p_2} + \vec{K} + \vec{G}$ nicht unmittelbar eine Skalargleichung aufstellen. Wir schreiben zuerst

$$\vec{v}_1 = \begin{pmatrix} v_1 \\ 0 \end{pmatrix} \quad \text{und} \quad \vec{v}_2 = \begin{pmatrix} v_2 \cos \alpha \\ -v_2 \sin \alpha \end{pmatrix}.$$

Weiter ist $\vec{G} = \begin{pmatrix} 0 \\ -G \end{pmatrix}$ und $\vec{K} = \begin{pmatrix} K_x \\ K_z \end{pmatrix}$. Zudem gilt noch

$$\vec{F}_{p_1} = \vec{p}_1 A_1 = \begin{pmatrix} p_1 A_1 \\ 0 \end{pmatrix} \quad \text{und} \quad -\vec{F}_{p_2} = \vec{p}_2 A_2 = \begin{pmatrix} -p_2 A_2 \cos \alpha \\ p_2 A_2 \sin \alpha \end{pmatrix}.$$

Der Stützkraftsatz schreibt sich dann zu

$$\rho Q \begin{pmatrix} v_2 \cos \alpha - v_1 \\ -v_2 \sin \alpha - 0 \end{pmatrix} = \begin{pmatrix} p_1 A_1 \\ 0 \end{pmatrix} + \begin{pmatrix} -p_2 A_2 \cos \alpha \\ p_2 A_2 \sin \alpha \end{pmatrix} + \begin{pmatrix} K_x \\ K_z \end{pmatrix} + \begin{pmatrix} 0 \\ -G \end{pmatrix}.$$

In Komponenten zerlegt:

$$K_x = \rho Q(v_2 \cos \alpha - v_1) - p_1 A_1 + p_2 A_2 \cos \alpha$$
$$K_z = -\rho Q v_2 \sin \alpha - p_2 A_2 \sin \alpha + G.$$

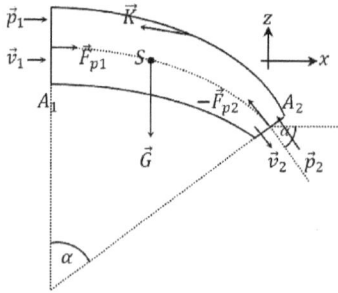

Abb. 2.13: Skizze zu Beispiel 4

Bemerkung. Im Fall von $\alpha = 0$ ist das Rohr gerade und die Gleichungen reduzieren sich gemäß Beispiel 3 zu $K_x = \rho Q(v_2 - v_1) - p_1 A_1 + p_2 A_2$, $K_z = G$. Ist zusätzlich $A_1 = A_2$, so hat man aufgrund des vernachlässigten Reibungsverlusts lediglich $K_x = 0$, $K_z = G$.

Für unseren Rohrkrümmer wählen wir $A_1 = 0{,}12\,\mathrm{m}^2$, $A_2 = 0{,}03\,\mathrm{m}^2$, $\rho = 10^3\,\frac{\mathrm{kg}}{\mathrm{m}^3}$, $p_2 = 50\,\mathrm{kPa}$ und $Q = 0{,}12\,\frac{\mathrm{m}^3}{\mathrm{s}}$, $l = 1\,\mathrm{m}$, $\alpha = 60°$ (Abb. 2.14 links). Man erhält $\Delta h = \frac{3}{\pi} - \frac{3}{\pi}\cos 60° = \frac{3}{\pi} - \frac{3}{\pi}\cdot\frac{1}{2} = \frac{3}{2\pi}$. Die Bernoulli-Gleichung liefert

$$\frac{1}{2}\rho(v_1^2 - v_2^2) + p_1 - p_2 + \rho g \Delta h = 0$$

$$\implies p_1 = p_2 + \frac{1}{2}\rho(v_2^2 - v_1^2) - \rho g \Delta h = 52.816\,\mathrm{Pa}\,.$$

Damit folgt (Abb. 2.14 rechts)

$$K_x = 1000\cdot 0{,}12\cdot 1\left(4\cdot\frac{1}{2} - 1\right) - 52.816\cdot 0{,}12 + 50.000\cdot 0{,}03\cdot\frac{1}{2} = -5467{,}93\,\mathrm{N}\,,$$

$$G = \rho g V = \rho g \frac{l}{3}(A_1 + \sqrt{A_1 A_2} + A_2) = 686{,}70\,\mathrm{N} \quad\text{und}$$

$$K_z = 1000\cdot 0{,}12\cdot 4\cdot\frac{\sqrt{3}}{2} - 50.000\cdot 0{,}03\cdot\frac{\sqrt{3}}{2} + 686{,}70 = -1028{,}03\,\mathrm{N}\,.$$

Schließlich ist $K = \sqrt{K_x^2 + K_z^2} = 5563{,}73\,\mathrm{N}$ mit $\beta = 10{,}65°$. Dies ist die Reaktionskraft der Wand auf das Fluid. Der Schwerpunkt der Flüssigkeit befindet sich wieder bei $x_S = \frac{11}{28}l$, was einem Winkel von $\alpha_S = \frac{11}{28}\cdot 60° = 23{,}57°$ entspricht.

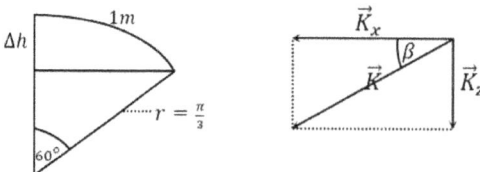

Abb. 2.14: Skizzen zur Mantelkraft von Beispiel 4

Beispiel 5 (Horizontaler Rohrkrümmer, Abb. 2.15 links, Sicht von oben).
Man kann praktisch alles aus Beispiel 4 übernehmen unter Beachtung, dass die Gewichtskraft in die Blattebene hineinzeigt und erhält

$$K_x = \rho Q(v_2 \cos \alpha - v_1) - p_1 A_1 + p_2 A_2 \cos \alpha \,,$$
$$K_y = -\rho Q v_2 \sin \alpha - p_2 A_2 \sin \alpha \quad \text{und}$$
$$K_z = G \,.$$

Mit den Werten $A_1 = 0{,}12\,\text{m}^2$, $A_2 = 0{,}03\,\text{m}^2$, $\rho = 10^3\,\frac{\text{kg}}{\text{m}^3}$, $p_2 = 50\,\text{kPa}$, $Q = 0{,}12\,\frac{\text{m}^3}{\text{s}}$ und $l = 1\,\text{m}$, $\alpha = 60°$ folgt $K_x = -5467{,}93\,\text{N}$, $K_y = -1714{,}73\,\text{N}$, $K_z = 686{,}70\,\text{N}$ und damit $K = \sqrt{K_x^2 + K_y^2 + K_z^2} = 5771{,}49\,\text{N}$ als Reaktionskraft der Wand auf das Fluid.

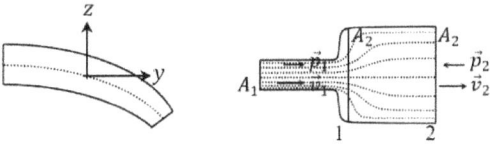

Abb. 2.15: Skizzen zu den Beispielen 5 und 6

Aufgabe
Bearbeiten Sie die Übung 6.

Beispiel 6 (Das Borda-Carnot-Rohr). Wir betrachten die Strömung in einem Rohr mit dem Querschnitt A_1, das sich plötzlich zu einem Querschnitt A_2 weitet (Abb. 2.15 rechts). Als Kontrollvolumen nehmen wir den Ort 1 unmittelbar nach der Weitung des Querschnitts und Ort 2 etwas weiter rechts davon.

Die Kontinuitätsgleichung besagt, dass $Q = A_1 v_1 = A_2 v_2$.

Weiter gilt in Strömungsrichtung $\vec{K} = 0$ und $\vec{G} = 0$. Der Stützkraftsatz reduziert sich dann zu $\rho Q(v_2 - v_1) = F_{p_1} - F_{p_2}$. Für Stelle 1 können wir annehmen, dass der Druck noch p_1 beträgt, obwohl die Querschnittsfläche schon auf A_2 angewachsen ist.

Somit ist $\rho A_2 v_2(v_2 - v_1) = p_1 A_2 - p_2 A_2$. Daraus folgt $p_2 = p_1 + \rho v_2(v_1 - v_2)$.

Mit $A_2 > A_1$ ist auch $v_1 > v_2$ und somit $p_2 > p_1$. Durch den Stoß von schnellen Teilchen mit langsameren entsteht ein Druckanstieg. Dieser kann aber aufgrund der Turbulenzen nicht genutzt werden, sondern wird als Wärme dissipiert.

Zum Vergleich untersuchen wir, ob die Bernoulli-Gleichung auf dasselbe Ergebnis für den Druck p_2 führt. Aus $\frac{1}{2}\rho(v_1^2 - v_2^2) + p_1 - p_2 = 0$ folgt

$$p_2 = p_1 + \frac{1}{2}\rho(v_1^2 - v_2^2) \,.$$

Offensichtlich weicht dieses Ergebnis von demjenigen der Impulserhaltung ab.

Deswegen bilden wir

$$\Delta p = p_{2,\text{Bernoulli}} - p_{2,\text{Impuls}} = \frac{1}{2}\rho(v_1^2 - v_2^2) - \rho v_2(v_1 - v_2)$$

$$= \rho\left(\frac{1}{2}v_1^2 - \frac{1}{2}v_2^2 - v_1 v_2 + v_2^2\right) = \frac{1}{2}\rho\left(v_1^2 - 2v_1 v_2 + v_2^2\right)$$

$$= \frac{1}{2}\rho(v_1 - v_2)^2 = \frac{1}{2}\rho v_1^2\left(1 - \frac{A_1}{A_2}\right)^2 \geq 0 .$$

Da es sich bei der Herleitung um eine Abschätzung für den Verlust handelt, wird dem Ausdruck noch eine Verlustziffer ξ hinzugefügt, so dass wir $\Delta p_V = \frac{1}{2}\xi\rho v_1^2(1 - \frac{A_1}{A_2})^2$ schreiben können. Demnach ist $p_{2,\text{Bernoulli}} = p_{2,\text{Impuls}} + \Delta p_V$.

Die Bernoulli-Gleichung gilt in diesem Fall nicht. Sie muss um einen Druckverlustterm $\Delta p_V = \frac{1}{2}\xi\rho v_1^2(1 - \frac{A_1}{A_2})^2$ erweitert werden ($1,0 \leq \xi \leq 1,2$).

Umgerechnet auf den Höhenverlust ergibt dies mit Hilfe von $\Delta p_V = \rho g\Delta h_V$ den Ausdruck $h_V = \xi\frac{v_1^2}{2g}(1 - \frac{A_1}{A_2})^2$.

Bei der Rohrerweiterung handelt es sich um einen lokalen Druckverlust. In Kapitel 8 werden wir zusätzlich kontinuierliche Druckverluste formulieren.

Ergebnis. Entgegen der immer geltenden Impulsgleichung ist die Bernoulli-Gleichung bei einer plötzlichen Rohrerweiterung verletzt, weil der Rohrverlauf nicht mehr differenzierbar ist.

In Abb. 2.16 links werden die Terme der Bernoulli-Gleichung als Höhenanteile miteinander verglichen.

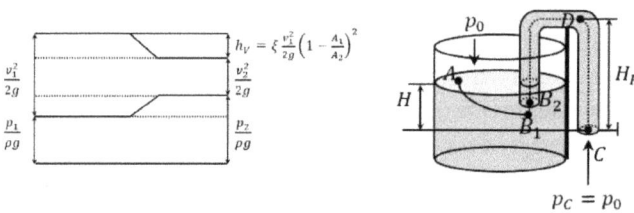

Abb. 2.16: Ergebnis von Beispiel 6 und Skizze zu Beispiel 7

Beispiel 7 (Die Heberleitung mit Rohrreibung). Die in Kapitel 2.2 besprochene Heberleitung soll nun um den durch die Reibung verursachten Druckverlust erweitert werden (Abb. 2.16 rechts). Zuerst formulieren wir die Bernoulli-Gleichung für die beiden Punkte A und C und erhalten

$$\int_{B_2}^{C} \frac{\partial v}{\partial t}\,ds + \frac{1}{2}v_C^2 - \frac{1}{2}v_A^2 + \frac{p_C - p_A}{\rho} + g(h_C - h_A) + \frac{\Delta p_V}{\rho} = 0 .$$

Bei annähernd konstanter Geschwindigkeitsänderung im Rohr ergibt sich ($v_C = v$) daraus

$$l \cdot \frac{dv}{dt} + \frac{1}{2}v^2 - gH + \lambda\frac{l}{d} \cdot \frac{v^2}{2} = 0 \quad \implies \quad a(t) = \frac{gH}{l} - \frac{1}{2l}v^2\left(1 + \frac{\lambda \cdot l}{d}\right).$$

Zur Startzeit $t = 0$ ist $a(0) = \frac{gH}{l}$. Die DGL lautet

$$\dot{v} + \frac{1}{2l}\left(1 + \frac{\lambda \cdot l}{d}\right)v^2 - \frac{gH}{l} = 0 \quad \text{oder} \quad \dot{v} + \frac{1}{2l} \cdot \frac{1}{\frac{d}{d+\lambda l}}v^2 - \frac{gH}{l} = 0.$$

Als Lösung erhält man (vgl. Kapitel 2.2)

$$v(t) = \sqrt{2gH \cdot \frac{d}{d + \lambda l}} \cdot \tanh\left(\frac{\sqrt{gH}}{\sqrt{2}} \cdot \frac{d + \lambda l}{ld} \cdot t\right)$$

$$= \sqrt{\frac{2gHd}{d + \lambda l}} \cdot \tanh\left(\frac{\sqrt{gH}(d + \lambda l)}{\sqrt{2}ld} \cdot t\right).$$

Im stationären Fall wird daraus $v(t \to \infty) = \sqrt{\frac{2gHd}{d+\lambda l}}$ und

$$a(t \to \infty) = \frac{gH}{l} - \frac{1}{2l} \cdot \frac{2gHd}{d + \lambda l}\left(1 + \frac{\lambda \cdot l}{d}\right) = \frac{gH}{l} - \frac{1}{2l} \cdot \frac{2gHd}{d} = 0,$$

weil

$$\lim_{t \to \infty} \tanh\left(\frac{\sqrt{gH}(d + \lambda l)}{\sqrt{2}ld} \cdot t\right) = 1.$$

Für eine Aussage des minimalen Drucks im Punkt D schreiben wir die Bernoulli-Gleichung für die Punkte C und D auf:

$$\rho \cdot a(t) \cdot H_R + p_0 - p_D(t) - \rho gH_R - \lambda\frac{\rho l}{d} \cdot \frac{v^2}{2} = 0.$$

Für den Druck zur Zeit $t = 0$ ist

$$p_D(0) = p_0 - \rho gH_R + \rho\frac{gH}{l}H_R = p_0 - \rho gH_R\left(1 - \frac{H}{l}\right).$$

Dies ist derselbe Ausdruck wie bei der reibungsfreien Strömung, da die Reibung ja noch nicht wirksam ist. Im stationären Fall erhält man

$$p_D(t \to \infty) = p_0 - \rho gH_R - \lambda\frac{\rho l}{d} \cdot \frac{v^2}{2}$$

$$= p_0 - \rho gH_R - \lambda\frac{\rho l}{2d} \cdot \frac{2gHd}{d + \lambda l} = p_0 - \rho gH_R - \frac{\lambda\rho lgH}{d + \lambda l}.$$

Die Bedingung dafür, dass die Strömung nicht abreißt, lautet $p_D(t \to \infty) > 0$. Zur Startzeit bedeutet dies

$$\frac{p_0}{\rho g \left(1 - \frac{H}{l}\right)} > H_R .$$

Im stationären Fall ist hingegen

$$\frac{p_0 - \frac{\lambda \rho l g H}{d + \lambda l}}{\rho g} > H_R .$$

Da

$$\frac{p_0}{\rho g \left(1 - \frac{H}{l}\right)} > \frac{p_0}{\rho g} > \frac{p_0 - \frac{\lambda \rho l g H}{d + \lambda l}}{\rho g} ,$$

ist die zweite Bedingung stärker.

Aufgabe
Bearbeiten Sie die Übungen 7 und 8.

2.4 Ausfluss- und Entleerungszeiten

Wir wollen dazu drei verschiedene Theorien einander gegenüberstellen.

I. Torricelli (1644)

Die Ausflussformel haben wir weiter oben hergeleitet.

Wir erhielten für die Ausflussgeschwindigkeit $v(t) = \sqrt{2gh(t)}$ und für die Füllhöhe

$$h(t) = \left(\sqrt{H} - \sqrt{\frac{g}{2}} \frac{t}{\sqrt{\frac{A_0^2}{A_a^2} - 1}} \right)^2 .$$

Natürlich stand Torricelli die Bernoulli-Gleichung nicht zur Verfügung. Er fand seine Ausflussformel auf anderem Weg.

II. Bernoulli (1738)

Er führt eine Energiebilanz an der gesamten Flüssigkeit zu zwei verschiedenen Zeiten durch (Abb. 2.17).

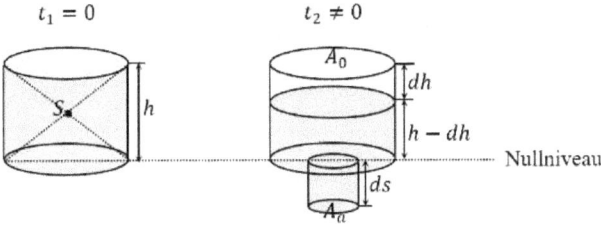

Abb. 2.17: Skizzen zur Bernoulli-Theorie

Potenzielle Energie

$$E_{\text{pot}1} = mgh_S = \rho Vgh_S = \rho Vgh_S = \rho A_0 hg\frac{h}{2}$$

$$= \frac{1}{2}\rho g A_0 h^2 \quad (h_S = \text{Höhe des Schwerpunkts}).$$

Aus $A_0\, dh = A_a\, ds$ folgt $ds = \frac{A_0}{A_a}\, dh$. Dann ist $E_{\text{pot}2a} = \frac{1}{2}\rho g A_0 (h - dh)^2$ und

$$E_{\text{pot}2b} = -mg\frac{h_S}{2} = -\frac{1}{2}\rho Vg\, ds = -\frac{1}{2}\rho g A_a\, ds^2 = -\frac{1}{2}\rho g A_a\frac{A_0^2}{A_a^2}\, dh^2 = -\frac{1}{2}\rho g\frac{A_0^2}{A_a}\, dh^2$$

$$\implies \quad \Delta E_{\text{pot}} = E_{\text{pot}2a} + E_{\text{pot}2b} - E_{\text{pot}1} = \frac{1}{2}\rho g A_0 (h - dh)^2 - \frac{1}{2}\rho g\frac{A_0^2}{A_a}\, dh^2 + \frac{1}{2}\rho g A_0 h^2$$

$$\approx \frac{1}{2}\rho g A_0 (h - dh)^2 - \frac{1}{2}\rho g\frac{A_0^2}{A_a}\, dh^2 - \frac{1}{2}\rho g A_0 h^2$$

$$= \frac{1}{2}\rho g A_0 (h^2 - 2h\, dh + dh^2) - \frac{1}{2}\rho g A_0 h^2$$

$$\approx \frac{1}{2}\rho g A_0 (h^2 - 2h\, dh + dh^2) - \frac{1}{2}\rho g A_0 h^2 = -\rho g A_0 h\, dh\,.$$

Kinetische Energie

$$E_{\text{kin}1} = \frac{1}{2}mv^2 = \frac{1}{2}\rho Vv^2 = \frac{1}{2}\rho A_0 hv^2\,.$$

Dabei bezeichnet v die Absenkgeschwindigkeit.

$$E_{\text{kin}2a} = \frac{1}{2}\rho A_0 (h - dh)(v - dv)^2\,,$$

v ist negativ, weil in Gegenrichtung zur Höhe gemessen.

$$E_{\text{kin}2b} = \frac{1}{2}\rho A_a\, ds v_a^2 \quad (v_a \text{ bedeutet die Austrittgeschwindigkeit})$$

$$= \frac{1}{2}\rho A_a\frac{A_0}{A_a}\, dh\frac{A_0^2}{A_a^2}v^2 = \frac{1}{2}\rho\frac{A_0^3}{A_a^2}\, dh \cdot v^2\,,$$

wegen $A_0 v = A_a v_a$.

$$\Delta E_{kin} = E_{kin2a} + E_{kin2b} - E_{kin1} = \frac{1}{2}\rho A_0 (h - dh)(v - dv)^2 + \frac{1}{2}\rho\frac{A_0^3}{A_a^2}\, dh \cdot v^2 - \frac{1}{2}\rho A_0 h v^2$$

$$= \frac{1}{2}\rho A_0 \left(\frac{A_0^2}{A_a^2}\, dh \cdot v^2 + (h - dh)(v - dv)^2 - h v^2 \right)$$

$$= \frac{1}{2}\rho A_0 \left(\frac{A_0^2}{A_a^2}\, dh \cdot v^2 + h v^2 - 2 h v\, dv + h\, dv^2 - dh \cdot v^2 + 2v\, dh\, dv - dh\, dv^2 - h v^2 \right)$$

$$\approx \frac{1}{2}\rho A_0 \left(\frac{A_0^2}{A_a^2}\, dh \cdot v^2 - 2 h v\, dv - dh \cdot v^2 \right).$$

Aus $\Delta E_{pot} + \Delta E_{kin} = 0$ erhält man

$$-\rho g A_0 h\, dh + \frac{1}{2}\rho A_0 \left(\frac{A_0^2}{A_a^2}\, dh \cdot v^2 - 2 h v\, dv - dh \cdot v^2 \right) = 0$$

$$\implies \quad -gh + \frac{1}{2}\left(\frac{A_0^2}{A_a^2} v^2 - 2 h v \frac{dv}{dh} - v^2 \right) = 0 \quad \implies \quad \frac{A_0^2}{A_a^2} v^2 - 2 h v \frac{dv}{dh} - v^2 = 2gh.$$

Weiter ist

$$-2v\frac{dv}{dh} = 2\,g + \frac{v^2}{h}\left(1 - \frac{A_0^2}{A_a^2} \right).$$

Mit Hilfe der Kettenregel folgt die DGL $-\frac{dv^2}{dh} = 2\,g + \gamma\frac{v^2}{h}$, wobei $\gamma = 1 - \frac{A_0^2}{A_a^2}$ gesetzt wurde.

Die Substitution $\frac{v^2}{h} = u$, $v^2 = hu \implies 2vv' = u + hu'$ liefert

$$-(u + hu') = 2\,g + \gamma u \quad \text{oder} \quad -\frac{du}{dh}\cdot h = 2\,g + (\gamma + 1)u.$$

Separiert nach Variablen ist $\int \frac{du}{2g + (\gamma + 1)u} = -\int \frac{dh}{h}$.

Damit hat man

$$\frac{1}{\gamma + 1}\ln|2\,g + (\gamma + 1)u| = -\ln h + C_1$$

$$\implies \quad \ln|2\,g + (\gamma + 1)u| = \ln h^{-(\gamma+1)} + C_2$$

$$\implies \quad |2\,g + (\gamma + 1)u| = C\cdot h^{-(\gamma+1)}$$

$$\implies \quad \left|2\,g + (\gamma + 1)\frac{v^2}{h}\right| = C\cdot h^{-(\gamma+1)}.$$

Mit $v^2(H) = 0$ entsteht $2\,g = C\cdot H^{-(\gamma+1)} \implies C = 2gH^{\gamma+1}$ und folglich

$$\left|2\,g + (\gamma + 1)\frac{v^2}{h}\right| = 2gH^{\gamma+1}\cdot h^{-(\gamma+1)}.$$

Die Betragsstriche entfallen: $2\,g + (\gamma + 1)\frac{v^2}{h} = 2gH^{\gamma+1}\cdot h^{-(\gamma+1)}$. Weiter aufgelöst ist

$$v^2 = \frac{2gh}{\gamma + 1}\left(\left(\frac{h}{H}\right)^{-(\gamma+1)} - 1 \right) = \frac{2gH}{\gamma + 1}\left(\frac{h}{H}\left(\frac{h}{H}\right)^{-(\gamma+1)} - \frac{h}{H} \right) = \frac{2gH}{\gamma + 1}\left(\left(\frac{h}{H}\right)^{-\gamma} - \frac{h}{H} \right)$$

und schließlich

$$v^2 = -\frac{2gH}{\gamma + 1}\left(\frac{h}{H} - \left(\frac{h}{H}\right)^{-\gamma}\right).$$

Die Absenkgeschwindigkeit beträgt somit

$$v(h) = \sqrt{2g \cdot \frac{A_a^2 H}{A_0^2 - 2A_a^2}\left(\frac{h}{H} - \left(\frac{h}{H}\right)^{\frac{A_0^2}{A_a^2}-1}\right)}.$$

Mit Hilfe der Kontinuitätsgleichung $A_0 v = A_a v_a$ erhält man die Ausflussgeschwindigkeit zu

$$v_a(h) = \sqrt{2g \cdot \frac{A_0^2 H}{A_0^2 - 2A_a^2}\left(\frac{h}{H} - \left(\frac{h}{H}\right)^{\frac{A_0^2}{A_a^2}-1}\right)}. \tag{2.5}$$

Speziell für $A_a = A_0$ ergibt sich

$$v_a(h) = \sqrt{2g \cdot \frac{A_0^2 H}{A_0^2 - 2A_0^2}\left(\frac{h}{H} - \left(\frac{h}{H}\right)^{\frac{A_0^2}{A_0^2}-1}\right)} = \sqrt{-2\,g \cdot H\left(\frac{h}{H} - 1\right)} = \sqrt{2g \cdot (H - h)}.$$

Offenbar erhält man mit der Bernoulli-Formel zwar dieselben Ausflussgeschwindigkeiten wie bei Torricelli aber in umgekehrter Reihenfolge!

Die Auswertung der Bernoulli-Theorie lässt erkennen, dass die Flüssigkeit eine gewisse Zeit benötigt, bis sich die zur Füllhöhe h gehörige Geschwindigkeit $v_a(h)$ einstellt. Im Spezialfall $A_0 : A_a = 1$ zeigen Theorie und Praxis, dass das Fluid träge ist und beim Öffnen erst eine Bewegung aufgebaut werden muss. Für einige Querschnittsverhältnisse $\frac{A_0}{A_a} = 6:1$ (i), $3:1$ (ii), $1,5:1$ (iii), $1,1:1$ (iv), $1:1$ (v) sind die Geschwindigkeitsverläufe v_a mit $H = 10$ cm in Abb. 2.18 dargestellt.

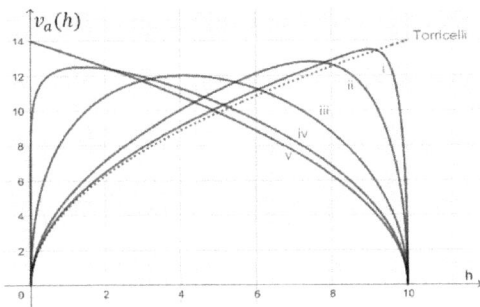

Abb. 2.18: Graphen von (2.5)

Für die Entleerungszeit betrachten wir die Absenkgeschwindigkeit v und separieren

$$\frac{dh}{dt} = -v(h) = -\sqrt{2g \cdot \frac{A_a^2 H}{A_0^2 - 2A_a^2} \left(\frac{h}{H} - \left(\frac{h}{H} \right)^{\frac{A_0^2}{A_a^2}-1} \right)}.$$

Wir wählen $H = 10$, $A_0 = 4A_a$.

Dann folgt

$$dh = -\sqrt{\frac{10}{7}g \left(\frac{h}{10} - \left(\frac{h}{10} \right)^{15} \right)} \, dt := -\sqrt{f(h)} \, dt \, .$$

Diskretisiert, geht diese DGL über in $y_{i+1} - y_i = -\sqrt{f(h)}\, dt$ oder für den TI-Nspire $y_i := y_i - \sqrt{f(h)}\, dt$. Wir wählen die Schrittweite $dt = 0{,}01$ und $n = 559$ Zeitschritte (für $n = 560$ ist $f(h) < 0$). Dann lautet die Vorschrift $y_i := y_i - 0{,}01\sqrt{f(h)}$.

Das zugehörige Programm sieht so aus:

```
Define Bernoulli(n)
Prgm
  xa:= {xi}
  ya:= {yi}
  xi:= 0
  yi:= 9.9999 (Anfangsbedingung y(0) = 9.9999)
  For i,1,n
    xi:= xi + 0.01
    yi:= yi - 0.01√(10·9.81/7 ((yi/10) - (yi/10)^15))
    xa:= augment(xa,{xi})
    ya:= augment(ya,{yi})
  End For
  Disp xa, ya
End Prgm
```

Bernoullis Theorie liefert $t_{\text{leer}} \cong 5{,}60\,\text{s}$ (Abb. 2.19). Bei Torricelli hat man

$$h(t) = \left(\sqrt{10} - \sqrt{\frac{9{,}81}{30}}\, t \right)^2$$

und daraus $t_{\text{leer}} \cong 5{,}53$ s. Man erkennt, dass das Ergebnis von Bernoulli keine wesentliche Verbesserung zur Torricelli-Formel darstellt. Verglichen mit dem Messergebnis sind beide weit vom wirklichen Verlauf entfernt.

Offenbar ist die Energieerhaltung verletzt. Ähnlich wie später beim Borna-Carnot-Druckstoß muss, falls der Energiesatz allein betrachtet wird, ein Korrekturterm für den Reibungsverlust hinzugefügt werden.

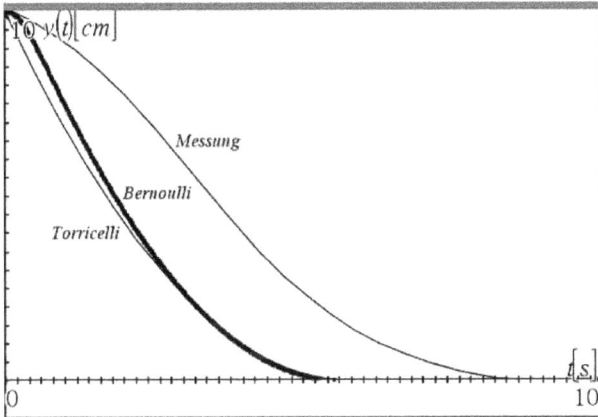

Abb. 2.19: Simulation von (2.5)

Auf der Suche nach einer plausiblen Erklärung für die Abweichung zur Messung und einer zwangsweisen Anpassung seiner Theorie, formuliert Bernoulli das Prinzip der „vena contracta" (die zusammengezogene Stromlinie, Abb. 2.20 links).

Da auf dem Weg zur Öffnung die Stromlinien zusammengepresst werden, muss man, so Bernoulli, einen kleineren Ausströmungsquerschnitt A_{vc} verwenden. Nach einigen Messungen gibt er den Querschnitt zu $A_{vc} = \frac{1}{\sqrt{2}}A_a$ an. Es gibt weitere Verbesserungen für diesen Ausflussbeiwert, beispielsweise 0,6272, usw. Ersetzt man also A_a durch $A_{vc} = \frac{1}{\sqrt{2}}A_a$, dann zeigt sich eine ausgesprochen gute Übereinstimmung mit der Messung. Über die Jahrhunderte hinweg hat man die Notwendigkeit der vena contracta nicht in Frage gestellt. Erst kürzlich wurde ein neuer Anlauf unternommen, über die Impulserhaltung zu einem befriedigenderen Ergebnis zu gelangen.

III. Malcherek (2015)

Die Kontinuitätsgleichung lautet $Q = A_0 v = A_a v_a$. Dabei ist v_a die Ausflussgeschwindigkeit, v die Absenkgeschwindigkeit und A_a der Ausflussquerschnitt. Nun betrachten wir die Impulserhaltung in der Vertikalen (Abb. 2.20 rechts). Der Stützkraftsatz besagt (instationäre Strömung, $\frac{dI}{dt} \neq 0$):

$$\frac{dI}{dt} = -\rho Q (\underbrace{v_a - 0}) + F_{p_1} - F_{p_2} + G \ .$$
$$\text{keine einströmende Masse in das Kontrollvolumen}$$

Auf die Wassersäule $A_a \cdot h(t)$ wirkt von oben wie von unten der Luftdruck p_0, so dass wir uns auf die Säule $(A_0 - A_a) \cdot h(t)$ beschränken können.

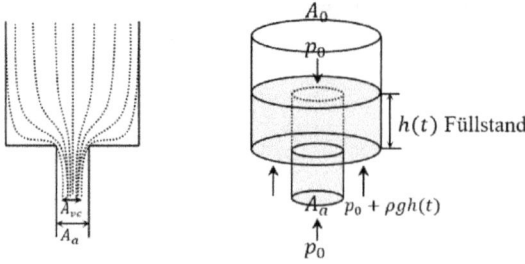

Abb. 2.20: Skizzen zur vena contracta und zur Malcherek-Theorie

Von oben her wirkt die Kraft $F_{p_1} = (A_0 - A_a)p_0$, von unten hingegen ist auf dieselbe Fläche der Druck $p_0 + \rho g h(t)$ als Reaktionskraft der Wand auf das Fluid wirksam.

Die rechte Seite lautet insgesamt

$$\rho Q(\vec{v}_2 - \vec{v}_1) + \vec{F}_{p_1} - \vec{F}_{p_2} + \vec{G}$$
$$= -\rho A_a v_a^2 + (A_0 - A_a)p_0 - (A_0 - A_a)(p_0 + \rho g h(t)) + \rho g A_0 h(t)$$
$$= -\rho A_a v_a^2 + \rho g A_a h(t) \ .$$

Die linke Seite ist

$$\frac{dI}{dt} = \frac{d(mv)}{dt} = m \cdot \frac{dv}{dt} + v \cdot \frac{dm}{dt} = \rho A_0 h(t) \cdot \frac{dv}{dt} - v \cdot \underbrace{\rho v_a A_a} \ .$$

Aufgrund der Massenerhaltung ist $\frac{dm}{dt} = -\rho v_a A_a$.

Zusammen hat man somit

$$\rho A_0 h(t) \cdot \frac{dv}{dt} - \rho v v_a A_a = -\rho A_a v_a^2 + \rho g A_a h(t) \ .$$

Es folgt

$$\frac{dv}{dt} = v v_a \frac{A_a}{A_0 h} - \frac{A_a}{A_0 h} v_a^2 + g \frac{A_a}{A_0} \quad \text{und} \quad \frac{dv}{dt} = \frac{v_a}{h} \frac{A_a}{A_0}(v - v_a) + g \frac{A_a}{A_0} \ .$$

Mit $A_0 v = A_a v_a$ erhält man

$$\frac{dv_a}{dt} = \frac{v_a}{h}(v - v_a) + g \quad \Longrightarrow \quad \frac{dv_a}{dt} = g - \frac{v_a^2}{h}\left(1 - \frac{A_a}{A_0}\right) \ . \tag{2.6}$$

Diese DGL ist instationär, denn

$$v_a = v_a(h(t)) \quad \text{und} \quad \frac{dv_a}{dt} = \frac{dv_a(h(t))}{dt} \cdot \frac{dh(t)}{dt} \ .$$

Die Lösung lässt sich nicht nach Variablen separieren. Man erhält lediglich

$$\frac{dv_a}{dh} \cdot \frac{dh}{dt} = g - \frac{v_a^2}{h}\left(1 - \frac{A_a}{A_0}\right) \quad \text{oder} \quad v_a \cdot \frac{dv_a}{dh} = g - \frac{v_a^2}{h}\left(1 - \frac{A_a}{A_0}\right) \ .$$

Interessiert nur der stationäre Zustand, dann ist $\frac{dv_a(h(t))}{dt} = 0$ und es folgt

$$gh(t) = v_a^2(h(t)) \left(1 - \frac{A_a}{A_0}\right) \quad \Longrightarrow \quad v_a(h) = \sqrt{\frac{gh}{1 - \frac{A_a}{A_0}}} \ .$$

Nun gilt es, die Entleerungszeit zu berechnen. Für die Absenkgeschwindigkeit ist $dh = -v\,dt$.

Verwendet man die Kontinuitätsgleichung und den eben berechneten Ausdruck für $v_a(h)$, so wird daraus

$$dh = -v_a \frac{A_a}{A_0}\,dt = -\sqrt{\frac{gh}{1 - \frac{A_a}{A_0}}} \cdot \frac{A_a}{A_0}\,dt = \sqrt{\frac{gh}{\frac{A_0}{A_a}\left(\frac{A_0}{A_a} - 1\right)}}\,dt \ .$$

Nach Variablen getrennt ist

$$\frac{dh}{\sqrt{h}} = \sqrt{\frac{g}{\frac{A_0}{A_a}\left(\frac{A_0}{A_a} - 1\right)}}\,dt \ .$$

Die Integration liefert

$$2\sqrt{h(t)} = \sqrt{\frac{g}{\frac{A_0}{A_a}\left(\frac{A_0}{A_a} - 1\right)}}\,t + C \ .$$

Mit $h(0) = H$ folgt $C = 2\sqrt{H}$ und schließlich

$$h(t) = \left(\sqrt{H} - \frac{\sqrt{g}}{2\sqrt{\frac{A_0}{A_a}\left(\frac{A_0}{A_a} - 1\right)}}\,t\right)^2 \ . \tag{2.7}$$

Für $H = 10$, $A_0 = 4A_a$ erhält man $t_{\text{leer}} \cong 6{,}99\,\text{s}$ (Abb. 2.21).

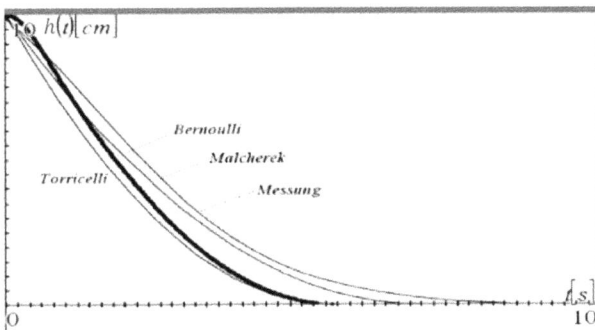

Abb. 2.21: Simulation von (2.7)

Den Grund für die kleine Abweichung muss man darin suchen, dass die Stromfäden auf ihrem Weg zur Öffnung auch eine horizontale Strecke zurücklegen und damit der Rohrboden mit einer rücktreibenden Kraft $\vec{K}$ antwortet (vgl. Stützkraftsatz).

Speziell für $A_a = A_0$ reduziert sich die DGL (2.6) zu $\frac{dv_a}{dt} = g$.

Mit $\frac{dv_a}{dt} = \frac{dv_a}{dt} \cdot \frac{dh}{dt} = g$ wird daraus $dv_a \cdot \frac{dh}{dt} = g \cdot dh$ oder $dv_a \cdot v_a = g \cdot dh$.

Die Integration $\int_{v_1}^{v_2} v_a \cdot dv_a = \int_{h_1}^{h_2} g \cdot dh$ führt zu

$$\left[\frac{v_a^2}{2} \right]_{v_1}^{v_2} = g[h]_{h_1}^{h_2} \, .$$

Daraus wird $\frac{v_a^2(h)}{2} - 0 = g(h - H)$ und schließlich $v_a(h) = \sqrt{2g(h - H)}$ analog zum Ergebnis von Bernoulli.

3 Strömungswirbel

Wirbel entstehen, wenn eine Flüssigkeit oder ein Gas an einem Hindernis vorbeiströmen muss oder allgemein zu einer Richtungsänderung gezwungen wird. Aber auch bei geradliniger Strömung entstehen aufgrund der Rauheit der Rohre Wirbel an deren Wänden.

Ab einer gewissen Geschwindigkeit (also nicht laminar) bilden sich seitlich und hinter dem Hindernis Wirbel aus. Diese befinden sich an den Stellen, wo die Geschwindigkeit am kleinsten und die Reibung am größten ist, nämlich am Rand der Hindernisse wie beispielsweise bei Brückenpfeilern oder stark gekrümmten Rohren. Im Fall von Luft sind es die Enden von Tragflächen oder die seitlich angeströmten Brücken (Kàrmànsche Wirbelstraße), die zur Wirbelbildung beitragen. Wirbel treten ebenfalls dann auf, wenn Hindernisse plötzlich wegfallen und sich beispielsweise ein Loch bildet (Badewannenstrudel).

3.1 Starrer Wirbel

Die Bezeichnung leitet sich aus der Tatsache ab, dass die Fluidteilchen wie entlang einer Stange gereiht immer zum Zentrum zeigen (Abb. 3.1 links). Ein solcher Wirbel ergibt sich auch, wenn man ein mit Wasser gefülltes zylindrisches Gefäß auf einen sich drehenden Teller stellt. Nach einer gewissen Zeit entsteht eine (für einen mitdrehenden Beobachter) ruhende Flüssigkeitssäule in Form eines Paraboloids. Weiter außen liegende Teilchen besitzen eine größere Geschwindigkeit als weiter innen liegende. Die Zunahme ist linear $v(r) = \omega \cdot r$.

3.2 Potenzialwirbel (Badewannenwirbel)

Dieser Wirbel unterscheidet sich vom vorhergehenden dadurch, dass Teilchen, die näher zum Zentrum liegen, auch schneller rotieren (Abb. 3.1 mitte). Das Zentrum wirkt für das Fluid wie ein Beschleunigungsmotor. Die Teilchen selber behalten aber ihre

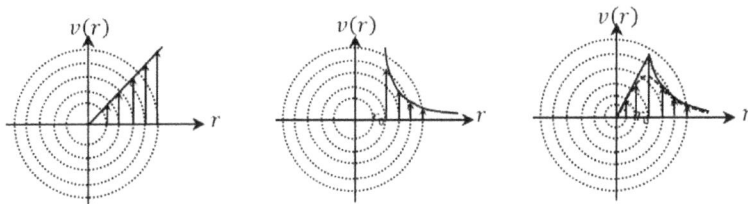

Abb. 3.1: Skizzen zu den Wirbeln

https://doi.org/10.1515/9783110684520-003

räumliche Richtung bei. Man erhält ein völlig anderes Geschwindigkeitsprofil als beim starren Wirbel. Es gilt näherungsweise $v(r) = \frac{c}{r}$. Die Einheit von c wäre $[\frac{m^2}{s}]$.

3.3 Rankine-Wirbel

Einen Tornado kann man sich als eine Kombination von Potenzialwirbel für $r \geq r_0$ und starren Wirbel für $r \leq r_0$ vorstellen (Abb. 3.1 rechts). Die wachsenden Scherkräfte hin zum Zentrum verhindern irgendwann, dass die Teilchen sich verformen können, sie „erstarren". Die Geschwindigkeitsverteilung besitzt die dargestellte Form. In Wirklichkeit verläuft der Übergang zwischen den beiden Wirbeln langsamer (lang gestrichelte Linie).

3.4 Umrechnung eines Vektorfeldes von kartesischen in Polarkoordinaten

Im Zusammenhang mit Wirbeln, die sich um ein Zentrum drehen, ist es angebracht, dass das Geschwindigkeitsfeld auch in Polarform vorliegt (Abb. 3.2). Im Folgenden betrachten wir nur ebene Wirbel.

Es gilt

$$\vec{e}_r = \cos\theta \cdot \vec{e}_x + \sin\theta \cdot \vec{e}_y,$$

$$\vec{e}_\theta = -\sin\theta \cdot \vec{e}_x + \cos\theta \cdot \vec{e}_y \quad \text{und damit}$$

$$\vec{e}_x = \cos\theta \cdot \vec{e}_r - \sin\theta \cdot \vec{e}_\theta,$$

$$\vec{e}_y = \sin\theta \cdot \vec{e}_r + \cos\theta \cdot \vec{e}_\theta.$$

Nehmen wir irgendeinen Vektor $\vec{v}_k = \binom{v_x}{v_y}$ in kartesischen Koordinaten, dann ist

$$\vec{v}_k = v_x \cdot \vec{e}_x + v_y \cdot \vec{e}_y = v_x(\cos\theta \vec{e}_r - \sin\theta \vec{e}_\theta) + v_y(\sin\theta \vec{e}_r + \cos\theta \vec{e}_\theta)$$

$$= (v_x \cos\theta + v_y \sin\theta)\vec{e}_r + (-v_x \sin\theta + v_y \cos\theta)\vec{e}_\theta$$

$$= v_r \vec{e}_r + v_\theta \vec{e}_\theta.$$

Man erhält somit

$$
\begin{aligned}
v_r &= v_x \cos\theta + v_y \sin\theta, & & & v_x &= v_r \cos\theta - v_\theta \sin\theta, \\
& & \text{und} & & & \\
v_\theta &= -v_x \sin\theta + v_y \cos\theta & & & v_y &= v_r \sin\theta + v_\theta \cos\theta.
\end{aligned}
\tag{3.1}
$$

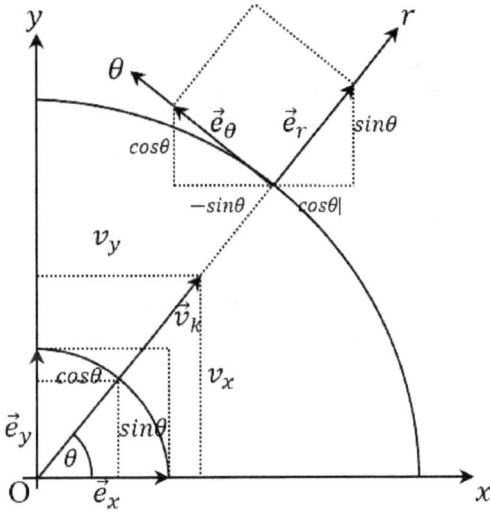

Abb. 3.2: Skizze zur Umrechnung von kartesischen in polare Koordinaten

Beispiel 1 (Starrer Wirbel).

$$\vec{v} = \begin{pmatrix} 0 \\ \omega r \\ 0 \end{pmatrix} = \begin{pmatrix} v_r \\ v_\theta \\ v_z \end{pmatrix}.$$

Umrechnung in kartesische Koordinaten:

$$\begin{aligned} v_x &= 0 \cdot \cos\theta - \omega r \sin\theta = -\omega y \\ v_y &= 0 \cdot \sin\theta + \omega r \cos\theta = \omega x \end{aligned} \quad \Longrightarrow \quad \vec{v} = \begin{pmatrix} -\omega y \\ \omega x \\ 0 \end{pmatrix}.$$

Beispiel 2 (Potenzialwirbel).

$$\vec{v} = \begin{pmatrix} 0 \\ \frac{c}{r} \\ 0 \end{pmatrix}, \quad c = konst.$$

Umrechnung in kartesische Koordinaten:

$$\begin{aligned} v_x &= -\frac{c}{r}\sin\theta = -\frac{cr\sin\theta}{r^2} = -\frac{cy}{r^2} \\ v_y &= \frac{c}{r}\cos\theta = \frac{cr\cos\theta}{r^2} = \frac{cx}{r^2} \end{aligned} \quad \Longrightarrow \quad \vec{v} = \begin{pmatrix} -\frac{cy}{x^2+y^2} \\ \frac{cx}{x^2+y^2} \\ 0 \end{pmatrix}.$$

3.5 Die Rotation einer Strömung

Im Allgemeinen erfährt ein Fluidteilchen innerhalb einer Strömung drei „Veränderungen".

1. Translation. Das Teilchen ändert bezüglich eines außenstehenden Beobachters den Ort.
2. Drehung um die Bezugsachsen. Das Teilchen vollführt (ohne Verformung) eine Drehung um eine oder mehrere Bezugsachsen.
3. Eigenrotation. Aufgrund der Drehung um seinen eigenen Schwerpunkt verformt sich das Teilchen, es schert. Eine solche Strömung nennt man auch Scherströmung.

Wir wählen ein Bezugsystem, das sich mit dem Fluidteilchen bewegt. Damit können wir den Bezugsort O des Koordinatensystems (bis auf Translation) am selben Ort belassen.

Zur Veranschaulichung stellen wir uns ein quaderförmiges Fluidteilchen mit den Kantenlängen dx, dy und dz vor. Der Geschwindigkeitsvektor sei $\vec{v} = (v_x, v_y, v_z)$. Vorerst blicken wir senkrecht auf die z-Achse und berechnen die Rotation ω_z um diese Achse.

Drehung um die Bezugsachse

Da die Bezugsachsen mitströmen, kann man bei dieser Drehung einen Eckpunkt, z. B. A, als Fixpunkt auffassen (Abb. 3.3 links). Durch die Drehung erfahren die Punkte B und C in der Zeit Δt eine Ortsänderung um $\Delta dy = dv_y \cdot \Delta t$ für B und um $\Delta dx = -dv_x \cdot \Delta t$ für C.

Benutzt man die Taylorentwicklung $v(x + dx) = v(x) + \frac{\partial v}{\partial x} dx + \ldots$, dann ist

$$v(x + dx) - v(x) = dv_x = \frac{\partial v_x}{\partial y} dy + \cdots , \quad \text{bzw.} \quad dv_y = \frac{\partial v_y}{\partial x} dx .$$

Weiter folgt

$$\Delta dx \approx -\frac{\partial v_x}{\partial y} dy \cdot \Delta t \quad \text{und} \quad \Delta dy \approx \frac{\partial v_y}{\partial x} dx \cdot \Delta t .$$

Eigenrotation, Scherung

Die Winkeländerungen betragen (Abb. 3.3 rechts)

$$\tan \alpha_x \approx \alpha_x \approx \frac{\Delta dy}{dx} \quad \text{und} \quad \tan \alpha_y \approx \alpha_y \approx \frac{\Delta dx}{dy} .$$

Folglich ist $\alpha_x = \frac{\partial v_y}{\partial x} \cdot \Delta t$ und $\alpha_y = -\frac{\partial v_x}{\partial y} \cdot \Delta t$.

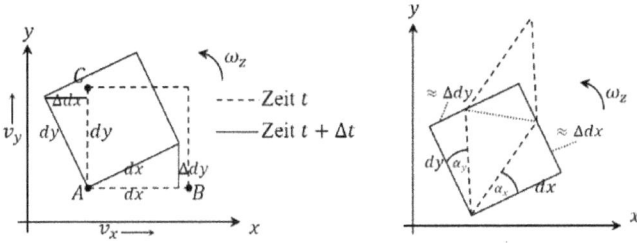

Abb. 3.3: Skizzen zur Rotation

Die Winkeldeformation pro Zeit ergibt sich dann zu $\dot{\alpha}_x = \frac{\partial v_y}{\partial x}$ und $\dot{\alpha}_y = -\frac{\partial v_x}{\partial y}$. Die Nettorotationsrate um die z-Achse ist die Summe beider Rotationsanteile:

$$\operatorname{rot} \omega_z = \frac{\partial v_y}{\partial x} - \frac{\partial v_x}{\partial y} .$$

Analog ergibt sich $\operatorname{rot} \omega_x = \frac{\partial v_z}{\partial y} - \frac{\partial v_y}{\partial z}$ und $\operatorname{rot} \omega_y = \frac{\partial v_x}{\partial z} - \frac{\partial v_z}{\partial x}$.

Insgesamt erhält man

$$\operatorname{rot} \vec{\omega} = \begin{pmatrix} \frac{\partial v_z}{\partial y} - \frac{\partial v_y}{\partial z} \\ \frac{\partial v_x}{\partial z} - \frac{\partial v_z}{\partial x} \\ \frac{\partial v_y}{\partial x} - \frac{\partial v_x}{\partial y} \end{pmatrix} =: \begin{pmatrix} \xi_x \\ \xi_y \\ \xi_z \end{pmatrix} .$$

$\operatorname{rot} \vec{\omega}$ wird als Wirbelstärke bezeichnet.

Bemerkung. Eine Nullrotation kann auf zwei Arten zustande kommen (Abb. 3.4 links). Entweder beschreibt die Strömung eine geradlinige, reibungsfreie Bewegung oder die Fluidteilchen können die Drehung durch Scherung wieder aufheben.

Beispiel 1 (Starrer Wirbel).

$$\vec{v}_k = \begin{pmatrix} -\omega y \\ \omega x \\ 0 \end{pmatrix} , \quad \xi_x = \xi_y = 0 , \quad \xi_z = \frac{\partial v_y}{\partial x} - \frac{\partial v_x}{\partial y} = 2\omega \neq 0 .$$

Die Teilchen sind immer zum Zentrum hin orientiert und vollführen bei einer Umdrehung ebenfalls eine Drehung um 360°.

Beispiel 2 (Strömung vor Hindernis, Abb. 3.4 rechts).

$$\vec{v}_k = \begin{pmatrix} v_x \\ 0 \\ 0 \end{pmatrix} , \quad v_x = v(y) = konst. , \quad \xi = 0 .$$

Beispiel 3 (Strömung am Hindernis, Abb. 3.5 links).

$$\vec{v}_k = \begin{pmatrix} v_x \\ 0 \\ 0 \end{pmatrix} , \quad v_x = v(y) \neq konst. \quad \Longrightarrow \quad \xi_z = -\frac{\partial v_x}{\partial y} .$$

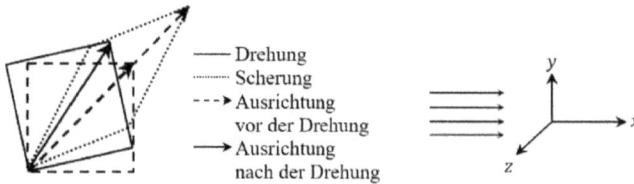

Abb. 3.4: Skizzen zur Nullrotation und zu Beispiel 2a

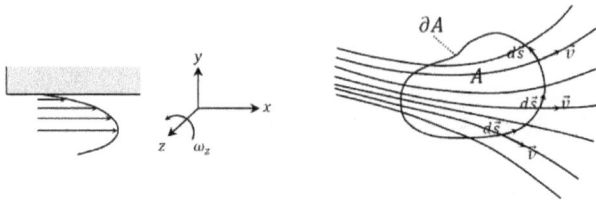

Abb. 3.5: Skizzen zu Beispiel 2b und zur Zirkulation

Die viskose Reibung erzeugt einen Wirbel.

Beispiel 4 (Potenzialwirbel).

$$\vec{v}_k = \begin{pmatrix} -\frac{cy}{x^2+y^2} \\ \frac{cx}{x^2+y^2} \\ 0 \end{pmatrix}, \quad \xi_x = \xi_y = 0, \quad \xi_z = \frac{\partial v_y}{\partial x} - \frac{\partial v_x}{\partial y}$$

$$\implies \xi_z = \frac{c(x^2 + y^2 - 2x^2)}{(x^2 + y^2)^2} + \frac{c(x^2 + y^2 - 2y^2)}{(x^2 + y^2)^2} = 0 \quad \text{für} \quad r = \sqrt{x^2 + y^2} \neq 0.$$

ξ_z ist für $r = 0$ unbestimmt.

3.6 Die Zirkulation einer Strömung

Eine andere Möglichkeit, die Wirbelstärke des Geschwindigkeitsfeldes einer Strömung zu beschreiben, geschieht mit Hilfe der (lokalen) Zirkulation Z (Abb. 3.5 rechts). Man wählt ein beliebiges Flächenstück A aus und bildet für jeden Punkt P des Randes ∂A das Skalarprodukt aus dem Geschwindigkeitsvektor $\vec{v}$ im Punkt P und dem Tangentialvektor $d\vec{s}$ des Randes. Dies summiert man über den gesamten Rand auf.

Definition der Zirkulation.

$$Z = \int_{\partial A} \vec{v} \circ d\vec{s}\,.$$

Ist mit A eine Oberfläche gemeint (beispielsweise diejenige einer Halbkugel), dann entspräche ∂A dem Rand der Projektion der Oberfläche (in unserem Fall dem Grundkreis). Die Zirkulation ist im Allgemeinen wegabhängig, also örtlich verschieden. Es gibt aber eine Ausnahme, dann nämlich, wenn sich das Geschwindigkeitsfeld als Gradient einer skalaren Funktion darstellen lässt. Diese sogenannten Potenzialströmungen werden wir später genauer untersuchen.

Satz. Ist $\vec{v} = \operatorname{grad} \phi$, d. h.

$$\begin{pmatrix} v_x \\ v_y \\ v_z \end{pmatrix} = \operatorname{grad} \phi(x, y, z, t) = \begin{pmatrix} \frac{\partial \phi(x,y,z,t)}{\partial x} \\ \frac{\partial \phi(x,y,z,t)}{\partial y} \\ \frac{\partial \phi(x,y,z,t)}{\partial z} \end{pmatrix} ,$$

dann ist die Zirkulation wegunabhängig und folglich konstant.

Beweis. Es sei $x = x(t), y = y(t), z = z(t)$ eine Parametrisierung (t meint nicht die Zeit).

Dann ist

$$\vec{v} = \begin{pmatrix} v_x(x, y, z) \\ v_y(x, y, z) \\ v_z(x, y, z) \end{pmatrix} = \vec{v}(x(t), y(t), z(t)) =: \vec{v}(s(t)) .$$

Weiter gilt

$$\frac{d}{dt} \phi(x(t), y(t), z(t)) = \frac{\partial \phi}{\partial x} \cdot \frac{\partial x}{\partial t} + \frac{\partial \phi}{\partial y} \cdot \frac{\partial y}{\partial t} + \frac{\partial \phi}{\partial z} \cdot \frac{\partial z}{\partial t} = \operatorname{grad} \phi = \vec{v}(s(t)) \circ \dot{s}(t) .$$

Für die Zirkulation erhält man dann

$$Z = \int_{\partial A} \vec{v} \circ d\vec{s} = \int_{t_1, \text{Weganfang}}^{t_2, \text{Wegende}} \vec{v}(s(t)) \circ \dot{s}(t)\, dt$$

$$= \int_{t_1}^{t_2} \frac{d}{dt} \phi(s(t))\, dt = \phi(s(t_2)) - \phi(s(t_1)) = \phi(x_2, y_2, z_2) - \phi(x_1, y_1, z_1) .$$

Somit hängt die Zirkulation lediglich von Anfangs- und Endpunkt ab. □

Beispiel 1 (Starrer Wirbel).

$$\vec{v}_{\mathrm{p}} = \begin{pmatrix} 0 \\ \omega r \\ 0 \end{pmatrix} .$$

Zudem sei das Gebiet einfach zusammenhängend.

Als Weg wählen wir beispielsweise einen Kreis mit Radius r.

$$Z = \int_{\partial A} \vec{v} \circ d\vec{s} = \int_{\partial A} v\,ds \quad (\text{da } \vec{v} \perp d\vec{s} \text{ durchwegs})$$

$$= v \cdot 2\pi r = \omega r \cdot 2\pi r = 2\pi r^2 \omega \,.$$

Die Zirkulation ist radius- und somit wegabhängig.

Folglich kann es für dieses Geschwindigkeitsfeld kein Potenzial ($\vec{v} = \text{grad } \phi$) geben. Dies leuchtet auch ein. Damit ein Potenzial existiert, muss die Verschiebungsarbeit zwischen zwei beliebigen Punkten wegunabhängig sein. Dies ist bei geschlossenen Stromlinien unmöglich, denn sonst könnte man sich einfach in Stromrichtung auf einem Kreis bewegen und hätte, ohne Arbeit zu verrichten (Reibung vernachlässigt) Energie gewonnen.

Ein weiterer Zusammenhang erschließt sich noch, wenn wir die Zirkulation als $Z = \pi r^2 2\omega$ schreiben. Mit $A = \pi r^2$ und rot $\vec{v} = 2\omega$ folgt $Z = \text{rot } \vec{v} \cdot dA$. Tatsächlich gilt dies auch allgemein. Voraussetzung ist ein einfach zusammenhängendes Gebiet (ohne Löcher).

Satz von Stokes.

$$Z = \int_{\partial A} \vec{v} \circ d\vec{s} = \int_{A} \text{rot } \vec{v} \circ d\vec{A} \left(= \int_{A} \text{rot } \vec{v} \circ \vec{n} \cdot dA \right) \,.$$

Beweis. Die ausgewählte Fläche A werde im Gegenuhrzeigersinn durchlaufen. Wir greifen ein kleines Flächenstück dA in Form eines Rechtecks mit den Seitenlängen dx und dy heraus (Abb. 3.6). Im Eckpunkt P seien die Geschwindigkeitskomponenten v_x und v_y.

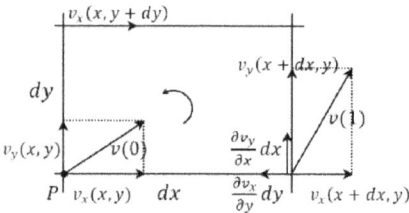

Abb. 3.6: Skizze zum Satz von Stokes

Es gilt

$$dZ_z = v_x \cdot dx + v_y(x + dx) \cdot dy - v_x(y + dy) \cdot dx - v_y \cdot dy$$

$$= v_x \cdot dx + \left(v_y + \frac{\partial v_y}{\partial x} dx + \cdots \right) \cdot dy - \left(v_x + \frac{\partial v_x}{\partial y} dy + \cdots \right) \cdot dx - v_y \cdot dy$$

$$\approx \frac{\partial v_y}{\partial x} dx\,dy - \frac{\partial v_x}{\partial y} dx\,dy = \left(\frac{\partial v_y}{\partial x} - \frac{\partial v_x}{\partial y} \right) dx\,dy = \omega_z \cdot dx\,dy \,.$$

Analoges folgt für die anderen Komponenten. Zusammen ergibt sich dann

$$dZ = \omega_z \, dx \, dy + \omega_y \, dx \, dz + \omega_x \, dy \, dz \quad \text{oder} \quad dZ = \begin{pmatrix} \omega_z \\ \omega_y \\ \omega_x \end{pmatrix} \circ \begin{pmatrix} dx \, dy \\ dx \, dz \\ dy \, dz \end{pmatrix} = \text{rot} \, \vec{v} \circ d\vec{A} \, .$$

Für die orientierte Fläche gilt $d\vec{A} = dA \cdot \vec{n}$. Wird die Fläche dA mit der Geschwindigkeit $\vec{u}$ durchflossen, dann beträgt der Fluss $\vec{u} \circ d\vec{A} = \vec{u} \circ \vec{n} \cdot dA$.

Als einfaches Beispiel kann man sich eine Rechtecksfläche parallel zur Grundebene denken.

Dann wäre

$$d\vec{A} = \begin{pmatrix} 0 \\ 0 \\ dx \, dy \end{pmatrix} \quad \text{und} \quad \vec{n} = \begin{pmatrix} 0 \\ 0 \\ 1 \end{pmatrix} \, .$$

Schließlich erhält man $dZ = \text{rot} \, \vec{v} \circ \vec{n} \cdot dA$ und somit $Z = \int_A \text{rot} \, \vec{v} \circ \vec{n} \cdot dA$. □

Beispiel 2 (Potenzialwirbel).

$$\vec{v}_p = \begin{pmatrix} 0 \\ \frac{c}{r} \\ 0 \end{pmatrix} \quad \text{mit} \quad c = konst. \, , \quad r \neq 0 \, .$$

Zur Berechnung der Zirkulation beginnen wir mit der Auswahl eines Weges, welcher das Zentrum nicht einschließt (Abb. 3.7 links). Das Gebiet ist dann einfach zusammenhängend. Die Rotation beträgt Null. Nach dem Satz von Stokes müsste dasselbe auch für die Zirkulation gelten. Der abgebildete Weg entspricht dem Rand ∂A und es gilt $Z = \int_{\partial A} v \cdot ds = \pi r \cdot \frac{c}{r} - \pi r_0 \cdot \frac{c}{r_0} = 0$.

Damit ist lediglich die Wirbelfreiheit außerhalb des Zentrums bestätigt, was eigentlich die Voraussetzung für ein Potenzial darstellt. Zum gegebenen Geschwindigkeitsfeld kann es kein Potenzial geben, denn die Geschwindigkeit würde gegen das Zentrum hin bis ins Unermessliche wachsen. Nimmt man also einen Weg, der das Zentrum miteinschließt, dann gilt der Satz von Stokes nicht mehr (Abb. 3.7 mitte). Es ist zwar immer noch $\text{rot} \, \vec{v} = 0$, aber für einen Kreisweg mit Radius r um das Zentrum erhält man $Z = \int_{\partial A} v \cdot ds = \frac{c}{r} \cdot 2\pi r = 2\pi c \neq 0$.

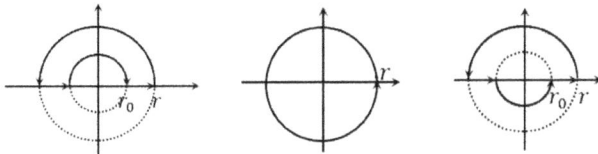

Abb. 3.7: Skizzen zur Zirkulation eines Potenzialwirbels

Für einen (beliebigen) anderen Weg, der wiederum das Zentrum mit einschließt, ist (Abb. 3.7 rechts)

$$Z = \int_{\partial A} v \cdot ds = \pi r \cdot \frac{c}{r} + \pi r_0 \cdot \frac{c}{r_0} = 2\pi c \, .$$

Definiert man $c := \frac{\Gamma}{2\pi}$, dann hat man $Z = \Gamma$.

Unser Geschwindigkeitsfeld ist somit

$$\vec{v}_p = \begin{pmatrix} 0 \\ \frac{\Gamma}{2\pi r} \\ 0 \end{pmatrix} \quad \text{oder} \quad \vec{v}_k = \frac{\Gamma}{2\pi} \begin{pmatrix} -\frac{y}{x^2+y^2} \\ \frac{y}{x^2+y^2} \\ 0 \end{pmatrix} \, .$$

Wir erhalten zwar eine wegunabhängige Zirkulation, aber das Gebiet ist dafür nicht mehr einfach zusammenhängend (Loch im Zentrum). Somit stellt das Geschwindigkeitsfeld kein Potenzial dar. Dies leuchtet auch ein, ansonsten könnte man sich senkrecht ins Zentrum begeben, Geschwindigkeit aufnehmen und daraufhin wieder senkrecht hinauf und hätte auf diese Weise Energie gewonnen.

3.7 Die Euler-Gleichung für normale Koordinaten

Stromlinien oder Bahnlinien können auf zwei Koordinaten reduziert werden, wenn man die eine Koordinate immer tangential zur aktuellen Bewegungsrichtung und die zweite Koordinate normal zur Bewegungsrichtung wählt. Verläuft die Bahn linear, dann existiert keine Normalkomponente.

Ein Teilchen erfährt auf seiner Bahn somit eine tangentiale Beschleunigung in Bewegungsrichtung und eine Normalbeschleunigung, die dadurch herrührt, dass man sich die nichtlineare Bahn durch Kreisausschnitte mit ständig ändernden Krümmungsmittelpunkten zusammengesetzt denken kann. Damit ist das Teilchen zusätzlich einer Zentripetalbeschleunigung ausgesetzt. Die Euler-Gleichung lautet in kartesischen Koordinaten

$$\begin{pmatrix} \frac{\partial v_x}{\partial t} \\ \frac{\partial v_y}{\partial t} \\ \frac{\partial v_z}{\partial t} \end{pmatrix} + \begin{pmatrix} v_x \cdot \frac{\partial v_x}{\partial x} + v_y \cdot \frac{\partial v_x}{\partial y} + v_z \cdot \frac{\partial v_x}{\partial z} \\ v_x \cdot \frac{\partial v_y}{\partial x} + v_y \cdot \frac{\partial v_y}{\partial y} + v_z \cdot \frac{\partial v_y}{\partial z} \\ v_x \cdot \frac{\partial v_z}{\partial x} + v_y \cdot \frac{\partial v_z}{\partial y} + v_z \cdot \frac{\partial v_z}{\partial z} \end{pmatrix} + \frac{1}{\rho} \begin{pmatrix} \frac{\partial p}{\partial x} \\ \frac{\partial p}{\partial y} \\ \frac{\partial p}{\partial z} \end{pmatrix} - \begin{pmatrix} g_x \\ g_y \\ g_z \end{pmatrix} = 0 \, .$$

Unserer Bewegungsrichtung geben wir die Koordinate s, die Normalkomponente habe die Koordinate η (Abb. 3.8 links). Es gilt zu beachten, dass s auf r senkrecht steht. Weiterhin muss die Fallbeschleunigung g weder zwangsweise in Richtung s noch η zeigen, so dass $g = g(s, \eta)$.

Dann folgt

$$\begin{pmatrix} \frac{\partial v_s}{\partial t} \\ \frac{\partial v_\eta}{\partial t} \end{pmatrix} + \begin{pmatrix} v_s \cdot \frac{\partial v_s}{\partial s} + v_\eta \cdot \frac{\partial v_s}{\partial \eta} \\ v_s \cdot \frac{\partial v_\eta}{\partial s} + v_\eta \cdot \frac{\partial v_\eta}{\partial y} \end{pmatrix} + \frac{1}{\rho} \begin{pmatrix} \frac{\partial p}{\partial s} \\ \frac{\partial p}{\partial \eta} \end{pmatrix} + \begin{pmatrix} \frac{\partial g}{\partial s} \\ \frac{\partial g}{\partial \eta} \end{pmatrix} = 0 \, .$$

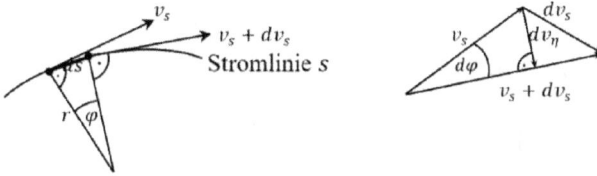

Abb. 3.8: Skizzen zur Euler-Gleichung für normale Koordinaten

Da $v_\eta = 0$, erhalten wir

$$\begin{pmatrix} \frac{\partial v_s}{\partial t} \\ \frac{\partial v_\eta}{\partial t} \end{pmatrix} + \begin{pmatrix} v_s \cdot \frac{\partial v_s}{\partial s} \\ v_s \cdot \frac{\partial v_\eta}{\partial s} \end{pmatrix} + \frac{1}{\rho} \begin{pmatrix} \frac{\partial p}{\partial s} \\ \frac{\partial p}{\partial \eta} \end{pmatrix} + \begin{pmatrix} \frac{\partial g}{\partial s} \\ \frac{\partial g}{\partial \eta} \end{pmatrix} = 0 \, .$$

Weiter ist

$$v_s \cdot \frac{\partial v_s}{\partial s} = \frac{1}{2} \cdot \frac{\partial (v_s^2)}{\partial s} \, .$$

Im Ausdruck $v_s \cdot \frac{\partial v_\eta}{\partial s}$ wollen wir den Teil $\frac{\partial v_\eta}{\partial s}$ bestimmen.

Es gilt $ds = r \cdot d\varphi$. Mittels Abb. 3.8 rechts ergibt sich $d\varphi \approx \sin \varphi = \frac{dv_\eta}{v_s}$. Zusammen ist $\frac{ds}{r} = \frac{dv_\eta}{v_s} \implies \frac{dv_\eta}{ds} = \frac{v_s}{r}$.

Daraus folgt

$$v_s \cdot \frac{\partial v_\eta}{\partial s} = \frac{v_s^2}{r} \, ,$$

was nichts anderes als die Normalbeschleunigung darstellt.

Zusammen erhalten wir die Euler-Gleichung für normale Koordinaten

$$\frac{\partial v_s}{\partial t} + \frac{1}{2} \cdot \frac{\partial (v_s^2)}{\partial s} + \frac{1}{\rho} \cdot \frac{\partial p}{\partial s} + \frac{\partial g}{\partial s} = 0 \, ,$$

$$\frac{\partial v_\eta}{\partial t} + \frac{v_s^2}{r} + \frac{1}{\rho} \cdot \frac{\partial p}{\partial \eta} + \frac{\partial g}{\partial \eta} = 0 \, .$$

3.8 Die Euler-Gleichung für Kreisbahnen

Für eine stationäre, ebene Strömung geht die Euler-Gleichung über in $\frac{v_s^2}{r} + \frac{1}{\rho} \cdot \frac{\partial p}{\partial \eta} = 0$.

Zusätzlich sei die Strömung nun kreisförmig. Da der Normalenvektor zum Zentrum hin gerichtet ist, ersetzen wir $\partial \eta$ durch $-dr$, was zu $\frac{\partial p}{\partial r} = \rho \cdot \frac{v_s^2}{r}$ führt.

Beispiel 1 (Starrer Wirbel).

$$v_s = \omega r \implies \frac{\partial p}{\partial r} = \rho \omega^2 r$$

Diese Gleichung kann man auch über einen Vergleich der Zentripetalkraft mit der wirkenden Kraft aufgrund des Druckunterschieds an einem Massenelement herleiten

(Abb. 3.9 links):

$$dF_z = dm \cdot \omega^2 r = \rho\, dr \cdot ds \cdot dl \cdot \omega^2 r \,,$$

$$dF_p = (p + dp) \cdot ds \cdot dl - p \cdot ds \cdot dl = dp \cdot ds \cdot dl \,.$$

Gleichsetzen ergibt $\frac{\partial p}{\partial r} = \rho\omega^2 r$.

Die Integration führt zu

$$\int_{p_i}^{p_a} dp = \rho\omega^2 \int_{r_i}^{r_a} r\, dr \quad \Longrightarrow \quad p_a = p_i + \frac{\rho\omega^2}{2}\left[r_a^2 - r_i^2\right].$$

Beispiel 2 (Potenzialwirbel).

$$v_s = \frac{c}{r} \quad \text{mit} \quad c = \frac{\Gamma}{2\pi} \quad \Longrightarrow \quad \frac{\partial p}{\partial r} = \rho\omega^2 r = \rho\left(\frac{v_s}{r}\right)^2 r = \frac{\rho c^2}{r^3} \,,$$

$$\int_{p_i}^{p_a} dp = \rho c^2 \int_{r_i}^{r_a} \frac{1}{r^3}\, dr \quad \Longrightarrow \quad p_a = p_i - \frac{\rho c^2}{2}\left[\frac{1}{r_a^2} - \frac{1}{r_i^2}\right].$$

Nun setzen wir die beiden Wirbel zusammen zum

Beispiel 3 (Rankine-Wirbel). Für $r \leq r_0$ gilt die Druckverteilung des starren Wirbels,

$$p(r) = p_1 + \frac{\rho\omega^2}{2}\left[r_0^2 - r^2\right],$$

ab $r \geq r_0$ diejenige des Potenzialwirbels (Abb. 3.9 rechts),

$$p(r) = p_1 - \frac{\rho c^2}{2}\left[\frac{1}{r^2} - \frac{1}{r_0^2}\right].$$

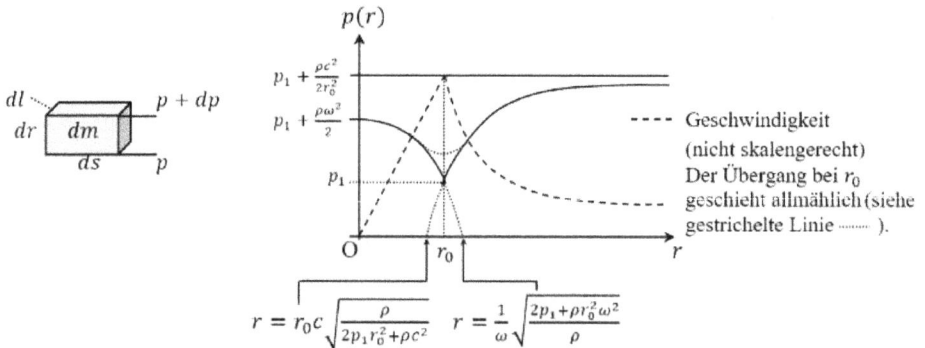

Geschwindigkeit
(nicht skalengerecht)
Der Übergang bei r_0
geschieht allmählich (siehe
gestrichelte Linie ⋯⋯).

$$r = r_0 c\sqrt{\frac{\rho}{2p_1 r_0^2 + \rho c^2}} \qquad r = \frac{1}{\omega}\sqrt{\frac{2p_1 + \rho r_0^2 \omega^2}{\rho}}$$

Abb. 3.9: Skizzen zum Druckverlauf am starren Wirbel und am Rankine-Wirbel

4 Potenzialströmungen

In Kapitel 2.2 hatten wir die Euler-Gleichung auf eine Dimension reduziert. Durch Integration erhielten wir die (eindimensionale) Bernoulli-Gleichung, mit deren Hilfe wir die Geschwindigkeit an einer beliebigen Stelle $v = v(x)$ oder für eine beliebige Höhe $v = v(h)$ angeben konnten.

Die Euler-Gleichung soll ausgehend von der Kräftebilanz (2.2) für den Fall einer inkompressiblen und instationären Strömung, auf drei Dimensionen erweitert werden. Betrachten wir dazu nochmals Abb. 2.3. Dabei muss die in (2.2) gewählte s-Achse nicht mit einer der folgenden Koordinatenachsen übereinstimmen). Man erhält nacheinander

$$dF_{a_x} = dF_{Gv_x} + dF_{p_x} - dF_{(p+dp)_x}$$
$$dF_{a_y} = dF_{Gv_y} + dF_{p_y} - dF_{(p+dp)_y}$$
$$dF_{a_z} = dF_{Gv_z} + dF_{p_z} - dF_{(p+dp)_z},$$

$$dm \cdot a_x = dm \cdot g_x - dp_x \cdot dA_x$$
$$dm \cdot a_y = dm \cdot g_y - dp_y \cdot dA_y$$
$$dm \cdot a_z = dm \cdot g_z - dp_z \cdot dA_z,$$

$$a_x = g_x - \frac{dp_x}{\rho \cdot dx}$$
$$a_y = g_y - \frac{dp_y}{\rho \cdot dy}$$
$$a_z = g_z - \frac{dp_z}{\rho \cdot dz}$$

und schließlich

$$\rho \begin{pmatrix} \frac{\partial v_x}{\partial t} + v_x \cdot \frac{\partial v_x}{\partial x} + v_y \cdot \frac{\partial v_x}{\partial y} + v_z \cdot \frac{\partial v_x}{\partial z} \\ \frac{\partial v_y}{\partial t} + v_x \cdot \frac{\partial v_y}{\partial x} + v_y \cdot \frac{\partial v_y}{\partial y} + v_z \cdot \frac{\partial v_y}{\partial z} \\ \frac{\partial v_z}{\partial t} + v_x \cdot \frac{\partial v_z}{\partial x} + v_y \cdot \frac{\partial v_z}{\partial y} + v_z \cdot \frac{\partial v_z}{\partial z} \end{pmatrix} + \begin{pmatrix} \frac{\partial p}{\partial x} \\ \frac{\partial p}{\partial y} \\ \frac{\partial p}{\partial z} \end{pmatrix} - \rho \begin{pmatrix} g_x \\ g_y \\ g_z \end{pmatrix} = 0$$

oder kurz $\rho(\frac{d\vec{v}}{dt} + (\vec{v} \cdot \vec{\nabla})\vec{v}) + \operatorname{grad} p - \rho\vec{g} = 0$. Den Term $\frac{d\vec{v}}{dt} + (\vec{v} \cdot \vec{\nabla})\vec{v} := \frac{D\vec{v}}{Dt}$ bezeichnet man als substantielle Beschleunigung. Die Gleichung wollen wir etwas umschreiben.

Dazu zeigen wir folgende Identität:

$$(\vec{v} \cdot \vec{\nabla})\vec{v} = \frac{1}{2}\vec{\nabla}\|\vec{v}\|^2 - \vec{v} \times (\vec{\nabla} \times \vec{v}).$$

Definitionsgemäß gilt zudem $\vec{\nabla} \times \vec{v} = \operatorname{rot} \vec{v}$. Die einzelnen Seiten unserer Gleichungen lauten dann

$$(\vec{v} \cdot \nabla)\vec{v} = \begin{pmatrix} v_x \cdot \frac{\partial v_x}{\partial x} + v_y \cdot \frac{\partial v_x}{\partial y} + v_z \cdot \frac{\partial v_x}{\partial z} \\ v_x \cdot \frac{\partial v_y}{\partial x} + v_y \cdot \frac{\partial v_y}{\partial y} + v_z \cdot \frac{\partial v_y}{\partial z} \\ v_x \cdot \frac{\partial v_z}{\partial x} + v_y \cdot \frac{\partial v_z}{\partial y} + v_z \cdot \frac{\partial v_z}{\partial z} \end{pmatrix} \quad \text{und} \quad v_x \cdot \frac{\partial v_y}{\partial x} + v_y \cdot \frac{\partial v_y}{\partial y} + v_z \cdot \frac{\partial v_y}{\partial z}$$

https://doi.org/10.1515/9783110684520-004

$$\frac{1}{2}\vec{\nabla}\|\vec{v}\|^2 - \vec{v}\times(\vec{\nabla}\times\vec{v}) = \frac{1}{2}\vec{\nabla}(v_x^2+v_y^2+v_z^2)-\vec{v}\times\begin{pmatrix}\frac{\partial v_z}{\partial y}-\frac{\partial v_y}{\partial z}\\[4pt]\frac{\partial v_x}{\partial z}-\frac{\partial v_z}{\partial x}\\[4pt]\frac{\partial v_y}{\partial x}-\frac{\partial v_x}{\partial y}\end{pmatrix}\quad\frac{\partial v_x}{\partial z}\quad\frac{\partial v_z}{\partial x}$$

$$=\frac{1}{2}\begin{pmatrix}2v_x\frac{\partial v_x}{\partial x}+2v_y\frac{\partial v_y}{\partial x}+2v_z\frac{\partial v_z}{\partial x}\\[4pt]2v_x\frac{\partial v_x}{\partial y}+2v_y\frac{\partial v_y}{\partial y}+2v_z\frac{\partial v_z}{\partial y}\\[4pt]2v_x\frac{\partial v_x}{\partial z}+2v_y\frac{\partial v_y}{\partial z}+2v_z\frac{\partial v_z}{\partial z}\end{pmatrix}-\begin{pmatrix}v_y\left(\frac{\partial v_y}{\partial x}-\frac{\partial v_x}{\partial y}\right)-v_z\left(\frac{\partial v_x}{\partial z}-\frac{\partial v_z}{\partial x}\right)\\[4pt]v_z\left(\frac{\partial v_z}{\partial y}-\frac{\partial v_y}{\partial z}\right)-v_x\left(\frac{\partial v_y}{\partial x}-\frac{\partial v_x}{\partial y}\right)\\[4pt]v_x\left(\frac{\partial v_x}{\partial z}-\frac{\partial v_z}{\partial x}\right)-v_y\left(\frac{\partial v_z}{\partial y}-\frac{\partial v_y}{\partial z}\right)\end{pmatrix}.$$

Ein Vergleich der Komponenten liefert das gewünschte Ergebnis.

Somit erhält die Euler-Gleichung in 3D die endgültige Gestalt

$$\rho\left(\frac{d\vec{v}}{dt}+\frac{1}{2}\vec{\nabla}\|\vec{v}\|^2-\vec{v}\times\operatorname{rot}\vec{v}\right)+\operatorname{grad}p-\rho\vec{g}=0\,. \tag{4.1}$$

Die fünf Terme dieser Gleichung entsprechen nacheinander der lokalen Beschleunigung, der Konvektion (konvektive Beschleunigung), der Rotation, dem Druck und der Gravitation. Die letztgenannten vier Kräfte verändern die lokale Beschleunigung eines Fluidteilchens.

Die Euler-Gleichung gilt für kompressible Fluide, auch Gase. Zudem erfasst sie sowohl instationäre wie auch Rotationsströmungen.

Untersucht man ebene oder räumliche Strömungen und fragt nach der Geschwindigkeitsverteilung an einem bestimmten Ort $P(x,y,z)$, dann stellt sich die Frage, ob man mittels der Euler-Gleichung ein entsprechendes Ergebnis wie im eindimensionalen Fall erzielen kann. Genauer wäre man dann an einem Vektorfeld interessiert, das in jedem Punkt $P(x,y,z)$ den Geschwindigkeitsvektor $\vec{v}=(v_x,v_y,v_z)$ anzeigt.

Dazu betrachen wir im Weitern die rotationsfreie Euler-Gleichung. Als Erstes ersetzen wir

$$\vec{g}=\begin{pmatrix}0\\0\\-g\end{pmatrix}$$

durch $\operatorname{grad}(gz)$. Da weiter $\|\vec{v}\|^2=v_x^2+v_y^2+v_z^2$ eine skalare Funktion darstellt, können wir den Nabla-Operator auch als Gradienten schreiben $\vec{\nabla}\|\vec{v}\|^2=\operatorname{grad}\|\vec{v}\|^2$.

Aus (4.1) entsteht dann

$$\rho\left(\frac{d\vec{v}}{dt}+\frac{1}{2}\operatorname{grad}\|\vec{v}\|^2\right)+\operatorname{grad}p+\operatorname{grad}(\rho gz)=0\,.$$

Man erkennt dass der Gradient überall bis auf den ersten Term erscheint. Was wäre, wenn wir den Geschwindigkeitsvektor $\vec{v}$ selber als Gradient einer skalaren Funktion, also als

$$\vec{v}=\begin{pmatrix}v_x\\v_y\\v_z\end{pmatrix}=\operatorname{grad}\phi(x,y,z)=\begin{pmatrix}\frac{\partial\phi}{\partial x}\\[4pt]\frac{\partial\phi}{\partial x}\\[4pt]\frac{\partial\phi}{\partial x}\end{pmatrix}$$

ansetzten? Dies würde voraussetzen, dass ϕ stetig ist, damit die örtlichen Ableitungen existieren. Die Strömung müsste sich somit auf Stromlinien bewegen, die keine unstetigen Richtungsänderungen zuließe. Die skalare Funktion, die das erfüllt, heisst dann Potential und die zugehörige Strömung Potentialströmung.

Setzen wir die Existenz eines solchen Potentials voraus, dann erhält die Euler-Gleichung die Gestalt

$$\frac{d}{dt}(\operatorname{grad}\phi) + \frac{1}{2}\operatorname{grad}\|\vec{v}\|^2 + \operatorname{grad}\frac{p}{\rho} + \operatorname{grad}(gz) = 0$$

$$\implies \operatorname{grad}\left(\frac{d\phi}{dt} + \frac{1}{2}\|\vec{v}\|^2 + \frac{p}{\rho} + gz\right) = 0 \implies \frac{d\phi}{dt} + \frac{1}{2}\|\vec{v}\|^2 + \frac{p}{\rho} + gz = C(t)$$

Das ist die (skalare) Euler-Gleichung für Potentialströmungen.

Multiplizieren wir die Gleichung mit ρ, so besitzen beide Seiten die Einheit eines Drucks. Im Fall einer parallel angeströmten Platte entspricht das Produkt $\rho C(t)$ dem Anfangsdruck der Strömung und setzt sich zusammen aus Umgebungsdruck und statischem Druck: $\rho C(t) = p_0 + \frac{1}{2}\rho v_\infty^2$. Damit folgt $C(t) = \frac{p_0}{\rho} + \frac{1}{2}v_\infty^2 = konst.$ Instationäre Potentialströmungen sind aber nicht Teil dieses Buches. Uns soll die stationäre Geschwindigkeitsverteilung interessieren. In diesem Fall ist $C(t) = konst.$ und es folgt wie schon bekannt, die die stationäre Bernoulli-Gleichung: $\frac{1}{2}\|\vec{v}\|^2 + \frac{p}{\rho} + gz = konst.$

Nehmen wir an, wir bewegen uns auf einer Potentiallinie, also es sei $\phi = konst.$ Folglich muss dann $d\phi = 0$ und man erhält

$$d\phi = \frac{\partial\phi}{\partial x}dx + \frac{\partial\phi}{\partial y}dy = v_x dx + v_y dy = 0 \implies \left(\frac{dy}{dx}\right)_{\phi=konst.} = -\frac{v_x}{v_y}.$$

Die Steigung der Tangente in einem Punkt der Potenziallinie berechnet sich somit über den Quotienten der Geschwindigkeitskomponenten in diesem Punkt.

Weiter betrachten wir die Kontinuitätsgleichung. Setzen wir ein inkompressibles Fluid und eine stationäre Strömung voraus, dann lautet die Bedingung dafür $\operatorname{div}(\vec{v}) = 0$. $\vec{v} = \operatorname{grad}\phi$ eingesetzt ergibt

$$\operatorname{div}(\operatorname{grad}\phi) = 0 \quad \text{oder} \quad \frac{\partial^2\phi}{\partial x^2} + \frac{\partial^2\phi}{\partial y^2} + \frac{\partial^2\phi}{\partial z^2} = 0.$$

Kurz $\Delta\phi = 0$. Dies nennt man die Laplace-Gleichung.

Ergebnis. 1. Für jede Potenzialströmung $\vec{v} = \operatorname{grad}\phi$ muss ϕ Lösung der Laplace-Gleichung $\Delta\phi = 0$ sein.
2. ϕ erfüllt zudem die Euler-Gleichung 3D.

Folgerung 1. Aus 2. folgt, dass mit Kenntnis einer Lösung $\phi(x, y)$ auch die Druckverteilung $p(x, y)$ über die Euler-Gleichung bestimmt werden kann.

Folgerung 2. Eine einfache, aber wichtige Eigenschaft der Laplace-Gleichung ist ihre Linearität. Sind ϕ_1 und ϕ_2 zwei Lösungen von $\Delta\phi = 0$, dann ist offensichtlich auch $a\phi_1 + b\phi_2$ eine Lösung davon. Dies wird uns gestatten, Strömungsarten aus sogenannten Grundlösungen oder -strömungen zusammenzustellen.

4.1 Stromlinien

Auf einer ausgewählten Stromlinie gilt $y' = \frac{dy}{dx} \cong \frac{v_y}{v_x}$ (Abb. 4.1 links). Dann folgt $v_x\, dy - v_y\, dx = 0$. Dies kann man interpretieren als

$$\begin{pmatrix} v_x \\ v_y \end{pmatrix} \circ \begin{pmatrix} -dy \\ dx \end{pmatrix} = 0,$$

was bedeutet, dass $\vec{v}$ und $d\vec{n} = \begin{pmatrix} -dy \\ dx \end{pmatrix}$ senkrecht aufeinander stehen. Gleichbedeutend dazu ist

$$\begin{pmatrix} v_x \\ v_y \end{pmatrix} \times \begin{pmatrix} dx \\ dy \end{pmatrix} = 0,$$

was der Parallelität von $\vec{v}$ und $d\vec{s} = \begin{pmatrix} dx \\ dy \end{pmatrix}$ entspricht. Dreidimensional wäre ebenfalls $\vec{v} \times d\vec{s} = 0$.

4.2 Stromfunktion

Da die Bedingung $\vec{v} \times d\vec{s} = 0$ für jede Stromlinie gilt, stellt sich die Frage, wie man Stromlinien voneinander unterscheiden kann. Dies geschieht über die Stromfunktion ψ.

Definition. Die skalare Funktion $\psi(x, y)$ ist definiert durch

$$v_x = \frac{\partial \psi}{\partial y} \left(= \frac{\partial \phi}{\partial x} \right) \quad \text{und} \quad v_y = -\frac{\partial \psi}{\partial x} \left(= \frac{\partial \phi}{\partial y} \right).$$

Aus der Definition folgt unmittelbar, dass ψ (wie auch ϕ) entlang einer Stromlinie konstant bleibt. Dazu schreiben wir $d\psi = \frac{\partial \psi}{\partial x} dx + \frac{\partial \psi}{\partial y} dy = -v_y\, dx + v_x\, dy = 0$ (für eine bestimmte Stromlinie).

Also muss $\psi = konst.$ sein. Somit wird jede Stromlinie (wie auch jede Potenzial-linie) durch einen bestimmten Wert der Stromfunktion gekennzeichnet (vgl. Höhen-linien = Potenziallinien einer Karte). Weiter ist $\left(\frac{dy}{dx}\right)_{\psi=konst.} = \frac{v_y}{v_x}$. Die Tangente zeigt somit immer in Richtung der Stromlinie. Damit ist auch gezeigt, dass es sich bei der so definierten Stromfunktion für jedes $\psi = konst.$ um die früher definierte Stromlinie behandelt.

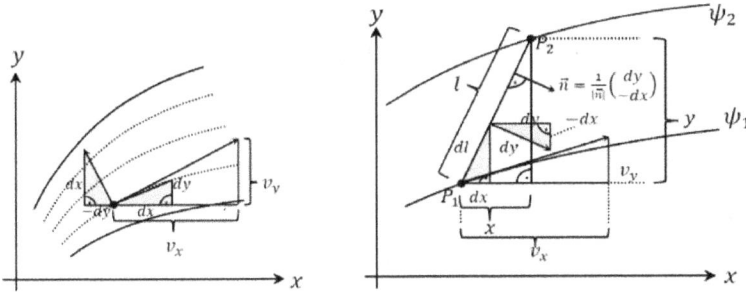

Abb. 4.1: Skizzen zu den Stromlinien und zur Stromfunktion

Der Wert der Stromfunktion

Nun wollen wir klären, was der Wert einer Stromfunktion aussagt. Hierzu greifen wir zwei Stromlinien ψ_1 und ψ_2 heraus (Abb. 4.1 rechts).

Wir untersuchen den Volumenstrom $\dot{V}$ zwischen den beiden Stromlinien:

$$\dot{V} = \int_1^2 \vec{v} \circ d\vec{A} \; .$$

Der Volumenstrom gibt an, wieviel Fluidvolumen pro Sekunde zwischen den beiden Stromlinien hindurchkommt. In Abb. 4.2 links ist der Blickwinkel senkrecht auf eine Kante der Fläche gewählt. Die Breite ist mit b angedeutet. Stellen wir uns vor, die betrachtete Fläche dA stände nicht senkrecht auf den Stromlinien. Um die Orientierung der Fläche zu beschreiben, benutzt man bekanntlich den Normalenvektor $\vec{n}$.

Zum Volumenstrom trägt aber nur die Fläche $dA \cdot \cos\alpha$ bei. Also ist $d\dot{V} = v \cdot dA \cdot \cos\alpha$.

Aus $\cos\alpha = \frac{\vec{v} \circ \vec{n}}{v \cdot |\vec{n}|}$ folgt $\cos\alpha \cdot v = \vec{v} \circ \vec{n}$ und somit $d\dot{V} = \vec{v} \circ \vec{n} \cdot dA = \vec{v} \circ d\vec{A}$. Für eine konstante Breite b wird daraus ein Flächenstrom:

$$\frac{\dot{V}}{b} = \int_1^2 \vec{v} \circ d\vec{l} = \int_1^2 \vec{v} \circ \vec{n} \cdot dl = \int_1^2 \begin{pmatrix} v_x \\ v_y \end{pmatrix} \circ \left(\frac{1}{\sqrt{d^2x + d^2y}} \begin{pmatrix} dy \\ -dx \end{pmatrix} \right) \cdot \sqrt{d^2x + d^2y}$$

$$= \int_1^2 \begin{pmatrix} v_x \\ v_y \end{pmatrix} \circ \begin{pmatrix} dy \\ -dx \end{pmatrix} = \int_1^2 (v_x \, dy - v_y \, dx) = \int_1^2 d\psi = \psi_2 - \psi_1$$

oder $\dot{V} = b(\psi_2 - \psi_1)$. Die Einheit des Volumenstroms ist $[\frac{m^3}{s}]$.

Somit kann der Flächenstrom durch zwei Stromlinien aus der Differenz der beiden (konstanten) Stromlinienwerte bestimmt werden. Aus diesem Ergebnis können wir folgern, dass der Flächenstrom gleich groß bleibt, wenn die Stromlinien näher zueinander liegen, sofern die Geschwindigkeit zwischen den beiden Stromlinien anwächst. Damit lässt sich von der Dichte der Stromlinien auf die Zu- oder Abnahme der Strömungsgeschwindigkeit schließen.

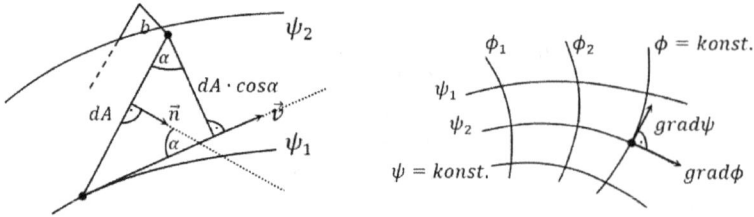

Abb. 4.2: Skizzen zum Stromfunktionswert und zur Orthogonalität

Orthogonalität

Potenzial- und Stromlinien bilden orthogonale Kurvenscharen (Abb. 4.2 rechts). Sei

$$\operatorname{grad} \phi = \begin{pmatrix} \frac{\partial \phi}{\partial x} \\ \frac{\partial \phi}{\partial y} \end{pmatrix} \quad \text{und} \quad \operatorname{grad} \psi = \begin{pmatrix} \frac{\partial \psi}{\partial x} \\ \frac{\partial \psi}{\partial y} \end{pmatrix},$$

dann folgt

$$\operatorname{grad} \phi \circ \operatorname{grad} \psi = \frac{\partial \phi}{\partial x} \cdot \frac{\partial \psi}{\partial x} + \frac{\partial \phi}{\partial y} \cdot \frac{\partial \psi}{\partial y}$$

$$= v_x \cdot (-v_y) + v_y \cdot v_x = 0.$$

Schließlich zeigen wir noch, dass die Stromfunktion sowohl die Kontinuitätsgleichung als auch die Laplace-Gleichung erfüllt (Vertauschungsprinzip).

Beweis. Aus $v_x = \frac{\partial \psi}{\partial y} = \frac{\partial \phi}{\partial x}$ und $v_y = -\frac{\partial \psi}{\partial x} = \frac{\partial \phi}{\partial y}$ folgt

$$\operatorname{div}(\vec{v}) = \frac{\partial v_x}{\partial x} + \frac{\partial v_y}{\partial y} = \frac{\partial^2 \psi}{\partial x \partial y} - \frac{\partial^2 \psi}{\partial x \partial y} = 0 \quad \text{und}$$

$$\Delta \psi = \frac{\partial^2 \psi}{\partial x^2} + \frac{\partial^2 \psi}{\partial y^2} = -\frac{\partial^2 \phi}{\partial x \partial y} + \frac{\partial^2 \phi}{\partial x \partial y} = 0. \qquad \square$$

Zusammenfassung. Ist $\vec{v} = \operatorname{grad} \phi$ eine Potenzialströmung und $\phi(x, y)$ Lösung von $\Delta \phi = 0$, dann wird mit

$$v_x = \frac{\partial \psi}{\partial y} = \frac{\partial \phi}{\partial x} \quad \text{und} \quad v_y = -\frac{\partial \psi}{\partial x} = \frac{\partial \phi}{\partial y}$$

eine Stromfunktion $\psi(x, y)$ mit folgenden Eigenschaften definiert:

i) $\psi(x, y)$ ist ebenfalls Lösung der Laplace-Gleichung, $\Delta \psi = 0$,

ii) $\phi(x, y)$ und $\psi(x, y)$ bilden orthogonale Kurvenscharen und

iii) der Volumenstrom zwischen zwei Stromlinien ψ_1 und ψ_2 beträgt

$$\dot{V} = b(\psi_2 - \psi_1).$$

Polarkoordinaten

Drehsymmetrische Potenzialströmungen sind einfacher durch Polarkoordinaten darstellbar.

Dazu bestimmen wir mit $x = r \cdot \cos \varphi$, $y = r \cdot \sin \varphi$, $r = \sqrt{x^2 + y^2}$ und $\theta = \arctan(\frac{y}{x})$ den Laplace-Operator. Es gilt

$$\frac{\partial \phi}{\partial x} = \frac{\partial \phi}{\partial r} \cdot \frac{\partial r}{\partial x} + \frac{\partial \phi}{\partial \theta} \cdot \frac{\partial \theta}{\partial x} = \frac{\partial \phi}{\partial r} \cdot \cos \theta + \frac{\partial \phi}{\partial \theta} \cdot \left(-\frac{\sin \theta}{r} \right) \tag{4.2}$$

$$\frac{\partial \phi}{\partial y} = \frac{\partial \phi}{\partial r} \cdot \frac{\partial r}{\partial y} + \frac{\partial \phi}{\partial \theta} \cdot \frac{\partial \theta}{\partial y} = \frac{\partial \phi}{\partial r} \cdot \sin \theta + \frac{\partial \phi}{\partial \theta} \cdot \frac{\cos \theta}{r} \tag{4.3}$$

$$\frac{\partial^2 \phi}{\partial x^2} = \left(\frac{\partial}{\partial r} \cdot \cos \theta + \frac{\partial}{\partial \theta} \cdot \left(-\frac{\sin \theta}{r} \right) \right) \left(\frac{\partial \phi}{\partial r} \cdot \cos \theta + \frac{\partial \phi}{\partial \theta} \cdot \left(-\frac{\sin \theta}{r} \right) \right)$$

$$= \cos^2 \theta \cdot \frac{\partial^2 \phi}{\partial r^2} - \sin \theta \cos \theta \cdot \left(\frac{\partial^2 \phi}{\partial r \partial \theta} \cdot \frac{1}{r} - \frac{\partial \phi}{\partial \theta} \cdot \frac{1}{r^2} \right)$$

$$- \frac{\sin \theta}{r} \left(\frac{\partial^2 \phi}{\partial r \partial \theta} \cdot \cos \theta + \frac{\partial \phi}{\partial r} \cdot (-\sin \theta) \right) + \frac{\sin \theta}{r^2} \cdot \left(\frac{\partial^2 \phi}{\partial \theta^2} \cdot \sin \theta + \frac{\partial \phi}{\partial \theta} \cdot \cos \theta \right)$$

$$\frac{\partial^2 \phi}{\partial y^2} = \left(\frac{\partial}{\partial r} \cdot \sin \theta + \frac{\partial}{\partial \theta} \cdot \frac{\cos \theta}{r} \right) \left(\frac{\partial \phi}{\partial r} \cdot \sin \theta + \frac{\partial \phi}{\partial \theta} \cdot \frac{\cos \theta}{r} \right)$$

$$= \sin^2 \theta \cdot \frac{\partial^2 \phi}{\partial r^2} + \sin \theta \cos \theta \cdot \left(\frac{\partial^2 \phi}{\partial r \partial \theta} \cdot \frac{1}{r} - \frac{\partial \phi}{\partial \theta} \cdot \frac{1}{r^2} \right)$$

$$+ \frac{\cos \theta}{r} \left(\frac{\partial^2 \phi}{\partial r \partial \theta} \cdot \sin \theta + \frac{\partial \phi}{\partial r} \cdot \cos \theta \right) + \frac{\cos \theta}{r^2} \cdot \left(\frac{\partial^2 \phi}{\partial \theta^2} \cdot \cos \theta - \frac{\partial \phi}{\partial \theta} \cdot \sin \theta \right)$$

$$= \cos^2 \theta \cdot \frac{\partial^2 \phi}{\partial r^2} - \frac{\partial^2 \phi}{\partial r \partial \theta} \cdot \frac{1}{r} \sin \theta \cos \theta + \frac{\partial \phi}{\partial \theta} \cdot \frac{1}{r^2} \sin \theta \cos \theta - \frac{\partial^2 \phi}{\partial r \partial \theta} \cdot \frac{\sin \theta \cos \theta}{r}$$

$$+ \frac{\partial \phi}{\partial r} \cdot \frac{\sin^2 \theta}{r} + \frac{\partial^2 \phi}{\partial \theta^2} \cdot \frac{\sin^2 \theta}{r^2} + \frac{\partial \phi}{\partial \theta} \cdot \frac{\sin \theta \cos \theta}{r^2} + \sin^2 \theta \cdot \frac{\partial^2 \phi}{\partial r^2}$$

$$+ \frac{\partial^2 \phi}{\partial r \partial \theta} \cdot \frac{\sin \theta \cos \theta}{r} - \frac{\partial \phi}{\partial \theta} \cdot \frac{\sin \theta \cos \theta}{r^2} + \frac{\partial^2 \phi}{\partial r \partial \theta} \cdot \frac{\sin \theta \cos \theta}{r} + \frac{\partial \phi}{\partial r} \cdot \frac{\cos^2 \theta}{r}$$

$$+ \frac{\partial^2 \phi}{\partial \theta^2} \cdot \frac{\cos^2 \theta}{r^2} - \frac{\partial \phi}{\partial \theta} \cdot \frac{\sin \theta \cos \theta}{r^2}$$

Zusammen folgt

$$\Delta \phi = \frac{\partial^2 \phi}{\partial r^2} + \frac{1}{r} \cdot \frac{\partial \phi}{\partial r} + \frac{1}{r^2} \cdot \frac{\partial^2 \phi}{\partial \theta^2}. \tag{4.4}$$

Dies lässt sich auch als

$$\Delta\phi = \frac{1}{r} \cdot \frac{\partial}{\partial r}\left(r \cdot \frac{\partial\phi}{\partial r}\right) + \frac{1}{r^2} \cdot \frac{\partial^2\phi}{\partial\theta^2} \quad \text{oder} \quad \frac{\partial}{\partial r}\left(r \cdot \frac{\partial\phi}{\partial r}\right) + \frac{\partial}{\partial\theta}\left(\frac{1}{r} \cdot \frac{\partial\phi}{\partial\theta}\right) = 0$$

schreiben.

Aus (4.2) und (4.3) erhält man mit Hilfe von (3.1)

$$\frac{\partial\phi}{\partial r} = \frac{\partial\phi}{\partial x} \cdot \cos\theta + \frac{\partial\phi}{\partial y} \cdot \sin\theta = v_x \cdot \cos\theta + v_y \cdot \sin\theta = v_r \quad \text{und}$$

$$\frac{\partial\phi}{\partial\theta} = \frac{\partial\phi}{\partial x} \cdot (-r\sin\theta) + \frac{\partial\phi}{\partial y} \cdot (r\cos\theta) = v_x \cdot (-r\sin\theta) + v_y \cdot (r\cos\theta) = r \cdot v_\theta \,.$$

Damit ergeben sich die Geschwindigkeiten zu $v_r = \frac{\partial\phi}{\partial r}$ und $v_\theta = \frac{1}{r} \cdot \frac{\partial\phi}{\partial\theta}$ und die Kontinuitätsgleichung lautet

$$\frac{\partial}{\partial r}(rv_r) + \frac{\partial}{\partial\theta}(v_\theta) = 0 \,.$$

Die Laplace-Gleichung $\Delta\phi = 0$ ist erfüllt, wenn

$$\frac{\partial}{\partial r}\left(r \cdot \frac{\partial\phi}{\partial r}\right) + \frac{\partial}{\partial\theta}\left(\frac{1}{r} \cdot \frac{\partial\phi}{\partial\theta}\right) = 0$$

gilt. Damit wählen wir die Stromfunktion ψ zu

$$r \cdot \frac{\partial\phi}{\partial r} = \frac{\partial\psi}{\partial\theta} \quad \text{und} \quad -\frac{1}{r} \cdot \frac{\partial\phi}{\partial\theta} = \frac{\partial\psi}{\partial r} \,.$$

Damit ist ψ automatisch Lösung der Kontinuitätsgleichung, nicht aber der Laplace-Gleichung, d. h., das Vertauschungsprinzip gilt nicht mehr. Letzteres ist nicht weiter schlimm, denn für eine Potenzialströmung muss lediglich das Potenzial selber Lösung der Laplace-Gleichung sein.

Um diejenige DGL zu finden, der die Stromfunktion genügt, setzen wir

$$a \cdot \frac{\partial^2\psi}{\partial r^2} + b \cdot \frac{\partial\psi}{\partial r} + c \cdot \frac{\partial^2\psi}{\partial\theta^2} + d \cdot \frac{\partial\psi}{\partial\theta} = 0$$

an und berechnen nacheinander

$$\frac{\partial\psi}{\partial r} = -\frac{1}{r} \cdot \frac{\partial\phi}{\partial\theta}\,, \quad \frac{\partial^2\psi}{\partial r^2} = \frac{\partial}{\partial r}\left(-\frac{1}{r} \cdot \frac{\partial\phi}{\partial\theta}\right) = \frac{1}{r^2} \cdot \frac{\partial\phi}{\partial\theta} - \frac{1}{r} \cdot \frac{\partial^2\psi}{\partial r\partial\theta}\,,$$

$$\frac{\partial\psi}{\partial\theta} = r \cdot \frac{\partial\phi}{\partial r} \quad \text{und} \quad \frac{\partial^2\psi}{\partial\theta^2} = \frac{\partial}{\partial\theta}\left(r \cdot \frac{\partial\phi}{\partial r}\right) = r \cdot \frac{\partial^2\psi}{\partial r\partial\theta}\,.$$

Daraus entnimmt man $a = 1$, $b = \frac{1}{r}$, $c = \frac{1}{r^2}$ und $d = 0$ und man erhält die Bestimmungsgleichung

$$\frac{\partial^2 \psi}{\partial r^2} + \frac{1}{r} \cdot \frac{\partial \psi}{\partial r} + \frac{1}{r^2} \cdot \frac{\partial^2 \psi}{\partial \theta^2} = 0 \quad \text{oder} \quad r^2 \cdot \frac{\partial^2 \psi}{\partial r^2} + r \cdot \frac{\partial \psi}{\partial r} + \frac{\partial^2 \psi}{\partial \theta^2} = 0 \,.$$

Beispiel. Gegeben ist die Funktion $\psi(x, y) = x^2 - y^2$.

a) Zuerst zeigen wir, dass sie eine Stromfunktion darstellt. Dazu muss ψ die Kontinuitätsgleichung erfüllen:

$$v_x = \frac{\partial \psi}{\partial y} = -2y \,, \quad v_y = -\frac{\partial \psi}{\partial x} = -2x \quad \Longrightarrow \quad \frac{\partial v_x}{\partial x} + \frac{\partial v_y}{\partial y} = 0 + 0 = 0 \,.$$

b) Nun betrachten wir zwei ausgezeichnete Stromlinien dieser Stromfunktion mit beispielsweise $\psi_1 = 1$ und $\psi_2 = 4$, also $1 = x^2 - y^2$ und $4 = x^2 - y^2$. Jede Stromlinie stellt eine Hyperbel dar (Abb. 4.3 links).
Weiter wählen wir einen Punkt $P_1(\sqrt{2}/1)$ auf ψ_1. Es gilt $v_x = -2 \cdot 1$, $v_y = -2 \cdot \sqrt{2}$, was zu $|\vec{v}_1| = \sqrt{12} \approx 3{,}46 \frac{m}{s}$ führt (falls $2\,\mathrm{H} \hat{=} 1\,\mathrm{m}$). Im Vergleich dazu ergibt $P_1(\sqrt{5}/1)$ auf ψ_2 die Werte $v_x = -2 \cdot 1$, $v_y = -2 \cdot \sqrt{5}$ und schließlich $|\vec{v}_2| = \sqrt{24} \approx 4{,}90 \frac{m}{s}$.
Dasselbe mit den Punkten $P_1^*(1/0)$, $P_2^*(2/0)$ durchgeführt ergibt $v_x = 0$, $v_y = -2$, $|\vec{v}_1^*| = 2 \frac{m}{s}$ bzw. $v_x = 0$, $v_y = -4$, $|\vec{v}_2^*| = 4 \frac{m}{s}$.
Der Volumenfluss zwischen P_1^* und P_2^* berechnet sich mit $b = 1\,\mathrm{m}$ zu $\dot{V} = b(\psi_2 - \psi_1) = 1 \cdot (4 - 1) = 3 \frac{m^3}{s}$.
Kontrolle:

$$\dot{V} = A \cdot \frac{v_1 + v_2}{2} = 1\,\mathrm{m}^2 \cdot \left(\frac{2\frac{m}{s} + 4\frac{m}{s}}{2} \right) = 3 \frac{m^3}{s} \,.$$

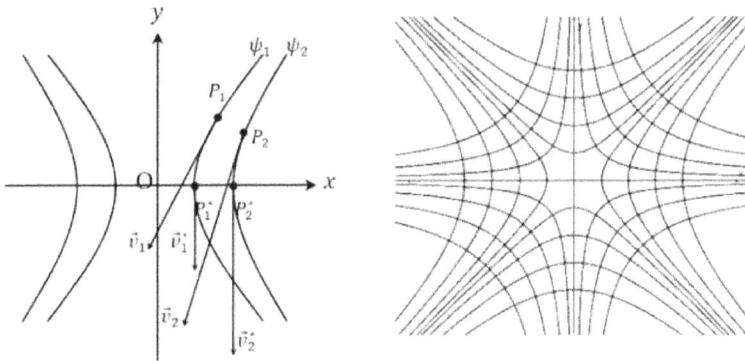

Abb. 4.3: Skizze und Graphen zum Beispiel

c) Schließlich bestimmen wir das zugehörige Potenzial, falls es existiert.

$$v_x = -2y = \frac{\partial \phi}{\partial x} \qquad\qquad v_y = -2x = \frac{\partial \phi}{\partial y}$$

$$\implies \int d\phi = -2y \int dx \qquad \implies \int d\phi = -2x \int dy$$

$$\implies \phi = -2xy + C_1(y) \qquad \implies \phi = -2xy + C_2(x)\,.$$

Der Vergleich liefert $C_1(y) = C_2(x)$, also konstant. Die Konstante kann Null gesetzt werden, denn man erhält dieselben Potenziallinien und das identische Geschwindigkeitsfeld. Folglich existiert ein Potenzial und es lautet $\phi(x, y) = -2xy$.

Ergibt die Integration nicht dieselbe skalare Funktion, dann existiert kein Potenzial.

Die Orthogonalität von ϕ und ψ stellen wir beispielsweise dar für $\phi = \pm 2, \pm 6, \pm 12, \pm 20$ und $\psi = \pm 1, \pm 4, \pm 9, \pm 16$ (Abb. 4.3 rechts).

Aufgabe
Bearbeiten Sie die Übungen 9 und 10.

5 Lösungen von Potenzialströmungen

In einem ersten Schritt sollen einige Grundlösungen hergeleitet und anschließend durch Überlagerung (Linearkombination) neue Strömungen erzeugt werden. Zuerst muss aber noch die Frage geklärt werden, wie sich die Strömung in Wandnähe verhält. Da die Stromlinien den Verlauf der Strömung derart abbilden, dass mit dem Tangentialvektor sowohl Geschwindigkeit als auch Richtung festgelegt sind, kann keine Stromlinie in das Hindernis hineinführen. Somit ist die Bedingung $\vec{v} \circ \vec{n} = 0$ oder grad $\phi \circ \vec{n} = 0$ nach Konstruktion von ϕ und ψ automatisch erfüllt, falls $\vec{n}$ der Normalenvektor der Hinderniskrümmung bezeichnet.

5.1 Die erste Grundlösung: die Translationsströmung

Dazu betrachten wir Abb. 5.1 links.

Potenzial und Stromfunktion
Da die x-Achse in v_∞-Richtung gelegt wurde, ist

$$\frac{\partial \phi}{\partial x} = v_\infty \quad \Longrightarrow \quad \phi = v_\infty x + C_1(y) \quad \text{und}$$

$$\frac{\partial \phi}{\partial y} = v_y = 0 \quad \Longrightarrow \quad \phi = konst. + C_2(x).$$

Zusammen folgt $\phi(x) = v_\infty x$, falls die Konstanten Null gesetzt werden.
    Weiter ist $\frac{\partial \psi}{\partial y} = v_\infty$ und $-\frac{\partial \psi}{\partial x} = 0$. Dies führt zu $\psi(y) = v_\infty y$.
    Somit ergeben $\phi = konst.$ senkrechte Geraden und $\psi = konst.$ horizontale Geraden.

Druckverteilung

$$\frac{1}{2}\rho v^2 + p = \frac{1}{2}\rho v_0^2 + p_\infty .$$

Da $v_0 = v = v_\infty$, folgt $p = p_\infty$.

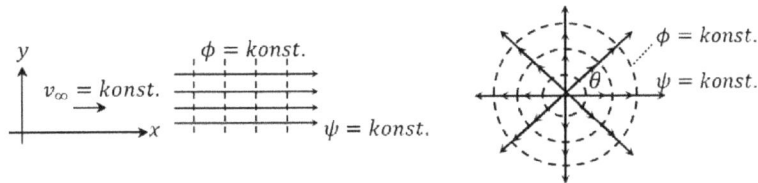

Abb. 5.1: Skizzen zur Translations- und Quellströmung

https://doi.org/10.1515/9783110684520-005

5.2 Die zweite Grundlösung: die Quellströmung

Hierzu schauen wir uns Abb. 5.1 rechts an.

Potenzial und Stromfunktion

Radialkomponente $v_r \neq 0$, Tangentialkomponente $v_\theta = 0$.

Aus früheren Überlegungen setzen wir $v_r = \frac{Q}{2\pi r}$ an, mit der Einheit von Q [$\frac{\mathrm{m}^2}{\mathrm{s}}$].
Aus $\frac{\partial \phi}{\partial r} = \frac{Q}{2\pi r}$ und $\frac{1}{r} \cdot \frac{\partial \phi}{\partial \theta} = 0$ folgt $\phi = \frac{Q}{2\pi} \ln r + C_1(\theta)$ bzw. $\phi = konst. + C_2(r)$.
Insgesamt lautet das Potenzial

$$\phi(r) = \frac{Q}{2\pi} \ln r \quad \text{oder} \quad \phi(x, y) = \frac{Q}{2\pi} \ln \sqrt{x^2 + y^2} .$$

Man kann noch prüfen, dass $\Delta \phi = 0$ erfüllt ist.

Weiter hat man $\frac{1}{r} \cdot \frac{\partial \psi}{\partial \theta} = v_r = \frac{Q}{2\pi r}$ und $-\frac{\partial \psi}{\partial r} = v_\theta = 0$, was zu $\psi = \frac{Q}{2\pi} \theta + C_1(r)$ und $\psi = konst. + C_2(\theta)$ führt. Gesamthaft ist dann

$$\psi(\theta) = \frac{Q}{2\pi} \theta \quad \text{oder} \quad \psi(x, y) = \frac{Q}{2\pi} \arctan\left(\frac{y}{x}\right) .$$

Damit ergeben $\phi = konst.$ Kreise um das Zentrum und $\psi = konst.$ Strahlen vom Zentrum aus.

Druckverteilung

$\frac{1}{2}\rho v^2 + p = \frac{1}{2}\rho v_0^2 + p_\infty$. Die Geschwindigkeit v_0 im Zentrum ist Null. Weiter ist $v^2 = v_x^2 + v_y^2 = v_r^2 + v_\theta^2$. In unserem Fall ist die tangentiale Komponente Null: $v_\theta = 0$.

Damit verbleibt

$$p = p_\infty - \frac{1}{2}\rho v_r^2 = p_\infty - \frac{1}{2}\rho \frac{Q^2}{4\pi^2 r^2} = p_\infty - \frac{\rho Q^2}{8\pi^2 r^2} .$$

5.3 Überlagerung von Translations- und Quellströmung

Den Ursprung setzen wir zweckmäßig ins Quellzentrum. Die resultierende Strömung soll nun erläutert werden (Abb. 5.2).

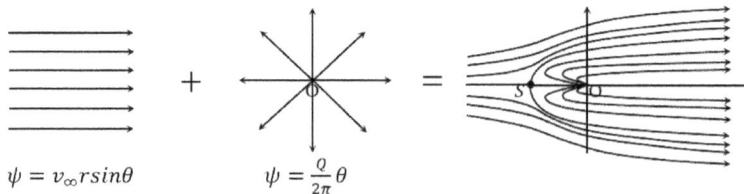

$\psi = v_\infty r \sin\theta$ $\qquad$ $\psi = \frac{Q}{2\pi} \theta$

Abb. 5.2: Skizze zur Umströmung des Rankine-Profils

Potenzial und Stromfunktion

Beide ergeben sich durch Addition zu

$$\psi(r, \theta) = v_\infty r \sin \theta + \frac{Q}{2\pi}\theta \quad \text{und} \quad \phi(r, \theta) = v_\infty r \cos \theta + \frac{Q}{2\pi}\ln r \,.$$

Weiter ist

$$v_r = \frac{1}{r} \cdot \frac{\partial\psi}{\partial\theta} = v_\infty \cos \theta + \frac{Q}{2\pi r} \quad \text{und} \quad v_\theta = -\frac{\partial\psi}{\partial r} = -v_\infty \sin \theta \,.$$

Es gibt einen Staupunkt S, für den die Geschwindigkeit der Quelle von der Translationsgeschwindigkeit aufgehoben wird: $v_r = 0$, $v_\theta = 0 \implies \theta_{\text{Stau},1} = \pi$ und $\theta_{\text{Stau},2} = 0$ (ergibt den unteren Zweig mit negativem Radius)

$$\implies \quad r_{\text{Stau}} = \frac{Q}{2\pi v_\infty} \,.$$

Das zugehörige, konstante ψ_{Stau} ist

$$\psi_{\text{Stau}} = v_\infty r_{\text{Stau}} \sin \theta_{\text{Stau}} + \frac{Q}{2\pi}\theta_{\text{Stau}}$$

$$= v_\infty \frac{Q}{2\pi v_\infty} \sin \pi + \frac{Q}{2\pi}\pi = \frac{Q}{2} \,.$$

Nun zur Skizze. Aus $\psi_{\text{konst}} = v_\infty r \sin \theta + \frac{Q}{2\pi}\theta$ folgt

$$r = \frac{1}{\pi v_\infty \sin \theta}\left(\psi_{\text{konst}} \cdot \pi - \frac{Q}{2}\theta\right) \,. \tag{5.1}$$

Wir wählen sowohl den Wert $\frac{Q}{2}$ als auch $\frac{1}{\pi v_\infty}$ zu 1. Dann ist $r = \frac{\psi^*_{\text{konst}} - \theta}{\sin \theta}$ für $0 \le \theta \le \pi$.
Für eine detaillierte Darstellung wählen wir

$$\psi^*_{\text{konst}} = -\frac{\pi}{2}, -\frac{\pi}{3}, -\frac{\pi}{6}, 0, \frac{\pi}{4}, \frac{\pi}{2}, \frac{3\pi}{4}, \pi, \frac{7\pi}{6}, \frac{4\pi}{3}, \frac{3\pi}{2} \,.$$

Die elf Werte entsprechen den zugehörigen Kurven ψ_1 bis ψ_{11}, die von unten nach oben mit nummeriert sind. Die entsehende Strömung kann man als Umströmung einer halbrunden Linie, dem Rankine-Profil interpretieren (Abb. 5.3).

Druckverteilung entlang des Körpers

$$\frac{1}{2}\rho v^2 + p = \frac{1}{2}\rho v_\infty^2 + p_\infty \quad \implies \quad p = p_\infty + \frac{1}{2}\rho\left(v_\infty^2 - v^2\right) \,.$$

Mit $v^2 = v_r^2 + v_\theta^2$ wird daraus

$$p(r, \theta) = p_\infty + \frac{1}{2}\rho\left(v_\infty^2 - \left(v_r^2 + v_\theta^2\right)\right) \,.$$

Damit lässt sich in jedem Punkt $P(r, \theta)$ der wirkende Druck ermitteln. Anschaulich ist das nicht. Wir können stattdessen einen normierten Druck c_p einführen. Dann erhalten wir

$$c_p(r, \theta) := \frac{p - p_\infty}{\frac{1}{2}\rho v_\infty^2} = 1 - \left(\frac{v}{v_\infty}\right)^2 \quad \text{mit} \quad 0 \le c_p \le 1 \,.$$

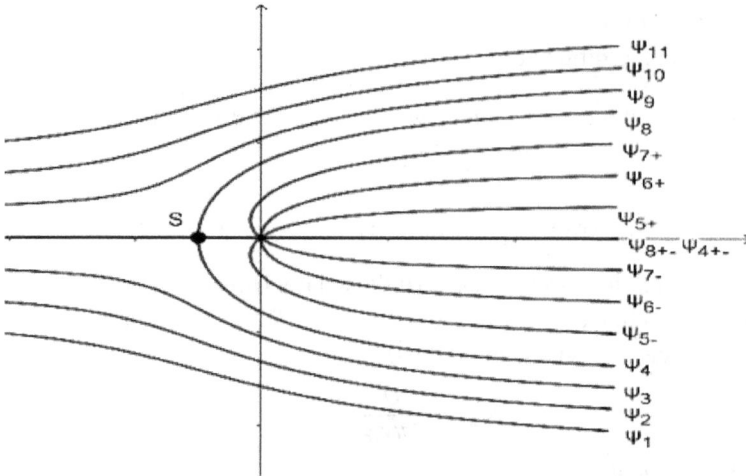

Abb. 5.3: Graphen von (5.1)

Bemerkung. c_p bezeichnet man auch als Druckbeiwert. Dies wird klar, wenn man $p = p_\infty + c_p \cdot \frac{1}{2}\rho v_\infty^2$ schreibt.

Der normierte Druck gestattet es uns, die Druckänderung direkt über die Geschwindigkeitsänderung zu erfassen. Nun wählen wir eine beliebige Stromlinie aus, d. h. $\psi = konst.$, lösen die Gleichung nach $r = r(\theta)$ auf und ersetzen diesen Ausdruck im Term von v. Damit erhalten wir für $c_p = c_p(\theta)$ eine von θ allein abhängige Funktion, die wir darstellen können. Die wohl interessanteste Stromlinie ist diejenige, die entlang des halbrunden Körpers verläuft. Der zugehörige Wert ist $\psi_{Stau} = \frac{Q}{2}$.

Somit folgt $\frac{Q}{2} = v_\infty r \sin\theta + \frac{Q}{2\pi}\theta$ und daraus $r = \frac{Q}{2\pi v_\infty} \cdot \frac{\pi-\theta}{\sin\theta}$ (für die Skizze war $\frac{Q}{2\pi v_\infty} = 1$).

Damit lauten die Geschwindigkeitskomponenten

$$v_r = v_\infty \left(\cos\theta + \frac{\sin\theta}{\pi - \theta} \right)$$

und

$$v_\theta = -v_\infty \sin\theta .$$

Weiter ist

$$v^2 = v_r^2 + v_\theta^2 = v_\infty^2 \left(1 + \frac{2\sin\theta\cos\theta}{\pi - \theta} + \frac{\sin^2\theta}{(\pi - \theta)^2} \right)$$

und schließlich

$$c_p(\theta) = -\frac{\sin\theta}{\pi - \theta} \left(2\cos\theta + \frac{\sin\theta}{\pi - \theta} \right) .$$

Die zugehörigen Werte sind vom Staupunkt ($\theta = \pi$) bis zum Ende des Körpers ($\theta = 0$) zu nehmen. Um die Reihenfolge der Winkel aufsteigend zu erhalten, betrachten wir den Druck

$$c_p(\theta) = -\frac{\sin(\pi - \theta)}{\theta}\left(2\cos(\pi - \theta) + \frac{\sin(\pi - \theta)}{\theta}\right). \tag{5.2}$$

Es ergibt sich der Verlauf in Abb. 5.4 links.

Der Nulldruck wird, von O aus gemessen, für $\theta = 1{,}17$ erreicht. Kartesisch entspricht das $x = r\cos\theta = \frac{Q}{2\pi v_\infty} \cdot 0{,}84$ und $y = r\sin\theta = \frac{Q}{2\pi v_\infty} \cdot 1{,}97$.

In unserem Beispiel ist somit $N(0{,}84, 1{,}97)$.

Der minimale Druck stellt sich von O aus gemessen für $\theta = 1{,}10$ ein und beträgt $-0{,}59$.

Der zugehörige Punkt lautet $M(1{,}04, 2{,}04)$. M fällt auch mit dem Ort größter Geschwindigkeit zusammen.

Zusätzlich soll noch die Druckverteilung von links kommend auf der Linie $\theta = 0$ bis hin zum Staupunkt bestimmt werden. Für $\theta = 0$ gilt

$$v_r = v_\infty + \frac{Q}{2\pi r}$$

$$v_\theta = 0 \quad \Longrightarrow \quad v^2 = v_r^2 = \left(v_\infty + \frac{Q}{2\pi r}\right)^2.$$

Der dimensionslose Druck erhält dann die Gestalt

$$c_p(r) = 1 - \left(\frac{v}{v_\infty}\right)^2 = 1 - \left(\frac{v_\infty + \frac{Q}{2\pi r}}{v_\infty}\right)^2 = -2\left(\frac{Q}{2\pi v_\infty r}\right) - \left(\frac{Q}{2\pi v_\infty r}\right)^2$$

und schließlich

$$c_p(r) = -\frac{Q}{2\pi v_\infty} \cdot \frac{1}{r}\left(2 + \frac{Q}{2\pi v_\infty} \cdot \frac{1}{r}\right). \tag{5.3}$$

Der maximale Wert wird natürlich bei $r = -\frac{Q}{2\pi v_\infty}$ erreicht und beträgt 1.

Zusammen mit vorigem Druck erhält man Abb. 5.4 rechts.

Links der c_p-Achse ist der Druckverlauf eine Funktion von r und rechts abhängig von θ.

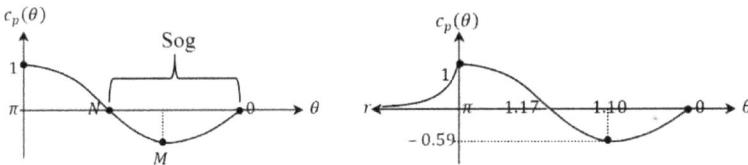

Abb. 5.4: Verlauf von (5.2) und (5.3)

5.4 Überlagerung von Translations-, Quell- und Senkeströmung

Bringt man eine Quelle und eine Senke in einen endlichen Abstand zueinander, so kann man die Umströmung eines ovalen Körpers simulieren (Abb. 5.5 links). Dabei wird der Körper keine Unstetigkeitsstellen an den „Nahtstellen" aufweisen, da die Stromfunktionen zu einer einzigen verschmelzen.

Die maximale Höhe h_{max}, die der Körper erreichen kann, bestimmen wir über den Flächenstrom (eigentlich Volumenstrom mit Breite 1). Einerseits ist $\dot{V} = 2(\psi_8 - \psi_4) = 2(\frac{Q}{2} - 0) = Q$. Andererseits ist $\dot{V} = v_\infty \cdot h_{max}$. Der Vergleich liefert $h_{max} = \frac{Q}{v_\infty}$.

Wir setzen die Quelle in den Ursprung und die Senke in einen Abstand a zur Quelle (zur Wahl von P in der folgenden Skizze, siehe Bemerkung am Schluss des Kapitels).

Potenzial und Stromfunktion

Es gilt

$$\psi(x, y) = v_\infty \cdot y + \frac{Q}{2\pi}\left(\arctan\frac{y}{x} - \arctan\frac{y}{x-a}\right)$$

$$\phi(x, y) = v_\infty \cdot x + \frac{Q}{2\pi}\left(\ln\sqrt{x^2+y^2} - \ln\sqrt{(x-a)^2+y^2}\right)$$

und folglich (Abb. 5.5 rechts)

$$v_x = \frac{\partial\psi}{\partial y} = v_\infty + \frac{Q}{2\pi}\left(\frac{x}{x^2+y^2} + \frac{x-a}{(x-a)^2+y^2}\right)$$

$$v_y = -\frac{\partial\psi}{\partial x} = \frac{Q}{2\pi}\left(\frac{y}{x^2+y^2} - \frac{y}{(x-a)^2+y^2}\right).$$

Für die Lage der Staupunkte A und B muss $v_x = 0$ und $v_y = 0$ sein. Es folgt $y_{Stau} = 0$. Eingesetzt in die obere Gleichung erhält man

$$v_x = v_\infty + \frac{Q}{2\pi}\left(\frac{1}{x} + \frac{1}{x-a}\right) \implies x_{Stau} = \frac{a \pm \sqrt{a^2 + \frac{2aQ}{\pi v_\infty}}}{2}.$$

$y_{Stau} = 0$ in ψ eingesetzt, liefert den Wert $\psi_{konst} = 0$ für die Stromlinie entlang des Körpers. Dies führt zu einer impliziten Gleichung für den Umriss:

$$0 = v_\infty \cdot y + \frac{Q}{2\pi}\left(\arctan\frac{y}{x} - \arctan\frac{y}{x-2}\right).$$

Die Gleichung lässt sich weder nach x noch nach y auflösen.

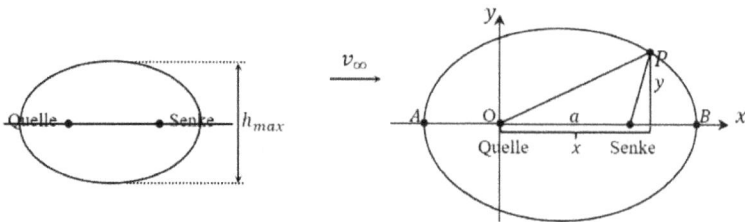

Abb. 5.5: Skizzen zum ovalen Körper

Druckverteilung

Diese muss punktweise bestimmt werden. Als Zahlenbeispiel wählen wir $v_\infty = 1$, $Q = 2$ und $a = 2$. Die Staupunkte liegen dann bei $x_{Stau1} = -0,279$ und $x_{Stau2} = 2,279$.

Die Kurve für den Umriss erhält die Gestalt $0 = y + \frac{1}{\pi}(\arctan \frac{y}{x} - \arctan \frac{y}{x-2})$.

Bei konstantem x liefert die Gleichung nur die Nulllösung. Deshalb müssen wir umformen:

Dazu benutzen wir $\arctan u - \arctan v = \arctan(\frac{u-v}{1+uv})$, falls $uv > -1$. In unserem Fall ergäbe diese Bedingung

$$\frac{y}{x} \cdot \frac{y}{2-x} = \frac{y^2}{x(x-2)} > -1 \quad \text{oder} \quad y^2 > -x(x-2). \tag{5.4}$$

Benötigt werden nur Punkte auf der Kontur für $-0,279 \leq x \leq 1$. Der halbe Graph kann dann gespiegelt werden. Für $x \leq 0$ ist (5.4) erfüllt. (Die Ungleichung bleibt darüber hinaus bis zu $x \leq 0,2$ gültig.) Für $x > 0$ würde man $\arctan u - \arctan v = \pi + \arctan(\frac{u-v}{1+uv})$, falls $uv < -1$ oder $y^2 < -x(x-2)$ ist, verwenden. Die Fallunterscheidung ist aber unwichtig, denn man erhält

$$\arctan \frac{y}{x} - \arctan \frac{y}{2-x} = \arctan\left(\frac{2y(1-x)}{y^2 + x(2-x)}\right) \quad \text{bzw.}$$

$$\arctan \frac{y}{x} - \arctan \frac{y}{2-x} = \pi + \arctan\left(\frac{2y(1-x)}{y^2 + x(2-x)}\right)$$

und daraus in beiden Fällen eine einzige Bestimmungsgleichung

$$\tan(-2y) = \frac{2y(1-x)}{y^2 + x(2-x)}.$$

Damit können die Umrisspunkte numerisch bestimmt werden. Die Druckverteilung ergibt sich zu $c_p = 1 - (\frac{v}{v_\infty})^2 = 1 - (v_x^2 + v_y^2)$. Für acht Punkte wird diese Rechnung durchgeführt.

	x	y	v_x	v_y	c_p
P_0	−0,279	0	0	0	1
P_1	−0,2	0,417	0,563	0,594	0,330
P_2	−0,1	0,516	0,742	0,560	0,137
P_3	0	0,592	0,854	0,495	0,026
P_4	0,2	0,707	0,965	0,357	−0,058
P_5	0,4	0,795	1,001	0,240	−0,060
P_6	0,6	0,869	1,007	0,146	−0,036
P_7	0,8	0,936	1,003	0,068	−0,011
P_8	1	1	1	0	0

Den Wert $\frac{\pi}{2}$ kann man auch so einsehen: Er entspricht der halben Dicke des Körpers $\frac{h_{max}}{2}$ und diese ist gleich $\frac{Q}{2v_\infty}$, demnach $\frac{\pi}{2}$ für unser Zahlenbeispiel. Der Verlauf ist in Abb. 5.6 dargestellt. Die Druckverteilung setzt sich symmetrisch ab dem Punkt P_8 fort. Sie ist abhängig von a und Q.

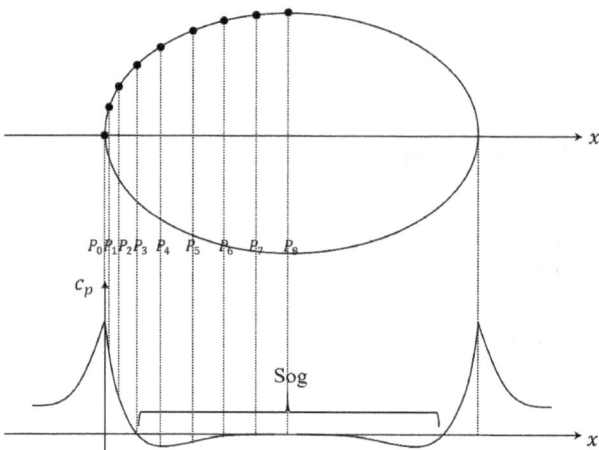

Abb. 5.6: Umrissverlauf des ovalen Körpers

Beispiel. Ein U-Boot der eben beschriebenen Form soll 10 m lang und 2 m hoch wie breit sein und sich mit einer Geschwindigkeit von $v_\infty = 5\,\frac{m}{s}$ parallel zur x-Achse bewegen.

Aus $h_{max} = \frac{Q}{v_\infty}$ folgt $Q = 10$. Zur Bestimmung von a lösen wir die Gleichung

$$2x_{Stau} - a = 10 \quad \text{oder} \quad \sqrt{a^2 + \frac{2aQ}{\pi v_\infty}} = 10$$

und erhalten $a = 9,38$ m. Der Umriss des größten Querschnitts des Bootes liegt auf der Kurve

$$0 = 5y + \frac{5}{\pi}\left(\arctan\frac{y}{x} - \arctan\frac{y}{x - 9,38}\right).$$

Für $x = 0$ erhält man $y = 0,48$ oder aufgrund der Drehsymmetrie einen Kreis mit Radius $0,48$ m. Die Geschwindigkeitskomponenten auf diesen Kreispunkten betragen $v_x = 4,83\,\frac{m}{s}$ und $v_y = 3,28\,\frac{m}{s}$, was zu einer örtlichen Geschwindigkeit $v = 5,84\,\frac{m}{s}$ und zu einem spezifischen Unterdruckbeiwert von $c_p = -0,36$ führt.

Bemerkung. Man kann in Abb. 5.5 rechts $P(x, y)$ auch so wählen, dass $0 < x < a$ ist und sowohl bei ϕ als auch bei ψ die Differenz $x - a$ mit $a - x$ austauschen. In diesem Fall liefert der Rechner aber $\frac{d\phi}{dx} \neq \frac{d\psi}{dy}$. Hier muss $a - x$ durch $|a - x|$ ersetzt werden und korrekt folgendermaßen differenziert werden:

$$\frac{d}{dy}\left(\arctan\frac{y}{|a-x|}\right) = \frac{|a-x|}{(a-x)^2+y^2} \quad \text{und}$$

$$\frac{d}{dx}\left(\ln\sqrt{|a-x|^2+y^2}\right) = \frac{d}{dx}\left(\ln\sqrt{|x-a|^2+y^2}\right)$$

$$= \frac{1}{\sqrt{(a-x)^2+y^2}}\cdot\frac{2|x-a|}{2\sqrt{(a-x)^2+y^2}} = \frac{|a-x|}{(a-x)^2+y^2}.$$

Aufgabe
Bearbeiten Sie die Übung 11.

5.5 Die dritte Grundlösung: die Dipolströmung

Der Dipol entsteht dadurch, dass man den Abstand a zwischen Quelle und Senke gegen Null gehen lässt. Bei einer endlichen Quellstärke Q löschen sich Quelle und Senke für $a \longrightarrow 0$ aus.

Lassen wir hingegen beliebig große Werte für Q zu, dann können wir Q proportional zu $\frac{1}{a}$ wählen, also $Q = \frac{M}{a}$. M heißt Dipolmoment mit der Einheit $[\frac{m^3}{s}]$. Die Stromfunktion ohne Translation sieht dann so aus:

$$\psi(x,y) = \frac{\frac{M}{2\pi}\left(\arctan\frac{y}{x} - \arctan\frac{y}{x-a}\right)}{a}.$$

Um den Grenzwert für $a \longrightarrow 0$ zu bestimmen, wechseln wir zum zugehörigen Potenzial:

$$\phi(x,y) = \lim_{a\to 0}\frac{M}{2\pi}\left(\frac{\ln\sqrt{x^2+y^2} - \ln\sqrt{(x-a)^2+y^2}}{a}\right)$$

$$= \frac{M}{2\pi}\lim_{a\to 0}\left(\frac{\ln\sqrt{x^2+y^2} - \ln\sqrt{(x-a)^2+y^2}}{a}\right)$$

$$= \frac{M}{2\pi}\cdot\frac{\partial\left(\ln\sqrt{x^2+y^2}\right)}{\partial x} = \frac{M}{2\pi}\cdot\frac{x}{x^2+y^2}.$$

Folglich gilt für die Stromfunktion

$$\psi(x,y) = -\frac{M}{2\pi}\cdot\frac{y}{x^2+y^2}.$$

In Polarform erhält man

$$\phi(r,\theta) = \frac{M}{2\pi}\cdot\frac{\cos\theta}{r} \quad \text{und} \quad \psi(r,\theta) = -\frac{M}{2\pi}\cdot\frac{\sin\theta}{r}.$$

Für eine Skizze wählen wir $M = 2\pi$. Bei konstantem ψ sind die Stromlinien Kreise durch den Ursprung symmetrisch zur y-Achse. Konstantes ϕ liefert Kreise durch O symmetrisch zur x-Achse. Der gesamte Massenstrom geht vom Pol aus und verschwindet auch wieder im selben (Dipol, Abb. 5.7 links).

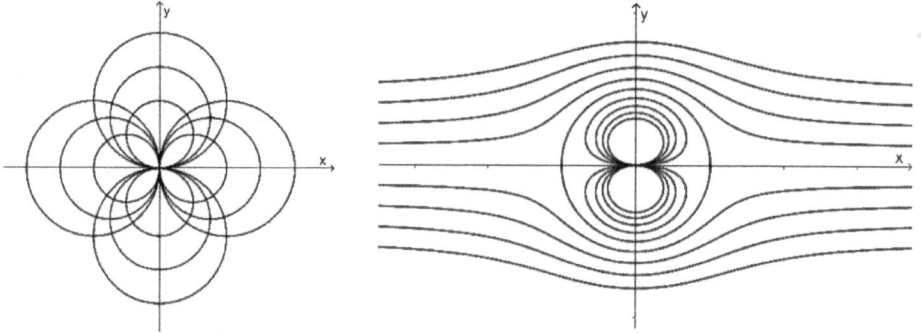

Abb. 5.7: Stromlinien und Stromfunktionen der Dipolströmung und Graphen von (5.5)

Druckverteilung
Mit

$$v_x = -\frac{M}{2\pi} \cdot \frac{x^2 - y^2}{(x^2 + y^2)^2} \quad \text{und} \quad v_y = -\frac{M}{2\pi} \cdot \frac{2xy}{(x^2 + y^2)^2}$$

folgt

$$v^2 = v_x^2 + v_y^2 = \left(\frac{M}{2\pi}\right)^2 \cdot \left[\frac{(x^2 - y^2)^2 + 4x^2y^2}{(x^2 + y^2)^4}\right] = \left(\frac{M}{2\pi}\right)^2 \cdot \left[\frac{(x^2 + y^2)^2}{(x^2 + y^2)^4}\right] = \frac{1}{r^4}\left(\frac{M}{2\pi}\right)^2.$$

Somit hat man $p = p_\infty - \frac{\rho}{2r^4}\left(\frac{M}{2\pi}\right)^2$.

5.6 Überlagerung von Translations- und Dipolströmung

Man erhält in diesem Fall offensichtlich die Umströmung eines Kreiszylinders.

Potenzial und Stromfunktion

$$\phi(x, y) = v_\infty x + \frac{M}{2\pi} \cdot \frac{x}{x^2 + y^2}, \quad \phi(r, \theta) = v_\infty r \cos\theta + \frac{M}{2\pi} \cdot \frac{\cos\theta}{r} \quad \text{und}$$

$$\psi(x, y) = v_\infty y - \frac{M}{2\pi} \cdot \frac{y}{x^2 + y^2}, \quad \psi(r, \theta) = v_\infty r \sin\theta - \frac{M}{2\pi} \cdot \frac{\sin\theta}{r}.$$

Weiter ist

$$v_x = \frac{\partial\psi}{\partial y} = v_\infty - \frac{M}{2\pi} \cdot \frac{x^2 - y^2}{(x^2 + y^2)^2} \quad \text{und} \quad v_y = -\frac{\partial\psi}{\partial x} = -\frac{M}{2\pi} \cdot \frac{2xy}{(x^2 + y^2)^2}.$$

Für die Staupunkte gilt

$$y_{\text{Stau}} = 0 \quad \Longrightarrow \quad 0 = v_\infty - \frac{M}{2\pi} \cdot \frac{1}{x^2} \quad \Longrightarrow \quad x_{\text{Stau}} = \pm\sqrt{\frac{M}{2\pi v_\infty}} = \pm R.$$

R bezeichnet den Radius des umströmten Kreises.

Die Stromfunktion kann man somit auch schreiben als

$$\psi(x, y) = v_\infty y \left(1 - \frac{R^2}{x^2 + y^2} \right) .$$

Jede Stromlinie muss

$$\psi_{\text{konst}} = y \left(1 - \frac{R^2}{x^2 + y^2} \right)$$

erfüllen ($v_\infty = konst.$).

Für eine Skizze wechseln wir ins Polarsystem. Es gilt

$$\psi_{\text{konst}} = r \sin \theta \left(1 - \frac{R^2}{r^2} \right) \quad \Longrightarrow \quad r^2 \sin \theta - r \cdot \psi_{\text{konst}} - R^2 \sin \theta .$$

Folglich ist

$$r_{1,2} = \frac{\psi_{\text{konst}} \pm \sqrt{\psi_{\text{konst}}^2 + 4R^2 \sin^2 \theta}}{2 \sin \theta} . \tag{5.5}$$

Für eine Skizze wählen wir $\psi_{\text{konst}} = 0, \pm 0{,}25, \pm 0{,}5, \pm 0{,}75, \pm 1, R = 1$

Druckverteilung

Es gilt

$$v_x = v_\infty \left[1 - R^2 \cdot \frac{x^2 - y^2}{(x^2 + y^2)^2} \right] \quad \text{und} \quad v_y = -v_\infty \left[R^2 \cdot \frac{2xy}{(x^2 + y^2)^2} \right] .$$

Uns interessiert die Druckverteilung auf dem Kreis selber. Die zugehörige Bestimmungsgleichung ist natürlich schlicht $x^2 + y^2 = R^2$.

Dann folgt

$$v_x = v_\infty \left(1 - \frac{x^2 - y^2}{R^2} \right) \quad \text{und} \quad v_y = -v_\infty \left(\frac{2xy}{R^2} \right) .$$

Mit $x = R \cos \theta$ und $y = R \sin \theta$ wird daraus

$$v_x = v_\infty (1 - \cos^2 \theta + \sin^2 \theta) = v_\infty (2 \sin^2 \theta)$$

$$v_y = -v_\infty (2 \sin \theta \cos \theta) .$$

Weiter ist

$$v^2 = v_x^2 + v_y^2 = v_\infty^2 (4 \sin^4 \theta + 4 \sin^2 \theta \cos^2 \theta)$$

$$= v_\infty^2 \left[4 \sin^4 \theta + 4 \sin^2 \theta (1 - \sin^2 \theta) \right] = 4 v_\infty^2 \sin^2 \theta$$

$$\Longrightarrow \quad c_p(\theta) = 1 - \left(\frac{v}{v_\infty} \right)^2 = 1 - 4 \sin^2 \theta . \tag{5.6}$$

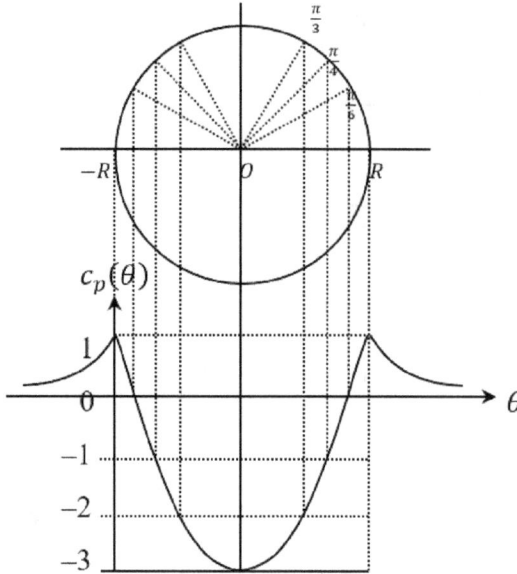

Abb. 5.8: Verlauf von (5.6)

Der Nulldruck stellt sich für $\theta = \frac{\pi}{6}$ ein. (Abb. 5.8). Der minimale „Sog" beträgt -3 und entspricht dem Ort größter Geschwindigkeit.

Durch die zur x- und y-Achse symmetrische Druckverteilung wird auch klar, dass auf den Zylinder keine resultierende Kraft ausgeübt wird. Insbesondere wirkt keine Auftriebskraft.

Einige spezielle Druckbeiwerte entnimmt man folgender Tabelle:

θ	$\frac{\pi}{2}$	$\frac{\pi}{3}$	$\frac{\pi}{4}$	$\frac{\pi}{6}$	0
$c_p(\theta)$	-3	-2	-1	0	1

Die große Sogwirkung des Kreises an den Seiten (für $\theta = \frac{\pi}{2}$) ist erstaunlich. Der ovale Körper in 5.4 könnte mit einer Anpassung von a und der Quellstärke Q zu einem zumindest von den Ausmaßen her mit einem Kreis vergleichbaren Körper geformt werden. Und doch herrscht kein Druck an dessen Seiten.

Beispiel. Ein kreisförmiger Brückenpfeiler mit dem Radius $R = 2$ wird von einem Fluss mit der Geschwindigkeit $v_\infty = 1\,\frac{m}{s}$ angeströmt. In genügender Entfernung zum Pfeiler betrage die Wassertiefe $h_\infty = 5$ m. Da die Sohle geneigt ist, legen wir die Bezugshöhe entlang dieser Sohle (siehe Gerinneströmungen). Obwohl sich der Wasserspiegel entlang des Pfeilers mit veränderlichem Winkel θ ändern wird, behandeln wir das Problem als ebene Strömung. Entlang einer Stromlinie darf die Bernoulli-Gleichung (bei gleichem Luftdruck) benutzt werden:

$$\rho g h_\infty + \frac{1}{2}\rho v_\infty^2 = \rho g h(\theta) + \frac{1}{2}\rho(v_r^2 + v_\theta^2)\,.$$

Für $r = R$ erhält man mit (5.5) $h_\infty + \frac{1}{2g}v_\infty^2 = h(\theta) + \frac{4}{2g}v_\infty^2\sin^2\theta$ und daraus $h(\theta) = h_\infty + \frac{v_\infty^2}{2g}(1 - 4\sin^2\theta)$.

Die größte Erhöhung erhält man im Staupunkt mit $\theta = \pi$ bzw. Rückstaupunkt für $\theta = 0$.

Man erhält dann $h_{max} = h_\infty + \frac{v_\infty^2}{2g} = 5,05$ m. Der tiefste Wasserstand ergibt $h_{min} = h(\frac{\pi}{2}) = h_\infty + \frac{v_\infty^2}{2g}(1 - 4) = 4,85$ m. Beim Rankine-Profil und beim ovalen Körper beträgt die Absenkung jeweils nur wenige Zentimeter. Hingegen würde der Wasserspiegel bei der Anströmung eines spitzen Keils mit wachsendem Abstand zur Ecke immer weiter anwachsen, was nicht sein kann. In diesem Fall macht die Annahme einer durchwegs ebenen Strömung auch keinen Sinn mehr.

5.7 Die vierte Grundlösung: der Potenzialwirbel

Diesen Wirbel haben wir schon in Kapitel 3.2 kennengelernt. Er war dadurch gekennzeichnet, dass der Geschwindigkeitsvektor für einen festen Radius senkrecht auf dem Radiusvektor steht und vom Betrag her konstant ist: $v_r = 0$, $v_\theta = \frac{\Gamma}{2\pi r}$ (Abb. 5.9 links).

Potenzial und Stromfunktion
Durch Integration von $v_\theta = \frac{1}{r}\cdot\frac{\partial\phi}{\partial\theta}$ folgt $\phi(\theta) = \frac{\Gamma}{2\pi}\theta$ und $\psi(r) = -\frac{\Gamma}{2\pi}\ln r$.

Kartesisch geschrieben ist

$$\phi(x, y) = \frac{\Gamma}{2\pi}\arctan\frac{y}{x} \quad\text{und}\quad \psi(x, y) = -\frac{\Gamma}{2\pi}\ln\sqrt{x^2 + y^2}\,.$$

Kontrolle: Es gilt $\Delta\phi = 0$.

Druckverteilung
Auch diese wurde schon in Kapitel 3.8 zu

$$p = p_\infty - \frac{\rho c^2}{2}\left(\frac{1}{r^2} - \frac{1}{r_0^2}\right) \quad\text{für}\quad r \geq r_0 \quad\text{mit}\quad c = \frac{\Gamma}{2\pi}$$

bestimmt. Lässt man r gegen Null laufen, dann entsteht ein unendlich hoher Druck mit der Geschwindigkeit Null.

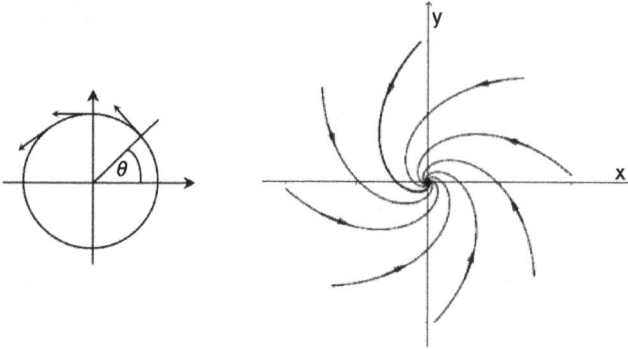

Abb. 5.9: Skizze zum Potenzialwirbel und Graphen von (5.7)

5.8 Überlagerung von Potenzialwirbel und Quell- bzw. Senkeströmung

Betrachten wir zuerst die Kombination einer Senke mit einem Potenzialwirbel.
Für die Senke ist $\phi(r) = -\frac{Q}{2\pi}\ln r$ und $\psi(\theta) = -\frac{Q}{2\pi}\theta$.

Potenzial und Stromfunktion

Die Überlagerung liefert dann

$$\phi(r,\theta) = -\frac{Q}{2\pi}\ln r + \frac{\Gamma}{2\pi}\theta \quad \text{und} \quad \psi(r,\theta) = -\frac{\Gamma}{2\pi}\ln r - \frac{Q}{2\pi}\theta \, .$$

Weiter ist $v_r = \frac{1}{r}\cdot\frac{\partial\psi}{\partial\theta} = -\frac{Q}{2\pi r}$ und $v_\theta = -\frac{\partial\psi}{\partial r} = \frac{\Gamma}{2\pi r}$. Staupunkte gibt es natürlich keine.
Für eine Skizze ist

$$\psi^*_{\text{konst}} = \frac{\Gamma}{2\pi}\ln r + \frac{Q}{2\pi}\theta$$

$$\implies \ln r = \frac{2\pi}{\Gamma}\left(\psi^*_{\text{konst}} - \frac{Q}{2\pi}\theta\right) = \psi^{**}_{\text{konst}} - \frac{Q}{\Gamma}\theta \implies r = \psi_{\text{konst}}\cdot e^{-\frac{Q}{\Gamma}\theta} \, .$$

Dies entspricht graphisch einer logarithmischen Spirale. Kurz sagen wir auch „Strudel".

Parametrisiert mit $\theta = \frac{\Gamma}{Q}(\psi^{**}_{\text{konst}} - \ln r)$ erhalten wir

$$x(r) = r\cdot\cos\left(\frac{\Gamma}{Q}\left(\psi^{**}_{\text{konst}} - \ln r\right)\right) \quad \text{und} \quad y(r) = r\cdot\sin\left(\frac{\Gamma}{Q}\left(\psi^{**}_{\text{konst}} - \ln r\right)\right) \, . \quad (5.7)$$

Druckverteilung

Diese wird schlicht aus den beiden bestehenden Drücken zusammengesetzt:

$$p = p_\infty + \frac{\rho Q^2}{8\pi r^2} - \frac{\rho c^2}{2}\left(\frac{1}{r^2} - \frac{1}{r_0^2}\right) \quad \text{für} \quad r \geq r_0 \, .$$

Wieder bezeichnet r_0 den Grenzradius, denn für $r_0 \to 0$ wäre wieder $p \to \infty$.

Ersetzt man die Quelle durch eine Senke, dann erhält man dieselbe logarithmische Spirale, der Strömungspfeil zeigt dann von der Quelle weg. Die Druckverteilung lautet entsprechend

$$p = p_\infty - \frac{\rho Q^2}{8\pi r^2} - \frac{\rho c^2}{2}\left(\frac{1}{r^2} - \frac{1}{r_0^2}\right) \quad \text{für} \quad r \ge r_0 \, .$$

Bemerkung. Die Überlagerung mit einer zusätzlichen Translation erzeugt ebenfalls keine Umströmung eines Körpers.

5.9 Überlagerung von Translationsströmung und zwei Potenzialwirbeln

Den einen Potenzialwirbel mit der Zirkulation $-\Gamma$ setzen wir in den Ursprung und den anderen mit der entgegengesetzten Zirkulation gleicher Größe Γ in einem Abstand a senkrecht zur Strömungsrichtung (Abb. 5.10, zur Lage des Punktes P siehe Bemerkung am Ende von Kapitel 5.4).

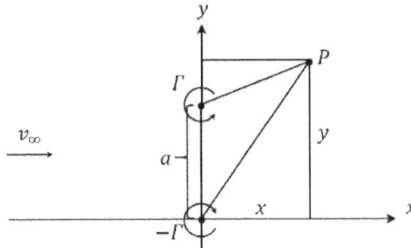

Abb. 5.10: Skizze zum Modell der Strömung durch eine Düse

Potenzial und Stromfunktion

Es gilt

$$\phi(x, y) = v_\infty \cdot x + \frac{\Gamma}{2\pi}\left(-\arctan\frac{y}{x} + \arctan\frac{y - a}{x}\right)$$

$$\psi(x, y) = v_\infty \cdot y + \frac{\Gamma}{2\pi}\left(\ln\sqrt{x^2 + y^2} - \ln\sqrt{x^2 + (y - a)^2}\right)$$

und folglich

$$v_x = v_\infty + \frac{\Gamma}{2\pi}\left(\frac{y}{x^2 + y^2} - \frac{y - a}{x^2 + (y - a)^2}\right)$$

$$v_y = \frac{\Gamma}{2\pi}\left(\frac{x}{x^2 + (y - a)^2} - \frac{x}{x^2 + y^2}\right) \, .$$

Im Fall der horizontalen Stromlinie lässt sich der zugehörige Wert ψ_{konst} allgemein angeben. Er beträgt $\psi = \frac{a}{2}v_\infty$, wenn $y = \frac{a}{2}$ gesetzt wird.

Druckverteilung

Diese geben wir nur für die horizontale Stromlinie an. Dazu setzen wir $y = \frac{a}{2}$ in v_x ein, was zu $v_x = v_\infty + \frac{2a\Gamma}{\pi(4x^2+a^2)}$ führt. Aus $p_\infty + \frac{1}{2}\rho v_\infty^2 = p + \frac{1}{2}\rho v_x^2$ folgt dann

$$p = p_\infty + \frac{1}{2}\rho\left(v_\infty^2 - v_x^2\right) = p_\infty + \frac{1}{2}\rho\left[v_\infty^2 - \left(v_\infty + \frac{2a\Gamma}{\pi(4x^2 + a^2)}\right)^2\right].$$

Für eine Darstellung der Stromlinien wählen wir $v_\infty = 1$, $a = 1$, $\Gamma = 2\pi$ und $\psi_{\text{konst}} = 0,1k$ mit $k = 1, 2, \ldots 10$, was zu einer impliziten Gleichung führt (Abb. 5.11 oben):

$$0,1k = y + \left(\ln\sqrt{x^2 + y^2} - \ln\sqrt{x^2 + (y - 1)^2}\right). \tag{5.8}$$

Zusätzlich wird noch die Geschwindigkeit in x-Richtung erfasst (Abb. 5.11 unten):

$$v_x = 1 + \frac{4}{4x^2 + 1}. \tag{5.9}$$

Offensichtlich wird damit die Strömung einer konvergenten Düse simuliert.

Die oberste, die horizontale und die unterste Stromlinie besitzen die Werte $\psi_2 = 1$, $\psi_H = \frac{1}{2}$ bzw. $\psi_1 = 0$. Für $x = 0$ kann aus der zugehörigen Stromlinie $1 = y + \ln y - \ln|y - 1|$ der Wert $y = 0,599$ und daraus die Verengung im Zentrum zu $d = 0,198$ bestimmt werden.

Schließlich nehmen wir an, die Düse habe die Breite b. Der Volumenstrom beträgt dann $\dot{V} = (\psi_2 - \psi_1) \cdot b = (1 - 0) \cdot b = b$, beispielsweise in $[\frac{\text{m}^3}{\text{s}}]$.

Man könnte auf die Idee kommen, den Volumenstrom einer Düse mit kreisförmigem Querschnitt mit Hilfe der beiden Stromlinien ψ_H und ψ_2 zu berechnen. Es wäre falsch, den Wert für $\psi_2 - \psi_H$ mit 2π zu multiplizieren, das ergäbe 2π und der Wert wäre zu hoch. Es wäre ebenso falsch, den Schwerpunkt $S(x_s, y_s)$ einer endlichen Fläche zwischen ψ_2 und ψ_H bestimmen zu wollen und diese mit $2\pi y_s$ zu multiplizieren.

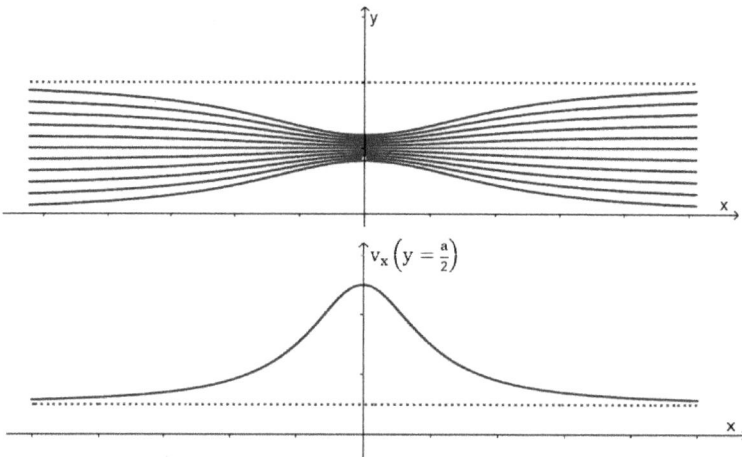

Abb. 5.11: Graphen von (5.8) und (5.9)

Den Volumenstrom oder Durchfluss bestimmt man hingegen mit Hilfe der Kontinuitätsgleichung $A_\infty v_\infty = Av$. Nehmen wir an, die Düse sei durch die oberste und die tiefste Stromlinie begrenzt. In genügend weiter Entfernung können wir die Stromlinie als parallel mit der Geschwindigkeit $v_\infty = 1$ auffassen.

Dann erhält man $v = 25$, $A_\infty = \pi(\frac{1}{2})^2$, $A = \pi(\frac{1}{10})^2$ und für den Durchfluss $\dot{V} = \frac{\pi}{4}$.

5.10 Überlagerung von Zylinderumströmung und Potenzialwirbel

Dies kann man interpretieren als einen sich drehenden, umströmten Zylinder. Folglich herrschen, im Gegensatz zum ruhenden Zylinder, an Unter- und Oberseite verschiedene Strömungsgeschwindigkeiten $v_y - y$ bzw. $v_y + y$. Nach der Bernoulli-Gleichung resultieren daraus auch verschiedene Druckwerte.

Aufgrund dieses Druckunterschieds erfährt der Zylinder eine Auftriebskraft. Anders ausgedrückt: Durch die Überlagerung einer Zylinderumströmung mit einem Potenzialwirbel lässt sich die Auftriebskraft simulieren, die ein rotierender und bewegter Zylinder in einem Medium erfährt. Dieser Effekt wird als Magnus-Effekt bezeichnet und kann in jeder Sportart, in der ein Ball mit Effet behandelt wird, beobachtet werden. Als Beispiel nehmen wir Tennis (Abb. 5.12).

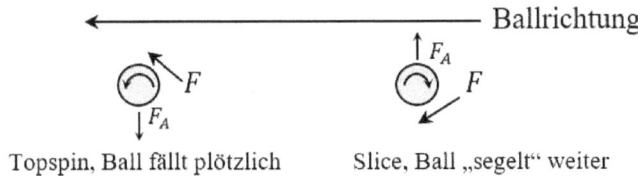

Abb. 5.12: Skizze zum Magnus-Effekt

Potenzial und Stromfunktion

Aus $v_\theta = -\frac{\partial \psi}{\partial r} = \frac{\Gamma}{2\pi r}$ und $v_r = \frac{1}{r} \cdot \frac{\partial \psi}{\partial \theta} = 0$ folgt durch Integration

$$\psi = -\frac{\Gamma}{2\pi} \ln r + c_1(\theta) \quad \text{und} \quad \psi = konst. + c_2(\theta) \,.$$

Die Konstante wählen wir in diesem Fall $\frac{\Gamma}{2\pi}R$. Damit wird nachher für die Kreislinie selber der Wert $\psi_{konst} = 0$. Somit haben wir $\psi(r) = -\frac{\Gamma}{2\pi} \ln(\frac{r}{R})$ für den Potenzialwirbel.

Noch eines gilt es zu beachten: Dreht der Zylinder im Gegenuhrzeigersinn, dann würde der Auftrieb abwärts wirken. Weil dies etwas unnatürlich ist, ändern wir in der Stromfunktion für den Potenzialwirbel das Vorzeichen. Damit dreht der Zylinder im Uhrzeigersinn. Die Zirkulation Γ ist dabei, in Drehrichtung gemessen, weiterhin positiv.

Zusammen mit der Zylinderumströmung resultiert die Stromfunktion

$$\psi(r) = v_\infty \cdot r \sin\theta \cdot \left(1 - \frac{R^2}{r^2}\right) + \frac{\Gamma}{2\pi} \ln\left(\frac{r}{R}\right) \,.$$

Kartesisch geschrieben erhalten wir

$$\psi(x, y) = v_\infty y \cdot \left(1 - \frac{R^2}{x^2 + y^2}\right) + \frac{\Gamma}{2\pi} \ln\left(\frac{\sqrt{x^2 + y^2}}{R}\right).$$

Weiter ist

$$v_r = v_\infty \cdot r \cos\theta \cdot \left(1 - \frac{R^2}{r^2}\right)$$

und

$$v_\theta = -v_\infty \cdot \sin\theta \cdot \left(1 + \frac{R^2}{r^2}\right) - \frac{\Gamma}{2\pi r}.$$

Für die Staupunkte muss $v_r = 0$ und $v_\theta = 0$ sein.

Die erste Gleichung liefert zwei Möglichkeiten: I. $r = R$ und II. $\theta = \pm\frac{\pi}{2}$.

I. $r = R$ (Staupunkt auf dem Zylinderrand). Dazu gehört die Stromlinie $\psi_{konst} = 0$.

Aus $v_\theta = 0$ folgt $2v_\infty \sin\theta = -\frac{\Gamma}{2\pi R}$ oder $\sin\theta = -\frac{\Gamma}{4\pi R v_\infty} < 0$, da $\Gamma > 0$.

Damit liegt θ im 3. oder 4. Quadranten. Die zugehörigen Staupunkte befinden sich also an der Unterseite des Zylinders – ein weiteres Indiz für eine Auftriebskraft. Wir unterscheiden drei Fälle:

$$\text{i)} \quad 0 < \frac{\Gamma}{4\pi R v_\infty} < 1, \quad \text{ii)} \quad \frac{\Gamma}{4\pi R v_\infty} = 1 \quad \text{und} \quad \text{iii)} \quad \Gamma < 0.$$

Im Fall iii) erhält man die Umströmung des nicht rotierenden Zylinders. Zwei unterschiedliche Staupunkte liefert der Fall i), einen einzigen der Fall ii).

Für eine Skizze setzen wir $\psi^*_{konst} = v_\infty \cdot r \sin\theta \cdot (1 - \frac{R^2}{r^2}) + \frac{\Gamma}{2\pi} \ln(\frac{r}{R})$, wählen als Zahlenbeispiel $R = 1$ und lösen nach θ auf:

$$\sin\theta = \frac{\frac{\psi^*_{konst}}{v_\infty} - \frac{\Gamma}{2\pi v_\infty} \ln\left(\frac{r}{R}\right)}{r \cdot \left(1 - \frac{R^2}{r^2}\right)}$$

$$\implies \quad \theta_1 = \arcsin\left[r \cdot \frac{\psi_{konst} - \frac{\Gamma}{2\pi v_\infty} \ln\left(\frac{r}{R}\right)}{r^2 - R^2}\right],$$

$$\theta_2 = \pi - \arcsin\left[r \cdot \frac{\psi_{konst} - \frac{\Gamma}{2\pi v_\infty} \ln\left(\frac{r}{R}\right)}{r^2 - R^2}\right].$$

Für den Fall i) wählen wir $\frac{\Gamma}{2\pi v_\infty}$ zu 1. Im Fall ii) beträgt $\frac{\Gamma}{2\pi v_\infty}$ somit 2.

Der „umgekehrten" Polarform lässt sich mit einer Parametrisierung beikommen:

$$x(r) = r \cos\theta, \quad y(r) = r \sin\theta \quad \text{mit} \quad 0 \leq \theta \leq 2\pi.$$

Schließlich gilt es noch zu beachten, dass $\text{sign}(\cos\theta_1) \cdot \text{sign}(\cos\theta_2) = -1$ gilt, so dass $x(r) = \pm r \cos\theta$ gesetzt werden muss.

Somit skizzieren wir, unter Benutzung von $\cos(\arcsin x) = \sqrt{1 - x^2}$ (Abb. 5.13 oben)

$$x(r) = \pm r \sqrt{1 - \left(r \cdot \frac{\psi_{konst} - \ln r}{r^2 - 1}\right)^2}, \quad y(r) = r^2 \left(\frac{\psi_{konst} - \ln r}{r^2 - 1}\right) \qquad (5.10)$$

$$\text{mit} \quad \psi_{konst} = \pm 1, \pm 0{,}75, \pm 0{,}5, \pm 0{,}25, 0$$

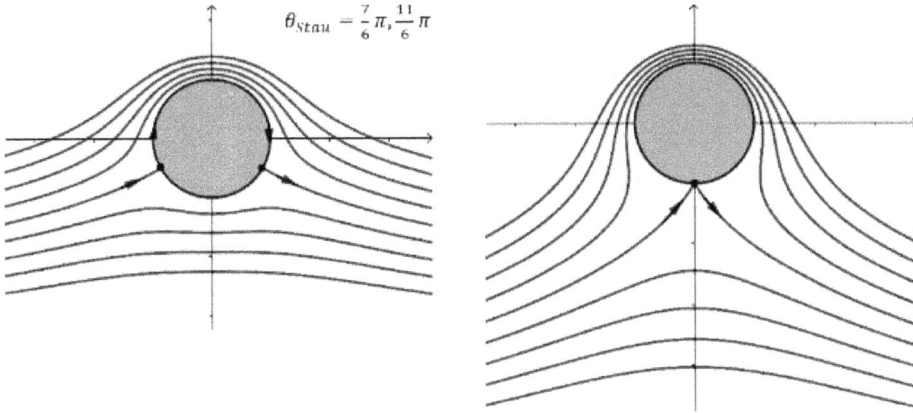

Abb. 5.13: Graphen von (5.10) und (5.11)

und (Abb. 5.13 unten)

$$x(r) = \pm r\sqrt{1 - \left(r \cdot \frac{\psi_{\text{konst}} - 2\ln r}{r^2 - 1}\right)^2}, \quad y(r) = r^2\left(\frac{\psi_{\text{konst}} - 2\ln r}{r^2 - 1}\right) \tag{5.11}$$

mit $\psi_{\text{konst}} \pm 1, \pm 0{,}75, \pm 0{,}5, \pm 0{,}25, 0$.

II. $\theta = \pm\frac{\pi}{2}$. Es folgt

$$\pm v_\infty\left(1 + \frac{R^2}{r^2}\right) = \frac{\Gamma}{2\pi r} \quad \Longrightarrow \quad \pm(r^2 + R^2) = \frac{\Gamma r}{2\pi v_\infty}$$

$$\Longrightarrow \quad r^2 - \frac{\Gamma}{2\pi v_\infty}r + R^2 = 0 \quad \Longrightarrow \quad r_{1,2} = -\frac{\Gamma}{4\pi v_\infty} \pm \sqrt{\left(\frac{\Gamma}{4\pi v_\infty}\right)^2 - R^2}\,.$$

Die Bedingung für die Existenz der Lösungen ist in diesem Fall $\frac{\Gamma}{4\pi v_\infty} \geq 1$.
Falls $\frac{\Gamma}{4\pi v_\infty} = 1$, dann ist $r_1 = r_2 = R$ und das entspricht dem Fall ii).
Für $\frac{\Gamma}{4\pi v_\infty} > 1$ verlassen die Staupunkte den Rand des Zylinders! Es gibt dann einen Staupunkt außerhalb und einen innerhalb des Zylinders. Den zugehörigen ψ-Wert erhält man durch Einsetzen von $r_{1,2}$ und $\theta_{1,2}$ in die Stromfunktion. Als Beispiel sei $R = 1$ und $\frac{\Gamma}{2\pi v_\infty} = 3 \Longrightarrow r_{1,2} = -1{,}5 \pm \sqrt{1{,}25}$. Der ψ-Wert für den unteren Staupunkt lautet

$$\psi_{\text{konst}} = (-1{,}5 - \sqrt{1{,}25}) \cdot \left(1 - \frac{1}{(-1{,}5 - \sqrt{1{,}25})^2}\right) + 3\ln|-1{,}5 - \sqrt{1{,}25}| \approx 0{,}65\,.$$

Wir skizzieren (Abb. 5.14)

$$x(r) = r\sqrt{1 - \left(r \cdot \frac{\psi_{\text{konst}} - 3\ln r}{r^2 - 1}\right)^2}, \quad y(r) = r^2\left(\frac{\psi_{\text{konst}} - 3\ln r}{r^2 - 1}\right) \tag{5.12}$$

mit $\psi_{\text{konst}} = 0, 0{,}3, 0{,}65, 0{,}8, 1$.

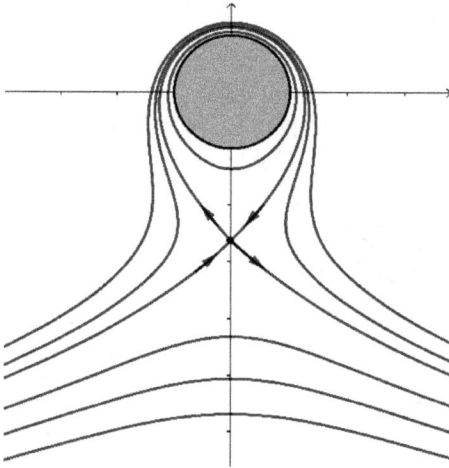

Abb. 5.14: Graphen von (5.12)

Druckverteilung

Auf dem Rand des Kreises gilt mit $r = R$:

$$v^2 = v_r^2 + v_\theta^2 = v_\theta^2 = \left(2v_\infty \sin\theta + \frac{\Gamma}{2\pi r}\right)^2 = 4v_\infty^2 \sin^2\theta + 2v_\infty \sin\theta \cdot \frac{\Gamma}{\pi r} + \left(\frac{\Gamma}{2\pi r}\right)^2 .$$

Weiter ist

$$\frac{v^2}{v_\infty^2} = 4\sin^2\theta + 8\sin\theta \cdot \frac{\Gamma}{4\pi R v_\infty} + 64 \cdot \left(\frac{\Gamma}{4\pi R v_\infty}\right)^2$$

und es folgt

$$c_p = 1 - \left(\frac{v}{v_\infty}\right)^2 = 1 - \left[4\sin^2\theta + 8\sin\theta \cdot \frac{\Gamma}{4\pi R v_\infty} + 4 \cdot \left(\frac{\Gamma}{4\pi R v_\infty}\right)^2\right]. \qquad (5.13)$$

Man erkennt die Korrekturterme gegenüber $\Gamma = 0$.

Wir skizzieren (5.13) für die drei Fälle $\frac{\Gamma}{4\pi R v_\infty} = 0,5$ (Abb. 5.15 links), $\frac{\Gamma}{4\pi R v_\infty} = 1$ (Abb. 5.15 mitte) und $\frac{\Gamma}{4\pi R v_\infty} = 1,5$ (Abb. 5.15 rechts).

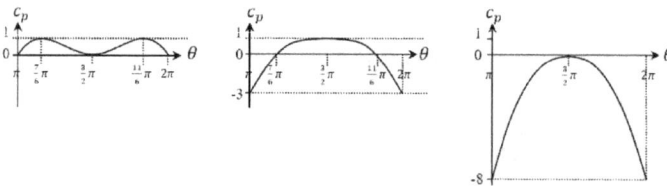

Abb. 5.15: Graphen von (5.13)

Wirkende Kräfte

Zuletzt berechnen wir noch die auf den Zylinder wirkenden Kräfte in x- und y-Richtung (Abb. 5.16).

Der senkrecht auf dA wirkende Druck ist letztlich nur von θ abhängig. Es gilt $dF = p \cdot dA$ und $dA = l \cdot R \cdot d\theta$. Für die Einzelkräfte ist dann $dF_x = p \cdot l \cdot R \cdot \cos\theta \cdot d\theta$ und $dF_y = -p \cdot l \cdot R \cdot \sin\theta \cdot d\theta$.

Mit $p = p_\infty + \frac{1}{2}\rho(v_\infty^2 - v^2)$ folgt

1.
$$F_x = Rl \int_0^{2\pi} \left[p_\infty \cos\theta + \frac{1}{2}\rho\left(v_\infty^2 - v^2\right)\cos\theta \right] d\theta .$$

Das erste Teilintegral ist für beide Null.

$$F_x = \frac{1}{2}\rho Rl \int_0^{2\pi} \left(v_\infty^2 - v^2\right)\cos\theta\, d\theta , \quad F_x = \frac{1}{2}\rho Rl v_\infty^2 \int_0^{2\pi} c_p \cos\theta\, d\theta \quad \text{und} \quad F_x = 0 .$$

Der Kosinus löscht alle Teilintegrale aus.

Die Kraft in x-Richtung ist somit Null, egal ob der Zylinder rotiert oder nicht (D'Alembert'sches Paradoxon).

Sobald die Reibung wieder berücksichtigt wird, ist dann $F_x \neq 0$.

2.
$$F_y = -Rl \int_0^{2\pi} \left[p_\infty \sin\theta + \frac{1}{2}\rho\left(v_\infty^2 - v^2\right)\sin\theta \right] d\theta .$$

Man erhält in diesem Fall

$$F_y = -\frac{1}{2}\rho Rl \int_0^{2\pi} \left(v_\infty^2 - v^2\right)\sin\theta\, d\theta ,$$

$$F_y = -\frac{1}{2}\rho Rl v_\infty^2 \int_0^{2\pi} c_p \sin\theta\, d\theta \quad \text{und}$$

$$F_y = -\frac{1}{2}\rho Rl v_\infty^2 \int_0^{2\pi} \left(1 - \left[4\sin^2\theta + 8\sin\theta \cdot \frac{\Gamma}{4\pi R v_\infty} + 4 \cdot \left(\frac{\Gamma}{4\pi R v_\infty}\right)^2 \right]\right)\sin\theta\, d\theta .$$

Einzig die gerade Potenz $\sin^2\theta$ liefert einen von Null verschiedenen Beitrag π. Es gilt

$$F_y = \frac{1}{2}\rho Rl v_\infty^2 \cdot 8\pi \cdot \frac{\Gamma}{4\pi R v_\infty} .$$

Der maximale Auftrieb wird für $\frac{\Gamma}{4\pi R v_\infty} = 1$ erreicht und beträgt $F_{y,max} = \frac{1}{2}\rho Rl v_\infty^2 \cdot 8\pi$.

Die tatsächlich angeströmte Fläche ist die Querschnittsfläche

$$A = 2R \cdot l \quad \Longrightarrow \quad F_{y,\max} = 4\pi \cdot \frac{1}{2}\rho A v_\infty^2 \;.$$

Damit steht 4π als maximaler Auftriebswert c_A fest. Dieser Wert ist um ein Vielfaches zu hoch. Grund dafür ist wiederum die vernachlässigte Reibung.

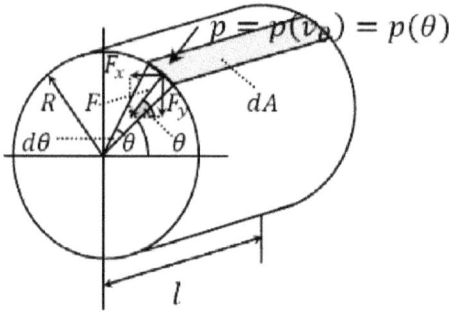

Abb. 5.16: Kräfte auf den sich drehenden, umströmten Zylinder

6 Keil- und Eckströmungen

Eine weitere Familie von Strömungen finden wir bei der Untersuchung der Laplace-Gleichung in Polarkoordinaten. Diese wurde schon weiter oben hergeleitet:

$$\Delta\phi = \frac{\partial^2\phi}{\partial r^2} + \frac{1}{r}\cdot\frac{\partial\phi}{\partial r} + \frac{1}{r^2}\cdot\frac{\partial^2\phi}{\partial\theta^2}\,.$$

Eine offensichtliche Lösung ist $\phi(r,\theta) = v_\infty\cdot r\sin\theta$, was nichts anderes als die Translationsströmung $\phi(x,y) = v_\infty\cdot x$ in kartesischen Koordinaten darstellt. In diese Richtung weitergedacht, springt auch die Lösungsschar $\phi(r,\theta) = v_\infty\cdot r^n\cos(n\theta)$ ins Auge. Weiter gilt

$$v_r = \frac{1}{r}\cdot\frac{\partial\psi}{\partial\theta} = \frac{\partial\phi}{\partial r} = v_\infty\cdot nr^{n-1}\cos(n\theta) \quad \text{und}$$

$$v_\theta = -\frac{\partial\psi}{\partial r} = \frac{1}{r}\cdot\frac{\partial\phi}{\partial\theta} = -v_\infty\cdot nr^{n-1}\sin(n\theta)\,.$$

Potenzial und Stromfunktion

Durch Integration von $v_r = \frac{1}{r}\cdot\frac{\partial\psi}{\partial\theta}$ resp. $v_\theta = -\frac{\partial\psi}{\partial r}$ folgt

$$\psi = v_\infty\cdot r^n\sin(n\theta) + C_1(r) \quad \text{resp.} \quad \psi = v_\infty\cdot r^n\sin(n\theta) + C_2(\theta)$$

$$\implies \psi(r,\theta) = v_\infty\cdot r^n\sin(n\theta)\,.$$

Kontrolle: $\Delta\psi = 0$ und $\operatorname{grad}\phi_p \circ \operatorname{grad}\psi_p = 0$.

Um zu zeigen, dass es sich um Eckströmungen handelt, setzen wir $\psi = \psi_{\text{konst}}$ und erhalten

$$r = \frac{\psi^*_{\text{konst}}}{\sqrt[n]{\sin(n\theta)}}\,.$$

Damit $\sin(n\theta) > 0$, muss $0 < \theta < \frac{\pi}{n}$ sein. Die Werte von r sinken dann von $r = \infty$ bis zum Minimum $r = \psi^*_{\text{konst}}$ für $\theta = \frac{\pi}{2n}$ ab und steigen wieder bis $r = \infty$ an.

Offenbar sind das Keil- oder Eckströmungen mit einem Öffnungswinkel von $\alpha = \frac{\pi}{n}$.

Druckverteilung

$$v^2 = v_r^2 + v_\theta^2 = v_\infty^2\cdot n^2\cdot r^{2n-2} \quad \text{und} \quad c_p = 1 - \left(\frac{v}{v_\infty}\right)^2 = 1 - n^2\cdot r^{2n-2}\,.$$

In Tab. 6.1 sind die vier Stromlinien mit $\psi_{\text{konst}} = 1, 2, 3, 4$ dargestellt. Zudem wird $v_\infty = 1$ gesetzt.

Fazit. Die Stromlinien von $\psi(r,\theta) = v_\infty\cdot r^n\sin(n\theta)$ beschreiben allesamt Keil- und Eckströmungen.

Einziger Staupunkt ist jeweils (außer für $n = 1$) der Eckpunkt.

https://doi.org/10.1515/9783110684520-006

Tab. 6.1: Übersicht zu den Keilströmungen

n	Winkel α	Stromfunktion	Stromlinien ($v_\infty = 1$)	Druckbeiwert c_p
4	$\frac{\pi}{4}$	$\psi(r,\theta) = v_\infty \cdot r^4 \sin(4\theta)$ $\psi(x,y) = 4v_\infty xy(x^2 - y^2)$	 $\psi = 1,2,3,4$	 $c_p = 1 - 16\,r^2$
2	$\frac{\pi}{2}$	$\psi(r,\theta) = v_\infty \cdot r^2 \sin(2\theta)$ $\psi(x,y) = 2v_\infty xy$	 $\psi = 1,2,3,4$	 $c_p = 1 - 4r^2$
$\frac{3}{2}$	$\frac{2}{3}\pi$	$\psi(r,\theta) = v_\infty \cdot r^{\frac{3}{2}} \sin\left(\frac{3}{2}\theta\right)$ $\psi(x,y) = 2^{-\frac{1}{2}} v_\infty (x^2 + y^2)^{-\frac{5}{12}}$ $\cdot \left[y\sqrt{\sqrt{x^2+y^2}+y} \right.$ $\left. + x\sqrt{\sqrt{x^2+y^2}-y} \right]$	 $\psi = 1,2,3,4,5$	 $c_p = 1 - \frac{16}{9}r^{\frac{2}{3}}$
1	π	$\psi(r,\theta) = v_\infty \cdot r \sin(\theta)$ $\psi(x,y) = v_\infty y$	 $\psi = 1,2,3,4$	 $c_p = 1$
$\frac{3}{4}$	$\frac{4}{3}\pi$	$\psi(r,\theta) = v_\infty \cdot r^{\frac{3}{4}} \sin\left(\frac{3}{4}\theta\right)$ $\psi(x,y) = 2^{-\frac{1}{8}} v_\infty \left[\sqrt{\sqrt{x^2+y^2}-x} \right.$ $\left. \cdot \sqrt{\sqrt{2}\sqrt{x^2+y^2}+\sqrt{x^2+y^2}+x} \right]$ $+ 2^{-\frac{1}{8}} v_\infty \left[\sqrt{\sqrt{x^2+y^2}+x} \right.$ $\left. \cdot \sqrt{\sqrt{2}\sqrt{x^2+y^2}-\sqrt{x^2+y^2}+x} \right]$	 $\psi = 0.1,0.2,0.3,0.4$	 $c_p = 1 - \frac{4}{9}r^{\frac{2}{3}}$
$\frac{1}{2}$	2π	$\psi(r,\theta) = v_\infty \cdot r^{\frac{1}{2}} \sin\left(\frac{1}{2}\theta\right)$ $\psi(x,y) = 2^{-\frac{1}{2}} v_\infty \cdot \sqrt{\sqrt{x^2+y^2}-x}$	 $\psi = 0.1,0.2,0.3,0.4$	 $c_p = 1 - \frac{1}{4r}$

Beispiel 1. Es soll die Umströmung eines spitzen Keils mit dem Öffnungswinkel $\beta = \frac{\pi}{8}$ und einer von rechts nach links führenden Strömung mit $v_\infty = 1$ simuliert werden.
a) Wie lauten Potenzial und Stromfunktion?
b) In welcher Entfernung zum Staupunkt auf dem Umriss des Keils beträgt der Druckbeiwert $c_p = -0{,}5$?

Lösung. a) Der im Gegenuhrzeigersinn gemessene Winkel beträgt dann $\alpha = \pi - \frac{\pi}{16} = \frac{15}{16}\pi$. Somit ist $n = \frac{16}{15}$ und Potenzial und Stromfunktion lauten

$$\phi(r, \theta) = r^{\frac{16}{15}} \cos\left(\frac{16}{15}\theta\right) \quad \text{bzw.} \quad \psi(r, \theta) = r^{\frac{16}{15}} \sin\left(\frac{16}{15}\theta\right).$$

b) Aus $c_p = 1 - (\frac{16}{15})^2 \cdot r^{2 \cdot (\frac{16}{15}) - 2} = -0,5$ folgt die Entfernung zu $r = 7,95$ m. □

Beispiel 2. Spiegelt man die Strömung im Fall $n = 2$ an der y-Achse so erhält man den Verlauf einer senkrecht angeströmten Wand, auch Staupunktströmung genannt. In der unmittelbaren Nähe des Staupunkts eines beliebig geformten Körpers verhält sich die Strömung wie eine Staupunktströmung. Da die Stromlinien Hyperbeln sind, lautet die Stromfunktion einfach $\psi(x, y) = axy$ und das Potenzial folgt über Integration. Wir machen uns die Mühe und formen als Übung $\phi(r, \theta) = a \cdot r^n \cos(n\theta)$ für $n = 2$ in kartesische Koordinaten um:

Es gilt $r^2 = x^2 + y^2$ und

$$\cos(2\theta) = \cos\left(2\arctan\left(\frac{y}{x}\right)\right) = \left(\frac{1}{\sqrt{1 + (\frac{y}{x})^2}}\right)^2 - \left(\frac{\frac{y}{x}}{\sqrt{1 + (\frac{y}{x})^2}}\right)^2$$

$$= \frac{1}{1 + (\frac{y}{x})^2} - \frac{(\frac{y}{x})^2}{1 + (\frac{y}{x})^2} = \frac{x^2 - y^2}{x^2 + y^2}.$$

Zusammen also $\phi(x, y) = a(x^2 - y^2)$.

Für die Staupunktströmung nimmt man aber $\phi(x, y) = \frac{1}{2}a(x^2 - y^2)$, was ebenfalls die Laplace-Gleichung erfüllt. In Abb. 6.1 sind einige Stromfunktionen dargestellt.

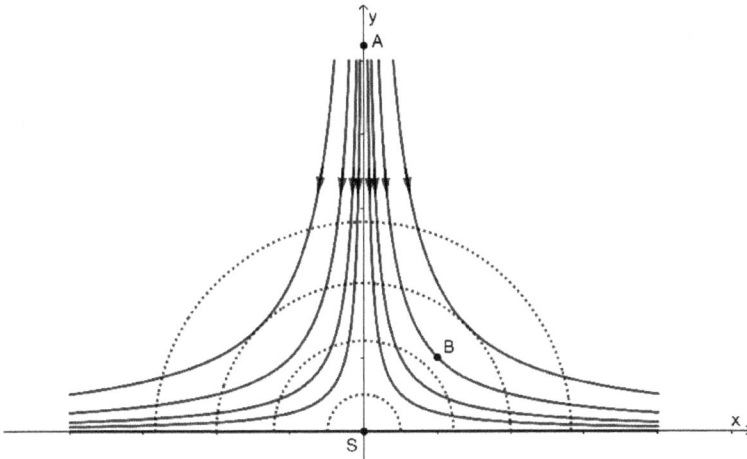

Abb. 6.1: Graphen einiger Stromfunktionen der ebenen Staupunktströmung

Die Geschwindigkeiten ergeben sich zu $v_x = ax$ und $v_y = ay$.

Wir wenden die Bernoulli-Gleichung auf die senkrechte Stromlinie ψ_a an und vergleichen einen genügend weit vom Staupunkt S entfernten beliebigen Punkt $A(0, y)$ mit S. Es gilt $p_A + \frac{1}{2}\rho a^2 = p_{\text{Stau}}$. Nun betrachten wir einen beliebigen Punkt $B(x, y)$ auf einer anderen Stromlinie ψ_b. Da A weit von S entfernt liegt, können wir mit einem kleinen Fehler A auf ψ_b setzen und

$$p_A + \frac{1}{2}\rho a^2 = p_B + \frac{1}{2}\rho v^2 \quad \text{oder} \quad p_{\text{Stau}} = p_B + \frac{1}{2}\rho a^2(x^2 + y^2)$$

schreiben.

Damit lässt sich der Druck in einem beliebigen Punkt der Strömung über $p = p_{\text{Stau}} - \frac{1}{2}\rho a^2(x^2 + y^2)$ bestimmen. Interessant sind noch die Isobaren ($p = konst.$).

Man erhält konzentrische Kreise um S mit dem Radius

$$R = \frac{1}{a}\sqrt{\frac{2(p_{\text{Stau}} - p_{\text{konst}})}{\rho}}.$$

Keil- bzw. Eckströmungen, die Umströmung des Zylinders oder die des Rankine-Körpers sind nur einseitig begrenzt. Wählt man als weitere Begrenzung eine Stromlinie, dann bleibt der Strömungsverlauf natürlich bestehen. Problematisch wird es, wenn man das Gebiet innerhalb dessen die Strömung verlaufen soll, vorgibt. Dies könnte beispielsweise ein rechtwinklig abzweigendes Rohr sein. Man kann nun nicht etwa die Stromfunktion für die beiden Ablenkungen um $\frac{\pi}{2}$ und $\frac{3}{2}\pi$ zusammensetzen. Solchen Fragestellungen kann man nur mit numerischen Methoden wie der Finite-Elemente-Methode (FEM) beikommen. Programme wie beispielsweise „Maple" erlauben es bei gegebenen Randbedingungen, ein Geschwindigkeitsfeld der Strömung zu erstellen. Der Umgang mit solchen Programmen ist nicht Teil dieser Reihe. Zumindest überlegen wir kurz, wie die Randbedingungen für das Potenzial $\phi(x, y)$ der gesuchten Strömung aussähen.

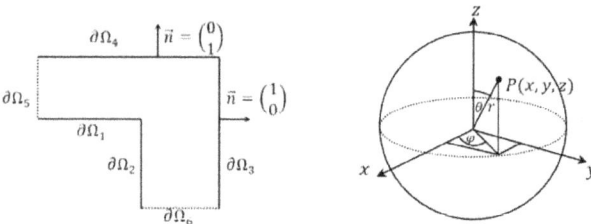

Abb. 6.2: Skizzen zu den Randbedingungen einer Strömung und zu den Kugelkoordinaten

Das Rohr bestehe aus vier geschlossenen und zwei offenen Rändern (Abb. 6.2 links). Das Fluid muss an den geschlossenen Rändern entlangfließen, d. h., es gilt $\vec{v} \circ \vec{n} = 0$ oder $\operatorname{grad}\phi \circ \vec{n} = 0$. An den Rändern $\partial\Omega_1$, $\partial\Omega_4$ ist $\binom{v_x}{v_y} \circ \binom{0}{1} = 0$, also $v_y = 0$.

An den Rändern $\partial\Omega_2$, $\partial\Omega_3$ ist $\begin{pmatrix} v_x \\ v_y \end{pmatrix} \circ \begin{pmatrix} 1 \\ 0 \end{pmatrix} = 0$, also $v_x = 0$.

Für die offenen Ränder muss man die Eingangs- bzw. Ausgangsgeschwindigkeit kennen.

Beispielsweise sei $\vec{v} = \begin{pmatrix} 2 \\ 0 \end{pmatrix}$ für $\partial\Omega_5$ und $\vec{v} = \begin{pmatrix} 0 \\ -2 \end{pmatrix}$ für $\partial\Omega_6$ (Reibung vernachlässigt).

Dann ist offensichtlich $2 = \mathrm{grad}(2x)$ für $\partial\Omega_5$ und $-2 = \mathrm{grad}(-2y)$ für $\partial\Omega_6$.

Die Randbedingungen für $\partial\Omega_5$ und für $\partial\Omega_6$ lauten somit $\phi(x, y) = 2x$ bzw. $\phi(x, y) = -2y$.

Aufgabe
Bearbeiten Sie die Übung 12.

---

7 Räumliche Potenzialströmungen

Zur Beschreibung (drehsymmetrischer) räumlicher Potenzialströmungen benötigen wir den Laplace-Operator in Kugelkoordinaten (Abb. 6.2 rechts).

Es gilt

$$x = r \sin \theta \cos \varphi \,, \quad r = \sqrt{x^2 + y^2 + z^2} \,, \quad y = r \sin \theta \sin \varphi \,, \quad \varphi = \arctan\left(\frac{y}{x}\right) \,,$$

$$z = r \cos \theta \,, \quad \theta = \arccos\left(\frac{z}{\sqrt{x^2 + y^2 + z^2}}\right) \quad \text{und}$$

$$\operatorname{grad} \phi = \begin{pmatrix} v_x \\ v_y \\ v_z \end{pmatrix} = \begin{pmatrix} \frac{\partial \phi}{\partial x} \\ \frac{\partial \phi}{\partial y} \\ \frac{\partial \phi}{\partial z} \end{pmatrix} \,.$$

Wir berechnen nacheinander

$$\frac{\partial \phi}{\partial x} = \frac{\partial \phi}{\partial r} \cdot \frac{\partial r}{\partial x} + \frac{\partial \phi}{\partial \varphi} \cdot \frac{\partial \varphi}{\partial x} + \frac{\partial \phi}{\partial \theta} \cdot \frac{\partial \theta}{\partial x}$$

$$= \frac{\partial \phi}{\partial r} \cdot \sin \theta \cos \varphi + \frac{\partial \phi}{\partial \varphi} \cdot \left(-\frac{\sin \varphi}{r \sin \theta}\right) + \frac{\partial \phi}{\partial \theta} \cdot \frac{\cos \theta \cos \varphi}{r} \,,$$

$$\frac{\partial \phi}{\partial y} = \frac{\partial \phi}{\partial r} \cdot \frac{\partial r}{\partial y} + \frac{\partial \phi}{\partial \varphi} \cdot \frac{\partial \varphi}{\partial y} + \frac{\partial \phi}{\partial \theta} \cdot \frac{\partial \theta}{\partial y}$$

$$= \frac{\partial \phi}{\partial r} \cdot \sin \theta \sin \varphi + \frac{\partial \phi}{\partial \varphi} \cdot \frac{\cos \varphi}{r \sin \theta} + \frac{\partial \phi}{\partial \theta} \cdot \frac{\cos \theta \sin \varphi}{r} \,,$$

$$\frac{\partial \phi}{\partial z} = \frac{\partial \phi}{\partial r} \cdot \frac{\partial r}{\partial z} + \frac{\partial \phi}{\partial \varphi} \cdot \frac{\partial \varphi}{\partial z} + \frac{\partial \phi}{\partial \theta} \cdot \frac{\partial \theta}{\partial z} = \frac{\partial \phi}{\partial r} \cdot \cos \theta + \frac{\partial \phi}{\partial \varphi} \cdot 0 + \frac{\partial \phi}{\partial \theta} \cdot \left(-\frac{\sin \theta}{r}\right)$$

und

$$\frac{\partial^2 \phi}{\partial x^2} = \left(\sin \theta \cos \varphi \cdot \frac{\partial}{\partial r} - \frac{\sin \varphi}{r \sin \theta} \cdot \frac{\partial}{\partial \varphi} + \frac{\cos \theta \cos \varphi}{r} \cdot \frac{\partial}{\partial \theta}\right)$$

$$\cdot \left(\sin \theta \cos \varphi \cdot \frac{\partial \phi}{\partial r} - \frac{\sin \varphi}{r \sin \theta} \cdot \frac{\partial \phi}{\partial \varphi} + \frac{\cos \theta \cos \varphi}{r} \cdot \frac{\partial \phi}{\partial \theta}\right)$$

$$= \sin \theta \cos \varphi \cdot \frac{\partial}{\partial r}\left(\sin \theta \cos \varphi \cdot \frac{\partial \phi}{\partial r} - \frac{\sin \varphi}{r \sin \theta} \cdot \frac{\partial \phi}{\partial \varphi} + \frac{\cos \theta \cos \varphi}{r} \cdot \frac{\partial \phi}{\partial \theta}\right)$$

$$- \frac{\sin \varphi}{r \sin \theta} \cdot \frac{\partial}{\partial \varphi}\left(\sin \theta \cos \varphi \cdot \frac{\partial \phi}{\partial r} - \frac{\sin \varphi}{r \sin \theta} \cdot \frac{\partial \phi}{\partial \varphi} + \frac{\cos \theta \cos \varphi}{r} \cdot \frac{\partial \phi}{\partial \theta}\right)$$

$$+ \frac{\cos \theta \cos \varphi}{r} \cdot \frac{\partial}{\partial \theta}\left(\sin \theta \cos \varphi \cdot \frac{\partial \phi}{\partial r} - \frac{\sin \varphi}{r \sin \theta} \cdot \frac{\partial \phi}{\partial \varphi} + \frac{\cos \theta \cos \varphi}{r} \cdot \frac{\partial \phi}{\partial \theta}\right)$$

https://doi.org/10.1515/9783110684520-007

$$
= \sin^2\theta\cos^2\varphi\cdot\frac{\partial^2\phi}{\partial r^2} + \frac{\sin^2\varphi}{r^2\sin^2\theta}\cdot\frac{\partial^2\phi}{\partial\varphi^2} + \frac{\cos^2\theta\cos^2\varphi}{r^2}\cdot\frac{\partial^2\phi}{\partial\theta^2}
$$

$$
+\left(\frac{\cos^2\theta\cos^2\varphi}{r} + \frac{\sin^2\varphi}{r}\right)\cdot\frac{\partial\phi}{\partial r}
$$

$$
+\left(\frac{\sin\varphi\cos\varphi}{r^2} + \frac{\cos^2\theta\sin\varphi\cos\varphi}{r^2\sin^2\theta} + \frac{\sin\varphi\cos\varphi}{r^2\sin^2\theta}\right)\cdot\frac{\partial\phi}{\partial\varphi}
$$

$$
+\left(\frac{\cos\theta\sin^2\varphi}{r^2\sin\theta} - \frac{2\sin\theta\cos\theta\cos^2\varphi}{r^2}\right)\cdot\frac{\partial\phi}{\partial\theta}
$$

$$
+\frac{2\sin\theta\cos\theta\cos^2\varphi}{r}\cdot\frac{\partial^2\phi}{\partial r\partial\theta} - \frac{2\sin\varphi\cos\varphi}{r}\cdot\frac{\partial^2\phi}{\partial r\partial\varphi} - \frac{2\cos\theta\sin\varphi\cos\varphi}{r^2\sin\theta}\cdot\frac{\partial^2\phi}{\partial\varphi\partial\theta},
$$

$$
\frac{\partial^2\phi}{\partial y^2} = \left(\sin\theta\sin\varphi\cdot\frac{\partial}{\partial r} - \frac{\cos\varphi}{r\sin\theta}\cdot\frac{\partial}{\partial\varphi} + \frac{\cos\theta\sin\varphi}{r}\cdot\frac{\partial}{\partial\theta}\right)
$$

$$
\cdot\left(\sin\theta\sin\varphi\cdot\frac{\partial\phi}{\partial r} - \frac{\cos\varphi}{r\sin\theta}\cdot\frac{\partial\phi}{\partial\varphi} + \frac{\cos\theta\sin\varphi}{r}\cdot\frac{\partial\phi}{\partial\theta}\right)
$$

$$
= \sin\theta\sin\varphi\cdot\frac{\partial}{\partial r}\left(\sin\theta\sin\varphi\cdot\frac{\partial\phi}{\partial r} - \frac{\cos\varphi}{r\sin\theta}\cdot\frac{\partial\phi}{\partial\varphi} + \frac{\cos\theta\sin\varphi}{r}\cdot\frac{\partial\phi}{\partial\theta}\right)
$$

$$
- \frac{\cos\varphi}{r\sin\theta}\cdot\frac{\partial}{\partial\varphi}\left(\sin\theta\sin\varphi\cdot\frac{\partial\phi}{\partial r} - \frac{\cos\varphi}{r\sin\theta}\cdot\frac{\partial\phi}{\partial\varphi} + \frac{\cos\theta\sin\varphi}{r}\cdot\frac{\partial\phi}{\partial\theta}\right)
$$

$$
+ \frac{\cos\theta\sin\varphi}{r}\cdot\frac{\partial}{\partial\theta}\left(\sin\theta\sin\varphi\cdot\frac{\partial\phi}{\partial r} - \frac{\cos\varphi}{r\sin\theta}\cdot\frac{\partial\phi}{\partial\varphi} + \frac{\cos\theta\sin\varphi}{r}\cdot\frac{\partial\phi}{\partial\theta}\right)
$$

$$
= \sin^2\theta\sin^2\varphi\cdot\frac{\partial^2\phi}{\partial r^2} + \frac{\cos^2\varphi}{r^2\sin^2\theta}\cdot\frac{\partial^2\phi}{\partial\varphi^2} + \frac{\cos^2\theta\sin^2\varphi}{r^2}\cdot\frac{\partial^2\phi}{\partial\theta^2}
$$

$$
+\left(\frac{\cos^2\theta\sin^2\varphi}{r} + \frac{\cos^2\varphi}{r}\right)\cdot\frac{\partial\phi}{\partial r}
$$

$$
+\left(\frac{\sin\varphi\cos\varphi}{r^2} + \frac{\cos^2\theta\sin\varphi\cos\varphi}{r^2\sin^2\theta} + \frac{\sin\varphi\cos\varphi}{r^2\sin^2\theta}\right)\cdot\frac{\partial\phi}{\partial\varphi}
$$

$$
+\left(\frac{\cos\theta\cos^2\varphi}{r^2\sin\theta} - \frac{2\sin\theta\cos\theta\sin^2\varphi}{r^2}\right)\cdot\frac{\partial\phi}{\partial\theta}
$$

$$
+\frac{2\sin\theta\cos\theta\sin^2\varphi}{r}\cdot\frac{\partial^2\phi}{\partial r\partial\theta} + \frac{2\sin\varphi\cos\varphi}{r}\cdot\frac{\partial^2\phi}{\partial r\partial\varphi} + \frac{2\cos\theta\sin\varphi\cos\varphi}{r^2\sin\theta}\cdot\frac{\partial^2\phi}{\partial\varphi\partial\theta}
$$

und

$$
\frac{\partial^2\phi}{\partial z^2} = \left(\cos\theta\cdot\frac{\partial}{\partial r} - \frac{\sin\theta}{r}\cdot\frac{\partial}{\partial\theta}\right)\left(\cos\theta\cdot\frac{\partial\phi}{\partial r} - \frac{\sin\theta}{r}\cdot\frac{\partial\phi}{\partial\theta}\right)
$$

$$
= \cos\theta\cdot\frac{\partial}{\partial r}\left(\cos\theta\cdot\frac{\partial\phi}{\partial r} - \frac{\sin\theta}{r}\cdot\frac{\partial\phi}{\partial\theta}\right) - \frac{\sin\theta}{r}\cdot\frac{\partial}{\partial\theta}\left(\cos\theta\cdot\frac{\partial\phi}{\partial r} - \frac{\sin\theta}{r}\cdot\frac{\partial\phi}{\partial\theta}\right)
$$

$$
= \cos^2\theta\cdot\frac{\partial^2\phi}{\partial r^2} + \frac{\sin^2\theta}{r^2}\cdot\frac{\partial^2\phi}{\partial\theta^2} + \frac{\sin^2\theta}{r}\cdot\frac{\partial\phi}{\partial r} + \frac{2\sin\theta\cos\theta}{r^2}\cdot\frac{\partial\phi}{\partial\theta}
$$

$$
-\frac{2\sin\theta\cos\theta}{r}\cdot\frac{\partial^2\phi}{\partial r\partial\theta}.
$$

Zusammen folgt

$$\Delta\phi = \frac{\partial^2\phi}{\partial r^2} + \frac{2}{r} \cdot \frac{\partial\phi}{\partial r} + \frac{1}{r^2 \sin^2\theta} \cdot \frac{\partial^2\phi}{\partial\varphi^2} + \frac{1}{r^2} \cdot \frac{\partial^2\phi}{\partial\theta^2} + \frac{\cos\theta}{r^2 \sin\theta} \cdot \frac{\partial\phi}{\partial\theta}$$

oder

$$\Delta\phi = \frac{1}{r^2} \cdot \frac{\partial}{\partial r}\left(r^2 \cdot \frac{\partial\phi}{\partial r}\right) + \frac{1}{r^2 \sin^2\theta} \cdot \frac{\partial^2\phi}{\partial\varphi^2} + \frac{1}{r^2 \sin\theta} \cdot \frac{\partial}{\partial\theta}\left(\sin\theta \cdot \frac{\partial\phi}{\partial\theta}\right).$$

Für ein rotationssymmetrisches Strömungspotenzial legt man sinnvollerweise die Strömungsachse in Richtung der z-Achse. Dann ist $v_\varphi = 0$ und $\frac{\partial\phi}{\partial\varphi} = 0$.

Somit reduziert sich der Laplace-Operator zu

$$\Delta\phi = \frac{1}{r^2} \cdot \frac{\partial}{\partial r}\left(r^2 \cdot \frac{\partial\phi}{\partial r}\right) + \frac{1}{r^2 \sin\theta} \cdot \frac{\partial}{\partial\theta}\left(\sin\theta \cdot \frac{\partial\phi}{\partial\theta}\right).$$

Räumliche Potenzialströmungen müssen somit die Laplace-Gleichung

$$\frac{1}{r^2} \cdot \frac{\partial}{\partial r}\left(r^2 \cdot \frac{\partial\phi}{\partial r}\right) + \frac{1}{r^2 \sin\theta} \cdot \frac{\partial}{\partial\theta}\left(\sin\theta \cdot \frac{\partial\phi}{\partial\theta}\right) = 0$$

erfüllen. Multiplikation mit $r^2 \sin\theta$ liefert

$$\sin\theta \cdot \frac{\partial}{\partial r}\left(r^2 \cdot \frac{\partial\phi}{\partial r}\right) + \frac{\partial}{\partial\theta}\left(\sin\theta \cdot \frac{\partial\phi}{\partial\theta}\right) = 0 \quad \text{oder}$$

$$\frac{\partial}{\partial r}\left(r^2 \sin\theta \cdot \frac{\partial\phi}{\partial r}\right) + \frac{\partial}{\partial\theta}\left(\sin\theta \cdot \frac{\partial\phi}{\partial\theta}\right) = 0.$$

Die Kontinuitätsgleichung folgt dann mit $\frac{\partial\phi}{\partial r} = v_r$ und $\frac{1}{r} \cdot \frac{\partial\phi}{\partial\theta} = v_\theta$ zu

$$\frac{\partial}{\partial r}\left(r^2 \sin\theta \cdot v_r\right) + \frac{\partial}{\partial\theta}(r \sin\theta \cdot v_\theta) = 0.$$

Bemerkung. Der Zusammenhang $\frac{1}{r} \cdot \frac{\partial\phi}{\partial\theta} = v_\theta$ wird am Schluss dieses Kapitels gegeben.

Die Stromfunktion ψ wählen wir so, dass $r^2 \sin\theta \cdot \frac{\partial\phi}{\partial r} = \frac{\partial\psi}{\partial\theta}$ und $-r \sin\theta \cdot \frac{\partial\phi}{\partial\theta} = \frac{\partial\psi}{\partial r}$ gilt. Die Kontinuitätsgleichung ist dann wieder erfüllt, nicht aber die Laplace-Gleichung, d. h., das Vertauschungsprinzip gilt nicht mehr.

Um diejenige DGL zu finden, die ψ als Lösung besitzt, setzen wir unter Beachtung der Rotationsymmetrie an: $a \cdot \frac{\partial^2 \psi}{\partial r^2} + b \cdot \frac{\partial \psi}{\partial r} + c \cdot \frac{\partial^2 \psi}{\partial \theta^2} + d \cdot \frac{\partial \psi}{\partial \theta} = 0$ und berechnen

$$\frac{\partial \psi}{\partial r} = -\sin \theta \cdot \frac{\partial \phi}{\partial \theta} \,, \quad \frac{\partial^2 \psi}{\partial r^2} = \frac{\partial}{\partial r}\left(-\sin \theta \cdot \frac{\partial \phi}{\partial \theta}\right) = -\sin \theta \cdot \frac{\partial^2 \phi}{\partial r \partial \theta} \,,$$

$$\frac{\partial \psi}{\partial \theta} = r^2 \sin \theta \cdot \frac{\partial \phi}{\partial r} \quad \text{und}$$

$$\frac{\partial^2 \psi}{\partial \theta^2} = \frac{\partial}{\partial \theta}\left(\frac{\partial \psi}{\partial \theta}\right) = \frac{\partial}{\partial \theta}\left(r^2 \sin \theta \cdot \frac{\partial \phi}{\partial r}\right) = r^2 \frac{\partial}{\partial \theta}\left(\sin \theta \cdot \frac{\partial \phi}{\partial r}\right)$$

$$= r^2 \cos \theta \cdot \frac{\partial \phi}{\partial r} + r^2 \sin \theta \cdot \frac{\partial^2 \phi}{\partial r \partial \theta} \,.$$

Damit die Summe Null ergibt, muss $a = r^2$, $b = 0$, $c = 1$ und $d = -\cot \theta$ gelten, was schließlich zur Bestimmungsgleichung

$$r^2 \frac{\partial^2 \psi}{\partial r^2} + \frac{\partial^2 \psi}{\partial \theta^2} - \cot \theta \cdot \frac{\partial \psi}{\partial \theta} = 0$$

führt.

Zum Schluss soll die Beziehung $\frac{1}{r} \cdot \frac{\partial \phi}{\partial \theta} = v_\theta$ erläutert werden. Beim Polarkoordinatensystem findet eine Koordinatentransformation von kartesischen Punkten $P_1(x, y)$ in polare $P_1(R, \varphi)$ statt. In Analogie dazu wandeln Kugelkoordinaten kartesische Punkte $P_2(x, y, z)$ mit $x^2 + y^2 = R^2$ in polare $P_2(r, \varphi, \theta)$ um. Im ebenen Fall bilden P_1 zusammen mit $P_x(x, 0)$, $P_y(0, y)$ und $O(0, 0)$ ein Rechteck in der xy-Ebene, im räumlichen Fall beschreiben $P_R(x, y, 0)$, $P_z(0, 0, z)$, $P_{Rz}(x, y, z)$ und $O(0, 0, 0)$ ein Rechteck senkrecht auf der xy-Ebene.

Folgend wird noch der analytische Beweis erbracht.

Beweis. Es gilt (vgl. Abb. 3.2 und Abb. 6.2 rechts)

$$\vec{e}_r = \sin \theta \cos \varphi \cdot \vec{e}_x + \sin \theta \sin \varphi \cdot \vec{e}_y + \cos \theta \cdot \vec{e}_z \,,$$

$$\vec{e}_\theta = \cos \theta \cos \varphi \cdot \vec{e}_x + \cos \theta \sin \varphi \cdot \vec{e}_y - \sin \theta \cdot \vec{e}_z \quad \text{und}$$

$$\vec{e}_\varphi = -\sin \theta \sin \varphi \cdot \vec{e}_x + \sin \theta \cos \varphi \cdot \vec{e}_y \,.$$

Die Vektoren $\vec{a} = \sin \theta \cos \varphi \cdot \vec{e}_x + \sin \theta \sin \varphi \cdot \vec{e}_y$ und $\vec{b} = \cos \theta \cdot \vec{e}_z$ besitzen die Längen $\sin \theta$ bzw. $\cos \theta$. Deswegen muss man beide wieder auf die Länge Eins normieren und sie mit $\cos \theta$ bzw. $-\sin \theta$ multiplizieren. Dann sind $\vec{e}_r$ und $\vec{e}_\theta$ orthogonal mit der Länge Eins.

Ein beliebiger Geschwindigkeitsvektor in Kugelkoodinaten besitzt dann die Darstellung

$$
\begin{aligned}
v_{r,\varphi,\theta} &= v_r \cdot \vec{e}_r + v_\theta \cdot \vec{e}_\theta + v_\varphi \cdot \vec{e}_\varphi \\
&= v_r \left(\sin\theta\cos\varphi \cdot \vec{e}_x + \sin\theta\sin\varphi \cdot \vec{e}_y + \cos\theta \cdot \vec{e}_z \right) \\
&\quad + v_\theta \left(\cos\theta\cos\varphi \cdot \vec{e}_x + \cos\theta\sin\varphi \cdot \vec{e}_y - \sin\theta \cdot \vec{e}_z \right) \\
&\quad + v_\varphi \left(-v_\varphi \sin\theta\sin\varphi \cdot \vec{e}_x + \sin\theta\cos\varphi \cdot \vec{e}_y \right) \\
&= \left(v_r \sin\theta\cos\varphi + v_\theta \cos\theta\cos\varphi - v_\varphi \sin\theta\sin\varphi \right) \cdot \vec{e}_x \\
&\quad + \left(v_r \sin\theta\sin\varphi + v_\theta \cos\theta\sin\varphi + v_\varphi \sin\theta\cos\varphi \right) \cdot \vec{e}_y \\
&\quad + \left(v_r \cos\theta - v_\theta \sin\theta \right) \cdot \vec{e}_z \, .
\end{aligned}
$$

Daraus folgt

$$
\begin{aligned}
v_x &= v_r \sin\theta\cos\varphi + v_\theta \cos\theta\cos\varphi - v_\varphi \sin\theta\sin\varphi \, , \\
v_y &= v_r \sin\theta\sin\varphi + v_\theta \cos\theta\sin\varphi + v_\varphi \sin\theta\cos\varphi \quad \text{und} \\
v_z &= v_r \cos\theta - v_\theta \sin\theta \, .
\end{aligned}
$$

Aufgelöst nach den Geschwindigkeiten in Kugelkoordinaten ergibt sich

$$
\begin{aligned}
v_r &= v_x \sin\theta\cos\varphi + v_y \sin\theta\sin\varphi + v_z \cos\theta \, , \\
v_\theta &= v_x \cos\theta\cos\varphi + v_y \cos\theta\sin\varphi - v_z \sin\theta \quad \text{und} \\
v_\varphi &= -v_x \sin\theta\sin\varphi + v_y \sin\theta\cos\varphi \, .
\end{aligned} \tag{7.1}
$$

Für den letzten Beweisschritt bilden wir die totalen Ableitungen

$$
\frac{\partial\phi}{\partial r} = \frac{\partial\phi}{\partial x}\cdot\frac{\partial x}{\partial r} + \frac{\partial\phi}{\partial y}\cdot\frac{\partial y}{\partial r} + \frac{\partial\phi}{\partial z}\cdot\frac{\partial z}{\partial r} = v_x \cdot \sin\theta\cos\varphi + v_y \cdot \sin\theta\sin\varphi + v_z \cdot \cos\theta \, ,
$$

$$
\frac{\partial\phi}{\partial\theta} = \frac{\partial\phi}{\partial x}\cdot\frac{\partial x}{\partial\theta} + \frac{\partial\phi}{\partial y}\cdot\frac{\partial y}{\partial\theta} + \frac{\partial\phi}{\partial z}\cdot\frac{\partial z}{\partial\theta}
$$

$$
= v_x \cdot r\cos\theta\cos\varphi + v_y \cdot r\cos\theta\sin\varphi - v_z \cdot r\sin\theta \quad \text{und}
$$

$$
\frac{\partial\phi}{\partial\varphi} = \frac{\partial\phi}{\partial x}\cdot\frac{\partial x}{\partial\varphi} + \frac{\partial\phi}{\partial y}\cdot\frac{\partial y}{\partial\varphi} + \frac{\partial\phi}{\partial z}\cdot\frac{\partial z}{\partial\varphi} = -v_x \cdot r\sin\theta\sin\varphi + v_y \cdot r\sin\theta\cos\varphi \, .
$$

Der Vergleich mit den Gleichungen (7.1) liefert endlich

$$
v_r = \frac{\partial\phi}{\partial r} \, , \quad v_\theta = \frac{1}{r}\cdot\frac{\partial\phi}{\partial\theta} \quad \text{und} \quad v_\varphi = \frac{1}{r}\cdot\frac{\partial\phi}{\partial\varphi} \, .
$$

Bei Drehsymmetrie ist $v_\varphi = 0$. $\qquad\qquad$ □

7.1 Räumliche Translationsströmung

Potenzial und Stromfunktion

Die Strömung v_∞ erfolgt in x-Richtung. Man hat $v_r = v_\infty \cdot \cos\theta$, $v_\theta = -v_\infty \cdot \sin\theta$,

$$\frac{\partial\phi}{\partial r} = v_r = v_\infty \cdot \cos\theta \qquad \Longrightarrow \qquad \phi(r) = v_\infty \cdot r\cos\theta + C_1(\theta) \quad \text{und}$$

$$\frac{1}{r} \cdot \frac{\partial\phi}{\partial\theta} = v_\theta = -v_\infty \cdot \sin\theta \qquad \Longrightarrow \qquad \phi(\theta) = v_\infty \cdot r\cos\theta + C_2(r)$$

$$\Longrightarrow \qquad \phi(r,\theta) = v_\infty \cdot r\cos\theta .$$

Für $\phi = konst.$ erhält man $r = \frac{\phi_{konst}}{\cos\theta}$, senkrechte Geraden im Abstand ϕ_{konst} zur z-Achse; durch Rotation also einen Geradenschar (Abb. 7.1 links). Weiter ist

$$-\frac{1}{r\sin\theta} \cdot \frac{\partial\psi}{\partial r} = v_\theta = -v_\infty \cdot \sin\theta \quad \Longrightarrow \quad \psi(r) = \frac{1}{2}v_\infty \cdot r^2 \sin^2\theta + C_1(\theta) \quad \text{und}$$

$$\frac{1}{r^2 \sin\theta} \cdot \frac{\partial\psi}{\partial\theta} = v_r = v_\infty \cdot \cos\theta \quad \Longrightarrow \quad \psi(\theta) = \frac{1}{2}v_\infty \cdot r^2 \sin^2\theta + C_2(r)$$

$$\Longrightarrow \qquad \psi(r,\theta) = \frac{1}{2}v_\infty \cdot r^2 \sin^2\theta .$$

Für $\psi = konst.$ erhält man $r = \frac{\psi_{konst}}{\sin\theta}$, waagrechte Geraden im Abstand ψ_{konst} zur x-Achse; durch Rotation also einen Zylindermantel (Abb. 7.1 rechts).

Die Orthogonalität der Potenzial- und Stromlinien ist offensichtlich.

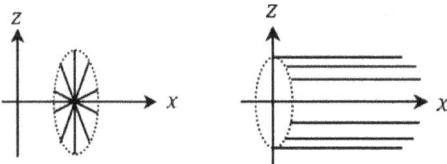

Abb. 7.1: Skizzen zur räumlichen Translationsströmung

Druckverteilung

$\frac{1}{2}\rho v^2 + p = \frac{1}{2}\rho v_0^2 + p_\infty$. Da $v_0 = v = v_\infty$, folgt $p = p_\infty$.

7.2 Räumliche Staupunktströmung

Eine räumliche Staupunktströmung ließe sich auch in Kugelkoordinaten beschreiben (Übung 13). Wir wählen aber Zylinderkoordinaten, damit der Laplace-Operator sowohl in kartesischen und polaren Koordinaten als auch in Kugel- und Zylinderkoordinaten hergeleitet ist (Abb. 7.2).

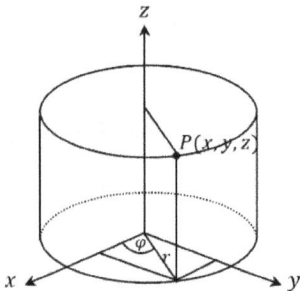

Abb. 7.2: Skizze zu den Zylinderkoordinaten

Es gilt

$$x = r \cos \varphi , \quad y = r \sin \varphi , \quad r = \sqrt{x^2 + y^2} , \quad \varphi = \arctan \left(\frac{y}{x} \right) \quad \text{und} \quad z = z .$$

Die Bestimmung des Laplace-Operators ist denkbar einfach. Die Vorbereitung dazu wurde schon beim Polarsystem getan. Da die Änderung in z-Richtung die Änderungen sowohl in r- und θ-Richtung nicht beeinflussen, kann man (4.4) einfach um $\frac{\partial^2 \phi}{\partial z^2}$ erweitern zu

$$\Delta \phi = \frac{\partial^2 \phi}{\partial r^2} + \frac{1}{r} \cdot \frac{\partial \phi}{\partial r} + \frac{1}{r^2} \cdot \frac{\partial^2 \phi}{\partial \varphi^2} + \frac{\partial^2 \phi}{\partial z^2} .$$

Für ein rotationssymmetrisches Strömungspotenzial legt man sinnvollerweise die Strömungsachse in Richtung der z-Achse. Dann ist $v_\varphi = 0$ und $\frac{\partial \phi}{\partial \varphi} = 0$.

Somit reduziert sich der Laplace-Operator zu

$$\Delta \phi = \frac{\partial^2 \phi}{\partial r^2} + \frac{1}{r} \cdot \frac{\partial \phi}{\partial r} + \frac{\partial^2 \phi}{\partial z^2} . \tag{7.2}$$

Damit $\Delta \phi = 0$ erfüllt wird, multiplizieren wir mit r und erhalten

$$r \cdot \frac{\partial^2 \phi}{\partial r^2} + \frac{\partial \phi}{\partial r} + r \cdot \frac{\partial^2 \phi}{\partial z^2} = 0 \quad \text{oder} \quad \frac{\partial}{\partial r} \left(r \cdot \frac{\partial \phi}{\partial r} \right) + \frac{\partial}{\partial z} \left(r \cdot \frac{\partial \phi}{\partial z} \right) = 0 .$$

Die Kontinuitätsgleichung folgt dann mit $\frac{\partial \phi}{\partial r} = v_r$ und $\frac{\partial \phi}{\partial z} = v_z$ zu

$$\frac{\partial}{\partial r} (r v_r) + \frac{\partial}{\partial z} (r v_z) = 0 .$$

Die Stromfunktion ψ wählen wir so, dass $r \cdot \frac{\partial \phi}{\partial r} = \frac{\partial \psi}{\partial z}$ und $-r \cdot \frac{\partial \phi}{\partial z} = \frac{\partial \psi}{\partial r}$ gilt.

Die Kontinuitätsgleichung ist dann wieder erfüllt, nicht aber die Laplace-Gleichung, d. h., das Vertauschungsprinzip gilt nicht mehr.

Um diejenige DGL zu finden, die ψ als Lösung besitzt, setzen wir unter Beachtung der Rotationsymmetrie an:

$$a \cdot \frac{\partial^2 \psi}{\partial r^2} + b \cdot \frac{\partial \psi}{\partial r} + c \cdot \frac{\partial^2 \psi}{\partial z^2} + d \cdot \frac{\partial \psi}{\partial z} = 0$$

und berechnen

$$\frac{\partial \psi}{\partial r} = -r \cdot \frac{\partial \phi}{\partial z}, \qquad \frac{\partial^2 \psi}{\partial r^2} = \frac{\partial}{\partial r}\left(-r \cdot \frac{\partial \phi}{\partial z}\right) = -\frac{\partial \phi}{\partial z} - r \cdot \frac{\partial^2 \phi}{\partial r \partial \theta},$$

$$\frac{\partial \psi}{\partial z} = r \cdot \frac{\partial \phi}{\partial r} \quad \text{und} \quad \frac{\partial^2 \psi}{\partial z^2} = \frac{\partial}{\partial z}\left(r \cdot \frac{\partial \phi}{\partial r}\right) = r \cdot \frac{\partial^2 \phi}{\partial r \partial z}.$$

Damit die Summe Null ergibt, muss $a = 1$, $b = -\frac{1}{r}$ und $c = 1$ gelten, was schließlich zur Bestimmungsgleichung

$$\frac{\partial^2 \psi}{\partial r^2} - \frac{1}{r} \cdot \frac{\partial \psi}{\partial r} + \frac{\partial^2 \psi}{\partial z^2} = 0$$

führt.

Beispiel 1. Ein Haartrockner mit kreisförmiger Düse und Radius 2 cm besitzt eine Ausblasgeschwindigkeit von $25 \frac{m}{s} = 2500 \frac{cm}{s}$. Er wird in einem Abstand von 10 cm senkrecht zu einer ebenen Fläche gehalten.
a) Wie lauten Potenzial und Stromfunktion?
b) Welche Gestalt besitzen die Projektionen der Stromlinien auf die drei Koordinatenebenen?
c) Wie sieht die Druckverteilung in einem Raumpunkt $P(r, z)$ aus und welche Form haben die Isobaren?
d) Bestimmen Sie aus den Angaben die Zahl a.
e) Durch welche Stromlinien wird der Luftstrom begrenzt?
f) Schätzen Sie den Volumenstrom ab.

a) Aufgrund der Drehsymmetrie kann man das Potenzial analog zum zweidimensionalen Fall als $\phi(r, z) = \frac{1}{2}(ar^2 - bz^2)$ ansetzen. Die Erfüllung der Laplace-Gleichung (7.2) erfordert $b + 2a = 0$, was $\phi(r, z) = \frac{1}{2}a(r^2 - 2z^2)$ ergibt.
Die einzelnen Geschwindigkeitskomponenten sind $v_r = ar$ und $v_z = -2az$.
Die Stromfunktion erhält man beispielsweise aus $r \cdot \frac{\partial \phi}{\partial r} = \frac{\partial \psi}{\partial z}$ oder $ar^2 = \frac{\partial \psi}{\partial z}$ zu $\psi(r, z) = ar^2 z$.
b) Die Projektionen der Stromlinien auf die xy-Ebene sind konzentrische Kreise, die Projektionen auf die xz- und die yz-Ebene ergeben Hyperbeln mit der Gleichung $z = \frac{C}{x^2}$ bzw. $z = \frac{D}{y^2}$ (Abb. 7.3).
c) Da für die Geschwindigkeit in einem beliebigen Punkt einer Stromlinie $v^2 = a^2(r^2 + 4z^2)$ gilt, kann man analog zum zweidimensionalen Fall den Druck in einem beliebigen Punkt der Strömung als $p = p_{\text{Stau}} - \frac{1}{2}\rho a^2(r^2 + 4z^2)$ angeben. In diesem Fall ergeben die Isobaren Ellipsen mit dem Hauptachsenverhältnis $r : z = 1 : 0{,}5$ oder Ellipsoide mit $x : y : z = 1 : 1 : 0{,}5$.

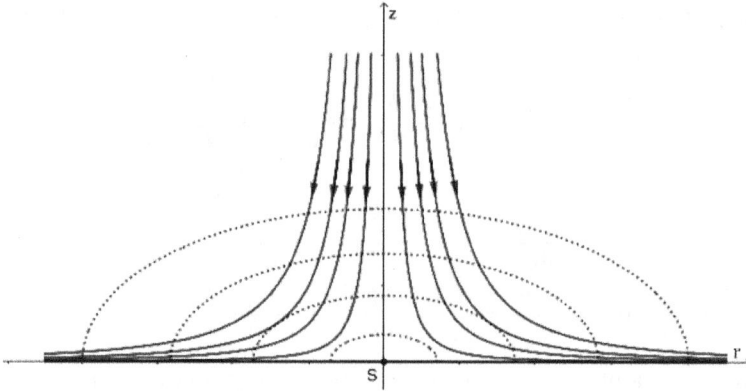

Abb. 7.3: Graphen projizierter Stromfunktionen der räumlichen Staupunktströmung

d) Die Geschwindigkeit beträgt $v = \sqrt{a^2(0^2 + 10^2)} = 10a$ im Zentrum der Düse und $v = \sqrt{a^2(4^2 + 10^2)} \approx 10{,}2a$ am Rand. Wir sehen von diesem Unterschied ab und betrachten alle Stromlinien beim Austritt aus der Düse senkrecht nach unten gerichtet, so dass wir durchwegs $v = 10a = 2500$ setzen können und daraus $a = 250$ bestimmen.

e) Aus $\psi(r,z) = 250r^2 z$ folgen die begrenzenden Stromlinien zu $\psi_1 = 0$ und $\psi_2 = 250 \cdot 2^2 \cdot 10 = 10.000$. Dies entspricht der z-Achse und der Kurve $z = \frac{40}{r^2}$.

f) Der Volumenstrom kann mit Hilfe der Kontinuitätsgleichung bestimmt werden. Er beträgt $\dot{V} = Av = \pi \cdot 2^2 \cdot 2500 = 10.000\pi = 0{,}03 \frac{m^3}{s}$.

Aufgabe
Bearbeiten Sie die Übung 13.

7.3 Räumliche Quell- oder Senkeströmung

Potenzial und Stromfunktion
Die radiale Geschwindigkeitskomponente v_r muss in jedem Punkt der Kugeloberfläche $4\pi r^2$ gleich groß sein. Somit ist $v_r = \frac{Q}{4\pi r^2}$ mit der Einheit für Q: $[\frac{m^3}{s}]$. Zudem gilt $v_\theta = 0$.

Aus $\frac{\partial \phi}{\partial r} = v_r = \frac{Q}{4\pi r^2}$ folgt $\phi(r) = -\frac{Q}{4\pi r} + C_1(\theta)$ und mit $\frac{1}{r} \cdot \frac{\partial \phi}{\partial \theta} = v_\theta = 0$ ergibt sich

$$\phi(\theta) = konst. \quad \Longrightarrow \quad \phi(r, \theta) = \phi(r) = -\frac{Q}{4\pi r}.$$

Für $\phi = konst.$ erhält man $r = konst.$, was Kugeloberflächen entspricht.

Weiter ist

$$-\frac{1}{r\sin\theta}\cdot\frac{\partial\psi}{\partial r} = v_\theta = 0 \quad\Longrightarrow\quad \psi(r) = konst. \quad \text{und}$$

$$\frac{1}{r^2\sin\theta}\cdot\frac{\partial\psi}{\partial\theta} = v_r = \frac{Q}{4\pi r^2} \quad\Longrightarrow\quad \psi(\theta) = -\frac{Q}{4\pi}\cos\theta + C_2(r)$$

$$\Longrightarrow\quad \psi(r,\theta) = \psi(\theta) = -\frac{Q}{4\pi}\cos\theta\,.$$

Für $\psi = konst.$ erhält man $\theta = konst.$, was Strahlen von O aus entspricht.

Druckverteilung

$\frac{1}{2}\rho v^2 + p = \frac{1}{2}\rho v_0^2 + p_\infty$. Mit $v^2 = v_r^2 + v_\theta^2 = v_r^2$ und $v_0 = 0$ folgt

$$p = p_\infty - \frac{1}{2}\rho v_0^2\left(\frac{Q}{4\pi r^2}\right)^2 = p_\infty - \frac{\rho Q^2}{32\pi^2 r^4}\,.$$

7.4 Überlagerung von räumlicher Translations- und Quellströmung

Der umströmte Rankine-Körper wird rotationssymmetrisch zur z-Achse gelegt (Abb. 7.4 links).

Potenzial und Stromfunktion

$$\phi(r,\theta) = v_\infty \cdot r\cos\theta - \frac{Q}{4\pi r} \qquad\qquad v_r = v_\infty\cdot\cos\theta + \frac{Q}{4\pi r^2}$$

$$\psi(r,\theta) = \frac{1}{2}v_\infty\cdot r^2\sin^2\theta - \frac{Q}{4\pi}\cos\theta \qquad v_\theta = -v_\infty\cdot\sin\theta$$

Für den Staupunkt S muss $v_r = v_\theta = 0$ sein. Dies gilt für $\theta = \pi$.
  Daraus folgt

$$v_\infty = \frac{Q}{4\pi r^2} \quad\Longrightarrow\quad r_S = \sqrt{\frac{Q}{4\pi v_\infty}}\,,$$

wobei $Q, v_\infty > 0$ vorausgesetzt wird (Vergleich mit dem ebenen Fall: $r_S = \frac{Q}{2\pi v_\infty}$). Dazu gehört $\psi_{Stau} = \frac{Q}{4\pi}$. Der räumliche Rankine-Körper entspricht nicht der rotierten ebenen Form. Für $r \to \infty$ ist

$$Q = v_\infty \cdot \pi \cdot h^2_{max} \quad\Longrightarrow\quad h_{max} = 2\sqrt{\frac{Q}{\pi v_\infty}} \quad \left(\text{ebener Fall: } h_{max} = \frac{Q}{v_\infty}\right).$$

Für eine Skizze ist

$$\psi_{konst} = \frac{1}{2}v_\infty \cdot r^2 \sin^2\theta - \frac{Q}{4\pi}\cos\theta \,, \qquad r = \pm\sqrt{\frac{\psi_{konst} + \frac{Q}{4\pi}\cos\theta}{\frac{1}{2}v_\infty \sin^2\theta}}\,.$$

Wir wählen $Q = 4\pi$ und $v_\infty = 2$.
 Dann ist

$$r = \pm\sqrt{\frac{\psi_{konst} + \cos\theta}{\sin^2\theta}} = \pm\frac{\sqrt{\psi_{konst} + \cos\theta}}{\sin\theta} \qquad \text{für} \quad 0 \le \theta \le \pi\,.$$

Druckverteilung

$$\frac{Q}{4\pi} = \frac{1}{2}v_\infty \cdot r^2 \sin^2\theta - \frac{Q}{4\pi}\cos\theta\,.$$

Für die Radien, die von O auf die Körperoberfläche führen, gilt

$$r^2 = \frac{Q}{2\pi v_\infty} \cdot \frac{1 + \cos\theta}{\sin^2\theta}\,.$$

Weiter ist

$$c_p(\theta) = 1 - \left(\frac{v}{v_\infty}\right)^2 = -\frac{\cos\theta}{v_\infty} \cdot \frac{Q}{2\pi r^2} - \frac{Q^2}{16\pi^2 v_\infty^2 r^4} = -\frac{Q}{8\pi v_\infty r^2}\left(4\cos\theta + \frac{Q}{2\pi v_\infty r^2}\right)$$

und

$$c_p(\theta) = -\frac{\sin^2\theta(1 + 3\cos\theta)}{4(1 + \cos\theta)}$$

oder für aufsteigende Winkel:

$$c_p(\theta) = -\frac{\sin^2(\pi - \theta)\,(1 + 3\cos(\pi - \theta))}{4\,(1 + \cos(\pi - \theta))}$$

Für die Skizze von π bis 0 ist wieder

$$c_p(\theta) = -\frac{\sin^2(\pi - \theta)\,[1 + 3\cos(\pi - \theta)]}{4\,[1 + \cos(\pi - \theta)]}\,. \qquad (7.3)$$

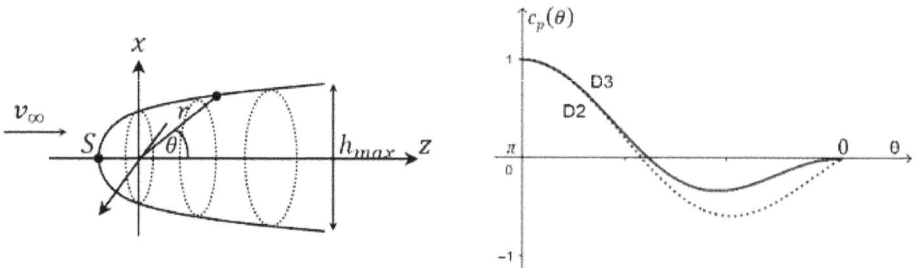

Abb. 7.4: Skizze des umströmten Rankine-Körpers und Graphen von (7.3)

7.5 Räumliche Dipolströmung

Potenzial und Stromfunktion
Analog zur 2D-Variante setzen wir $Q = \frac{M}{a}$, wobei a der Abstand von Quelle und Senke ist.

Das Potenzial ist dann

$$\phi(x, y) = -\frac{M}{4\pi} \cdot \lim_{a \to \infty} \frac{1}{a} \left[\frac{1}{\sqrt{x^2 + z^2}} - \frac{1}{\sqrt{(a-x)^2 + z^2}} \right] = -\frac{M}{4\pi} \cdot \frac{\partial}{\partial x} \left(\frac{1}{\sqrt{x^2 + z^2}} \right)$$

$$= -\frac{M}{4\pi} \cdot \left(\frac{-x}{r^3} \right) \quad \Longrightarrow \quad \phi(r, \theta) = \frac{M}{4\pi} \cdot \frac{\cos \theta}{r^2} \,.$$

Weiter gilt

$$v_r = \frac{\partial \phi}{\partial r} = -\frac{M}{2\pi} \cdot \frac{\cos \theta}{r^3} \quad \text{und} \quad v_\theta = \frac{1}{r} \cdot \frac{\partial \phi}{\partial \theta} = -\frac{M}{4\pi} \cdot \frac{\sin \theta}{r^3} \,.$$

Für die Stromfunktion ergibt sich beispielsweise mit

$$\frac{1}{r} \cdot \frac{\partial \phi}{\partial \theta} = -\frac{1}{r \sin \theta} \cdot \frac{\partial \psi}{\partial r} = v_\theta$$

der Ausdruck $\psi(r, \theta) = -\frac{M}{4\pi} \cdot \frac{\sin^2 \theta}{r}$. Für ϕ_{konst} und ψ_{konst} erhält man (Abb. 7.5 links)

$$r = \phi^*_{\text{konst}} \cdot \sqrt{\cos \theta} \quad \text{und} \quad r = \psi^*_{\text{konst}} \cdot \sin^2 \theta \,. \tag{7.4}$$

Druckverteilung
Es ist

$$v_\theta = 0 \quad \Longrightarrow \quad v^2 = v_r^2 + v_\theta^2 = \left(\frac{M}{2\pi} \right)^2 \cdot \frac{\cos^2 \theta}{r^6} + \left(\frac{M}{4\pi} \right)^2 \cdot \frac{\sin^2 \theta}{r^6}$$

$$= \frac{M^2}{4\pi^2} \cdot \frac{\cos^2 \theta}{r^6} + \frac{M^2}{16\pi^2} \cdot \frac{\sin^2 \theta}{r^6}$$

$$= \frac{M^2}{16\pi^2 r^6} \cdot (4 \cos^2 \theta + \sin^2 \theta) = \frac{M^2}{16\pi^2 r^6} \cdot (4 - 3 \sin^2 \theta) \,.$$

Weiter hat man $p = p_0 - \frac{1}{2}\rho v^2$ und damit

$$p = p_0 - \frac{\rho M^2}{32\pi^2 r^6} \cdot (4 - 3 \sin^2 \theta) \,.$$

7.6 Umströmung einer Kugel

Potenzial und Stromfunktion
Dazu überlagern wir Translations- und Dipolströmung:

$$\phi(r, \theta) = v_\infty \cdot r \cos \theta + \frac{M}{4\pi} \cdot \frac{\cos \theta}{r^2} \qquad \psi(r, \theta) = \frac{1}{2}v_\infty \cdot r^2 \sin^2 \theta - \frac{M}{4\pi} \cdot \frac{\sin^2 \theta}{r}$$

$$v_r = \frac{\partial \phi}{\partial r} = v_\infty \cos \theta - \frac{M}{2\pi} \cdot \frac{\cos \theta}{r^3} \qquad v_\theta = \frac{1}{r} \cdot \frac{\partial \phi}{\partial \theta} = -v_\infty \sin \theta - \frac{M}{4\pi} \cdot \frac{\sin \theta}{r^3}$$

Speziell auf der Kugeloberfläche muss $v_r = 0$ sein. Das bedeutet $R^3 = \frac{M}{2\pi v_\infty}$.
Somit lässt sich die Stromfunktion auch schreiben als

$$\psi(r, \theta) = \frac{1}{2} v_\infty \cdot r^2 \sin^2 \theta - \frac{R^3}{2} \cdot \frac{\sin^2 \theta}{r} = \frac{1}{2} v_\infty \cdot \frac{\sin^2 \theta}{r} (r^3 - R^3) \,.$$

Für eine Skizze sei

$$\psi = \psi_{\text{konst}} \quad \Longrightarrow \quad \theta = \arcsin\left(\pm \sqrt{\frac{\psi_{\text{konst}} \cdot r}{r^3 - R^3}} \right) \,.$$

Mit beispielsweise $R = 1$ wird daraus

$$\theta = \arcsin\left(\pm \sqrt{\frac{\psi_{\text{konst}} \cdot r}{r^3 - 1}} \right) \,.$$

Schließlich parametrisieren wir noch und erhalten

$$x(r) = \frac{\psi_{\text{konst}} \cdot r^2}{r^3 - 1} \quad \text{und} \quad y(r) = \pm r \sqrt{\frac{\psi_{\text{konst}} \cdot r}{r^3 - 1}} \,.$$

Es ergeben sich ähnliche Stromlinien wie bei der Umströmung des Zylinders.

Druckverteilung
Auf der Kugeloberfläche ist $v_r = 0$. Daraus folgt

$$0 = v_\infty \cos \theta - \frac{M}{2\pi} \cdot \frac{\cos \theta}{R^3} \quad \text{und} \quad R^3 = \frac{M}{2\pi v_\infty} \,.$$

Übrig bleibt

$$v_\theta = -v_\infty \sin \theta - \frac{M}{4\pi} \cdot \frac{\sin \theta}{R^3} = -\frac{3}{2} v_\infty \sin \theta \quad \text{und} \quad v^2 = v_\theta^2 \,.$$

Dann folgt

$$c_p(\theta) = 1 - \left(\frac{v}{v_\infty} \right)^2 = 1 - \frac{9}{4} \sin^2 \theta \quad \text{(vgl. Zylinder: } c_p(\theta) = 1 - 4 \sin^2 \theta) \,.$$

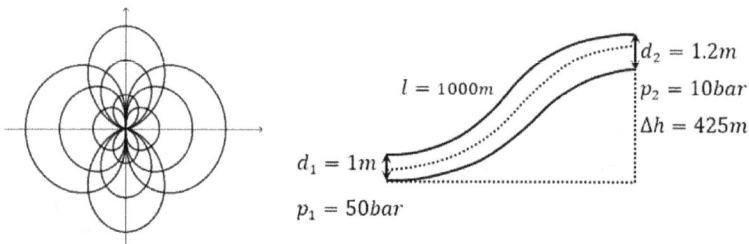

Abb. 7.5: Graphen von (7.4) und Skizze zu Beispiel 1

8 Reibungsbehaftete Rohrströmungen

Den bisherigen Potenzialströmungen liegt die Annahme einer idealen Flüssigkeit zugrunde. Ein solches Fluid besitzt keine Viskosität. Demnach gibt es weder eine Reibung der Teilchen untereinander (innere Reibung) noch eine Reibung an den Begrenzungsflächen der Strömung. Somit geht auch nie Energie verloren, weil kein Strömungswiderstand existieren kann. Eine direkte Folge davon ist das D'Alembert'sche Paradoxon. Insbesondere gleitet eine solche Strömung reibungsfrei um ein Hindernis und besitzt an der Wand selber die größte Geschwindigkeit. In Wirklichkeit ist das Gegenteil der Fall: die Teilchen haften an der Wand. Die Potenzialströmungen sind aber nicht völlig falsch, sie gelten nur in einem Außenbereich des umströmten Körpers. Diese Außenzone wird im 6. Band durch die sogenannte Grenzschichtdicke abgegrenzt werden. Bei einem realen Fluid hingegen geht mit der Bewegung zwangsweise ein Energieverlust und folglich ein Druckverlust einher. Dabei wird kinetische Energie in Reibungswärme dissipiert. Die Gründe dafür sind:

- Reibung innerhalb des Fluids. Die Moleküle tauschen Impulse aus.
- Reibung an der Wand. Die Moleküle geben die Impulse an die Wand weiter.
- Beschaffenheit der Wand. Je rauher die Wand, umso größer ist die Reibung. So lange die Strömung laminar bleibt, spielt die Rauheit keine Rolle.
- Art der Strömung. Beim Übergang von laminarer zu turbulenter Strömung erhöht sich ebenfalls die Reibung.
- Form des Rohrs. Dies haben wir beim Borda-Carnot-Stoß (Kapitel 2.3) erkannt.

Ändert sich die Form des Rohrquerschnitts, dann führt dies zu einem Druckabfall. Den Verlust bezeichnet man in diesem Fall als lokal. Im Gegensatz dazu ist der kontinuierliche Verlust ortsunabhängig.

8.1 Die Bernoulli-Gleichung für reibungsbehaftete Rohrströmungen

Für einen lokalen bzw. ortsunabhängigen, konstanten Druckverlust schreiben wir

$$\Delta p_{\text{lok}} = \xi \cdot \rho \cdot \frac{v^2}{2} \quad \text{und}$$

$$\Delta p_{\text{konst}} = \xi \cdot \rho \cdot \frac{v^2}{2} = \lambda \cdot \frac{l}{d} \cdot \rho \cdot \frac{v^2}{2} \quad \text{(Ansatz von Weisbach)}$$

(8.1)

Dabei entsprechen l: Länge, d: Durchmesser, λ: Rohrreibungszahl und ξ: Verlustzahl.

Die Bernoulli-Gleichung für reibungsbehaftete Strömungen lautet dann

$$p_1 + \frac{1}{2}\rho v_1^2 + \rho g h_1 = p_2 + \frac{1}{2}\rho v_2^2 + \rho g h_2 + \xi\rho\frac{\overline{u}^2}{2} + \lambda\frac{l}{d}\rho\frac{\overline{u}^2}{2} \quad \text{mit} \quad \overline{u} = \frac{v_1 + v_2}{2}$$

https://doi.org/10.1515/9783110684520-008

Beispiel 1. Wasser von 15 °C wird in einem kreisrunden Rohr einen Berg hinauf gepumpt (Abb. 7.5 rechts). In der zur Beschreibung dieses Sachverhalts verwendeten reibungsbehafteten Bernoulli-Gleichung muss deshalb der Druckverlust der linken Seite zugeschrieben werden:

$$p_1 + \frac{1}{2}\rho v_1^2 + \rho g h_1 + \Delta p_{\text{konst}} = p_2 + \frac{1}{2}\rho v_2^2 + \rho g h_2 \, .$$

Aufgelöst nach dem Druckverlust hat man

$$\Delta p_{\text{konst}} = p_2 - p_1 + \frac{1}{2}\rho(v_2^2 - v_1^2) + \rho g(h_2 - h_1) \, .$$

Nehmen wir an, der Volumenstrom betrage $\dot{V} = 5\,\frac{\text{m}^3}{\text{s}}$ und die Dichte $\rho_{15°C} = 990,10\,\frac{\text{kg}}{\text{m}^3}$.
Nach der Kontinuitätsgleichung gilt

$$v_1 = \frac{\dot{V}}{A_1} = 6,37\,\frac{\text{m}}{\text{s}} \quad \text{und} \quad v_2 = \frac{\dot{V}}{A_2} = 4,42\,\frac{\text{m}}{\text{s}} \, .$$

Dann erhält man

$$\Delta p_{\text{konst}} = 10^6 - 5 \cdot 10^6 + \frac{1}{2} \cdot 990,10 \cdot (4,42^2 - 6,37^2) + 990,10 \cdot 9,81 \cdot 425 = 1,17\,\text{bar} \, .$$

Mit Gleichung (8.1) ist $\Delta p_{\text{konst}} = \lambda \frac{l}{d}\rho\frac{\bar{u}^2}{2}$.
Damit ergibt sich

$$\lambda = \frac{2d\Delta p_{\text{konst}}}{l\rho\bar{u}^2} = 0,009 \quad \text{mit} \quad \bar{u} = \frac{v_1 + v_2}{2} \, .$$

Den Wert von λ erhalten wir auch auf andere Weise. Wir bestimmen zuerst die Reynolds-Zahl:

$$Re = \frac{\rho \cdot \bar{d} \cdot \bar{u}}{\eta} = 5.161.868 \quad \text{mit} \quad \bar{d} = 1,1\,\text{m} \quad \text{und} \quad \eta_{15°C} = 1138,0 \cdot 10^{-6}\frac{\text{kg} \cdot \text{m}^2}{\text{s}} \, .$$

Für hydraulisch raue Rohre der Rauheit k lautet die Iterationsformel von Colebrook-White (Beweis 6. Band)

$$\frac{1}{\sqrt{\lambda}} = 1,74 - 2 \cdot \log_{10}\left(\frac{2k}{d} + \frac{18,7}{Re\sqrt{\lambda}}\right) \, .$$

Nimmt man $k = 5$ mm, dann folgt $\lambda = 0,016$. Ist das Rohr hydraulisch glatt, also $k = 0$, dann liefert die Lösung der Gleichung $\lambda = 0,009$ in Übereinstimmung mit oben.

Aufgabe
Bearbeiten Sie die Übung 14.

Beispiel 2. Wir kehren zum 2. Beispiel von Kap. 2.3 zurück. Wir hatten die Reibungskraft der Rohrwand auf die Strömung vernachlässigt. Diese Kraft soll jetzt einbezogen werden (Abb. 8.1 links). Die gegebenen Größen waren $p_0 = \Delta p = 10^5$ Pa, $A_0 = 0{,}12$ m^2, $A_1 = 0{,}03$ m^2, $h^* = 1$ m und $\rho = 10^3\,\frac{\text{kg}}{\text{m}^3}$. Wir erhielten ohne Reibung $v_1 = 13{,}87\,\frac{\text{m}}{\text{s}}$.

Die erweiterte Bernoulli-Gleichung mit Druckverlust lautet dann

$$\frac{1}{2}\rho(v_0^2 - v_1^2) + (p_0 + \Delta p) - p_0 + \rho g(0 - h^*) - \lambda\frac{h^*}{d}\rho\frac{\overline{u}^2}{2} = 0\,.$$

Den Durchmesser setzen wir als Mittelwert zwischen Einlauf- und Auslaufdurchmesser an. Dann folgt

$$\frac{1}{2}\rho\left(\frac{A_1^2}{A_0^2}v_1^2 - v_1^2\right) - \lambda\frac{h^*}{\frac{d_0+d_1}{2}}\rho\frac{\overline{u}^2}{2} + \Delta p - \rho g h^* = 0$$

und schließlich

$$\frac{1}{2}\rho v_1^2\left(\frac{A_1^2}{A_0^2} - 1\right) - \lambda\frac{h^*\sqrt{\pi}}{\sqrt{A_0} + \sqrt{A_1}}\rho\frac{\overline{u}^2}{2} + \Delta p - \rho g h^* = 0\,. \tag{8.2}$$

Da die Rohrreibungszahl eine Funktion der Reynolds-Zahl ist und diese von der Dichte und der dynamischen Viskosität abhängt, muss zu den gegebenen Größen die kinematische Viskosität beigefügt werden. Für kühles Wasser beträgt sie $\nu = 1{,}30 \cdot 10^{-6}\,\frac{\text{m}^2}{\text{s}}$. Zudem bezeichnet $\overline{u}$ die mittlere Geschwindigkeit aus Eingangs- und Ausgangsgeschwindigkeit v_0 bzw. v_1.

Wir starten die Iteration mit einer geschätzten Geschwindigkeit von $v_1 = 10\,\frac{\text{m}}{\text{s}}$. Aufgrund des Flächenverhältnisses von $A_1 : A_0 = 1 : 4$ muss wegen der Kontinuitätsgleichung $v_0 = \frac{v_1}{4} = 2{,}5\,\frac{\text{m}}{\text{s}}$ und damit $\overline{u} = \frac{v_0 + v_1}{2} = 6{,}25\,\frac{\text{m}}{\text{s}}$ sein. Damit folgt die Reynolds-Zahl zu

$$Re_{\text{d}} = \frac{\overline{u}\cdot\frac{d_0+d_1}{2}}{\nu} = \frac{\overline{u}\cdot(\sqrt{A_0} + \sqrt{A_1})}{\nu\cdot\sqrt{\pi}} = \frac{6{,}25\cdot(\sqrt{0{,}03} + \sqrt{0{,}12})}{1{,}30\cdot10^{-6}\cdot\sqrt{\pi}} = 1{,}409\cdot10^6\,.$$

Dies setzen wir in die Formel von Colebrook-White ein. Zusätzlich sei das Rohr glatt. Dies liefert $\lambda = 0{,}0110$. Damit und dem Wert $\overline{u} = 6{,}25\frac{\text{m}}{\text{s}}$ gehen wir in die Gleichung (8.2) und erhalten $v_1 = 10{,}35\frac{\text{m}}{\text{s}}$. Wir wiederholen die Iteration und finden nacheinander $v_0 = 2{,}59\frac{\text{m}}{\text{s}}$, $\overline{u} = 6{,}47\frac{\text{m}}{\text{s}}$, $Re_{\text{d}} = 1{,}4059\cdot10^6$, $\lambda = 0{,}0109$ und schließlich $v_1 = 10{,}35\frac{\text{m}}{\text{s}}$, eine Bestätigung des vorigen Ergebnisses.

Ebenso muss in der Impulsbilanz die hemmende Reibungkraft einfließen. Sie lautet dann

$$\rho Q(v_1 - v_0) = (p_0 + \Delta p)A_0 - p_0 A_1 - K - F_{\text{R}} - G\,.$$

Zur Berechnung von F_R muss der Druckunterschied $\Delta p_V = \lambda \frac{h^*}{d} \rho \frac{\bar{u}^2}{2}$ zuerst mit der Wirkungsfläche $A = \frac{A_0 + A_1}{2}$ multipliziert werden:

$$F_R = \Delta p_V \cdot A = \lambda \frac{h^*}{\frac{d_1 + d_2}{2}} \rho \frac{\bar{u}^2}{2} \cdot \frac{A_0 + A_1}{2}$$

$$= 0,0109 \cdot \frac{5\sqrt{\pi}}{\sqrt{0,03} + \sqrt{0,12}} \cdot 1000 \cdot \frac{6,47^2}{2} \cdot \frac{0,03 + 0,12}{2} = 292,77 \text{N} .$$

Aufgelöst nach der Mantelkraft erhält man

$$K = 24.000 - 3000 - 3433,50 - 2410,26 - 292,77 = 14.863,47 \text{ N} .$$

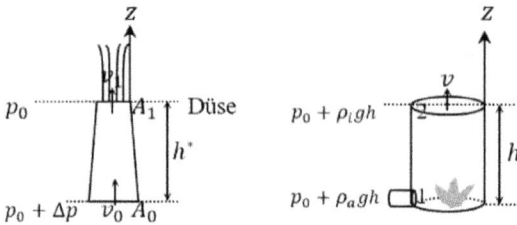

Abb. 8.1: Skizze zu den Beispielen 2 und 3

Beispiel 3. Wir betrachten einen Kamin in der Form eines Zylinders mit 10 m Höhe und 0,8 m Durchmesser (Abb. 8.1 rechts). Die Abgasluft erreicht eine Temperatur von 100 °C und die Außentemperatur sei 20 °C. Dies ist ein Beispiel für eine natürliche Konvektion. Der Druck am Boden (auf der Höhe des Feuers) ist $p_0 + \rho_a g h$, wenn ρ_a die Dichte der Außenluft bezeichnet. Im Inneren des Kamins lastet die Luftsäule mit der Dichte ρ_i der erwärmten Luft auf dem Boden, so dass gesamthaft der Bodendruck $p_0 + \rho_i g h$ beträgt. Der Druckunterschied $\Delta p = (\rho_a - \rho_i) g h$ ist der treibende Druck. Nun formulieren wir die Bernoulli-Gleichung inklusive Reibungsterm für die beiden eingezeichneten Höhen 1 und 2. Uns interessiert zudem die maximal mögliche Geschwindigkeit v der Abgasluft; wir setzen deshalb die Geschwindigkeit am Boden $v_B = 0$.

Es gilt dann $\rho_a g h + p_0 = \frac{1}{2}\rho_i \cdot v^2 + \rho_i g h + (\approx p_0) + \lambda \frac{h}{d}\rho_i \frac{\bar{u}^2}{2}$. (Die Höhenabhängigkeit des Luftdrucks wird vernachlässigt.) Weiter erhält man

$$(\rho_a - \rho_i)gh = \frac{1}{2}\rho_i v^2 + \lambda \frac{h}{2d}\rho_i \frac{\bar{u}^2}{2} \quad \text{und} \quad \left(\frac{\rho_a}{\rho_i} - 1\right)gh = \frac{1}{2}v^2 + \lambda \frac{h}{2d} \cdot \frac{\bar{u}^2}{2} .$$

Für ein ideales Gas gilt $p_0 = \rho_a R_s T_a = \rho_i R_s T_i$. Daraus entsteht

$$\frac{\rho_a}{\rho_i} = \frac{T_i}{T_a} \quad \text{und} \quad \left(\frac{T_i}{T_a} - 1\right)gh = \frac{1}{2}v^2 + \lambda \frac{h}{2d} \cdot \frac{\bar{u}^2}{2} . \tag{8.3}$$

Vernachlässigt man die Reibung, so reduziert sich (8.3) zu $\left(\frac{T_i}{T_a} - 1\right)gh = \frac{1}{2}v^2$ und man erhält

$$v = \sqrt{2gh\left(\frac{T_i}{T_a} - 1\right)} = 7{,}32\,\frac{m}{s}\,.$$

Wird die Reibung einbezogen, benötigen wir die kinematische Viskosität für die bevorstehende Iteration. Es gilt $v = 2{,}135 \cdot 10^{-5}\,\frac{m^2}{s}$ bei einer Bezugstemperatur von $T_B = \frac{T_i + T_a}{2} = 80\,°C$. Wir starten diesmal mit einem offensichtlich zu tiefen Wert, um zu zeigen, dass das Verfahren trotzdem schnell konvergiert. Es sei $v = 5\,\frac{m}{s}$ und folglich $\bar{u} = \frac{v + v_B}{2} = \frac{5 + 0}{2} = 2{,}5\,\frac{m}{s}$. Dann folgt $Re_d = \frac{\bar{u} \cdot d}{v} = \frac{2{,}5 \cdot 0{,}8}{2{,}135 \cdot 10^{-5}} = 9{,}368 \cdot 10^4$ und mit der Formel von Colebrook-White für ein glattes Rohr $\lambda = 0{,}0183$. Dies und $\bar{u} = 2{,}5\,\frac{m}{s}$ in (8.3) eingesetzt ergibt $v = 7{,}23\,\frac{m}{s}$. Im nächsten Schritt ist dann $\bar{u} = \frac{7{,}23}{2} = 3{,}61\,\frac{m}{s}$ und es folgen $Re_d = 1{,}353 \cdot 10^5, \lambda = 0{,}0169$ und $v_{max} = 7{,}13\,\frac{m}{s}$. Ein zusätzlicher Iterationsschritt liefert die Bestätigung dieses Werts.

Wir sind bei der Berechnung von einer Bodengeschwindigkeit von Null ausgegangen, um einen maximalen Wert für v angeben zu können. Aufgrund der Kontinuitätsgleichung müsste eigentlich $\rho_a v_B = \rho_i v$ oder $T_i v_B = T_a v$ erfüllt sein. Damit führen wir die Rechnung nochmals durch. Wieder starten wir mit $v = 5\,\frac{m}{s}$. Nach der eben genannten Gleichung ist dann $v_B = \frac{T_a}{T_i}v = \frac{293{,}15}{353{,}15} \cdot 5 = 4{,}15\,\frac{m}{s}$ und damit $\bar{u} = \frac{v + v_B}{2} = 4{,}58\,\frac{m}{s}$. Es folgt

$$Re_d = 1{,}714 \cdot 10^5, \lambda = 0{,}0161 \quad \text{und} \quad v = 7{,}02\,\frac{m}{s}\,.$$

Im nächsten Schritt ist dann $v_B = 5{,}83\,\frac{m}{s}, \bar{u} = 6{,}43\,\frac{m}{s}$ und es ergeben sich

$$Re_d = 2{,}408 \cdot 10^5, \lambda = 0{,}0151 \quad \text{und} \quad v = 6{,}76\,\frac{m}{s}\,.$$

Ein weiter Schritt liefert $v_B = 5{,}61\,\frac{m}{s}, \bar{u} = 6{,}19\,\frac{m}{s}, Re_d = 2{,}319 \cdot 10^5, \lambda = 0{,}0152$ und $v = 6{,}80\,\frac{m}{s}$. Der anschließende Schritt liefert die Bestätigung dieses Werts. Die Geschwindigkeit unterscheidet dabei sich nur wenig von der maximal möglichen $v_{max} = 7{,}13\,\frac{m}{s}$.

8.2 Laminare Rohrströmungen

Wir betrachten die stationäre Strömung eines inkompressiblen Newton'schen Fluids mit einer Reynolds-Zahl $Re < 2300$ in einem waagrechten Rohr. Aus der Inkompressibilität folgern wir, dass sowohl Geschwindigkeit als auch Massenstrom zeitlich unverändert bleiben. Die zeitliche Impulsänderung ist damit Null. Da die Gewichtskraft aufgrund der horizontalen Strömung keine Rolle spielt, entspricht die Nullsumme der Impulserhaltung (in waagrechter Richtung) der Nullsumme aller angreifenden Kräfte (in waagrechter Richtung) $\sum_i \vec{F}_i = 0$.

Wir denken uns die Wassersäule in Hohlzylinderschichten („Laminare") der Dicke dr zerlegt (Abb. 8.2). Die ineinandergeschachtelten Schichten erzeugen eine Reibungskraft $\Delta F_R = \Delta A \cdot \tau(r) = 2\pi r \cdot \Delta x \cdot \tau(r)$. Setzen wir ein Newton'sches Fluid voraus,

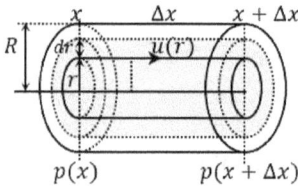

Abb. 8.2: Skizze zur laminaren Rohrströmung

dann beträgt die Oberflächenspannung $\tau(r) = \eta \cdot \frac{du}{dr}$. Dabei bezeichnet η die dynamische Viskosität. Damit hat man $\Delta F_R = 2\pi r \cdot \Delta x \cdot \eta \cdot \frac{du}{dr}$. Die Strömung wird durch die Druckkraftdifferenz

$$\Delta F_p = [p(x + \Delta x) - p(x)] \cdot \pi r^2 = -\Delta p \cdot \pi r^2$$

aufrecht erhalten. Der Druckunterschied Δp ist dabei negativ, da $p(x + \Delta x) < p(x)$. Folglich ist $\Delta F_R + \Delta F_p = 0$.

Man erhält weiter

$$2\pi r \cdot \Delta x \cdot \eta \cdot \frac{du}{dr} = \Delta p \cdot \pi r^2 \quad \text{oder} \quad du(r) = \left(\frac{\Delta p}{\Delta x}\right) \cdot \frac{r}{2\eta} \cdot dr . \tag{8.4}$$

Bevor wir diese Gleichung integrieren, ergibt sich die Spannungsverteilung: $\tau(r) = \left(\frac{\Delta p}{\Delta x}\right) \cdot \frac{r}{2}$.

Die Spannung wächst somit linear mit dem Abstand zum Zentrum (Abb. 8.3 links). Aufgrund der Rotationssymmetrie führt die Darstellung der Spannung zu einem Hohlkegel. Da $\Delta p < 0$, ist $\tau(r)$ rückwärts gerichtet.

Die Integration der Gleichung (8.4) liefert $u(r) = \left(\frac{\Delta p}{\Delta x}\right) \cdot \frac{r^2}{4\eta} + C$. Für $r = R$ haftet das Fluid an der Wand: $u(R) = 0$. Es folgt $C = -\left(\frac{\Delta p}{\Delta x}\right) \cdot \frac{R^2}{4\eta}$. Damit erhält man für das Geschwindigkeitsprofil

$$u(r) = -\left(\frac{\Delta p}{\Delta x}\right) \cdot \frac{R^2}{4\eta} \left(1 - \left(\frac{r}{R}\right)^2\right) . \tag{8.5}$$

Es entspricht dem Rand eines Paraboloids. Die größte Geschwindigkeit wird bei $r = 0$ erreicht (Scheitelpunkt) und beträgt $u_{max} = -\left(\frac{\Delta p}{\Delta x}\right) \cdot \frac{R^2}{4\eta}$. Damit kann man auch schreiben:

$$u(r) = u_{max} \left(1 - \left(\frac{r}{R}\right)^2\right) . \tag{8.6}$$

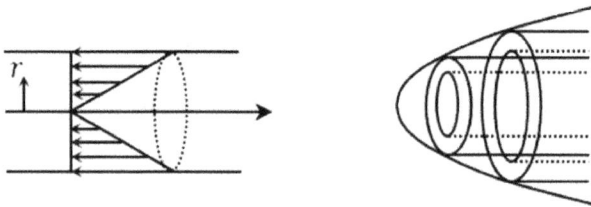

Abb. 8.3: Skizzen zur Spannung und dem Volumenstrom einer laminaren Rohrströmung

Als Nächstes bestimmen wir den Volumenstrom $\dot{V} = \frac{dV}{dt}$, die Volumenmenge des Fluids, die pro Sekunde durch das Rohr strömt (Abb. 8.3 rechts). Sei $2\pi r \cdot dr$ die Fläche des Ringspalts, dann ist $d\dot{V} = u(r) \cdot 2\pi r \cdot dr$ der Volumenstrom durch diesen Ringspalt und gesamthaft erhält man

$$\dot{V} = \int_0^R u(r) \cdot 2\pi r \cdot dr$$

(allgemein gilt $\dot{V} = \int_A u(r) \cdot dA$). Setzt man den Geschwindigkeitsverlauf (8.5) ein, dann ergibt sich

$$\dot{V} = -\left(\frac{\Delta p}{\Delta x}\right) \cdot \frac{R^2}{4\eta} \int_0^R \left(1 - \left(\frac{r}{R}\right)^2\right) 2\pi r \cdot dr$$

$$= -\left(\frac{\Delta p}{\Delta x}\right) \cdot \frac{\pi R^2}{2\eta} \int_0^R \left(r - \frac{r^3}{R^2}\right) dr = -\left(\frac{\Delta p}{\Delta x}\right) \cdot \frac{\pi R^2}{2\eta} \left[\frac{r^2}{2} - \frac{r^4}{4R^2}\right]_0^R$$

und schließlich das Gesetz von Hagen-Poiseuille:

$$\dot{V} = -\left(\frac{\Delta p}{\Delta x}\right) \cdot \frac{\pi R^4}{8\eta} .$$

Für die mittlere Geschwindigkeit des Fluids erhält man $\bar{u} = \frac{\dot{V}}{\pi R^2} = -\left(\frac{\Delta p}{\Delta x}\right) \cdot \frac{R^2}{8\eta}$ und es gilt $u_{\max} = 2 \cdot \bar{u}$ (Gesetz von Hagen-Poiseuille).

Bemerkung. Die mittlere Geschwindigkeit aus dem Mittel des Geschwindigkeitsprofils zu bestimmen ist falsch, weil dieses nur das Profil eines Längsschnitts des Paraboloids darstellt.

Für den Druckverlust $\Delta p_V = |\Delta p|$ entlang der Rohrstrecke l gilt $\Delta p_V = \frac{8\eta \cdot l \cdot \bar{u}}{R^2}$.

Aus $A \cdot \bar{u} = \dot{V} = \frac{\pi \cdot \Delta p \cdot R^4}{8\eta \cdot l}$ folgt $8\pi\eta \cdot l \cdot \bar{u} = \Delta p \cdot \pi R^2 = F_R$. Die Reibungskraft auf ein Fluid entlang einer Rohrwand der Länge l beträgt

$$F_R = 8\pi \cdot \eta \cdot l \cdot \bar{u} . \tag{8.7}$$

(Dies erinnert an die Stokes'sche Reibung eines Teilchens mit Radius r in einem Fluid: $F_R = 6\pi \cdot \eta \cdot r \cdot \bar{u}$).

Schließlich lässt sich noch die Rohrreibungszahl bestimmen.

Aus

$$\Delta p_V = \frac{8 \cdot \eta \cdot l \cdot \bar{u}}{R^2} = \frac{32 \cdot \eta \cdot l \cdot \bar{u}}{d^2} = \frac{64 \cdot \eta}{\rho \cdot \bar{u} \cdot d} \cdot \frac{l\rho}{d} \cdot \frac{\bar{u}^2}{2} = \frac{64}{Re} \cdot \frac{l\rho}{d} \cdot \frac{\bar{u}^2}{2}$$

erhält man durch Vergleich mit Gleichung (8.1) $\lambda = \frac{64}{Re}$.

Die laminare Strömung besitzt somit eine Rohrreibungszahl, die nur von der Reynolds-Zahl abhängt. Auf diese Weise kann das Hagen-Poiseuille-Gesetz für laminare Strömungen in die Weisbach-Formel für beliebige Strömungen implementiert werden.

Bemerkung. Ist man an der Reibungskraft im Abstand r_0 vom Zentrum mit $0 \leq r_0 \leq R$ interessiert, dann kann man dieselbe Rechnung nochmals durchführen. Dabei wird zuerst der Volumenstrom vom Zentrum bis zum Radius r_0 bestimmt:

$$\dot{V}_{r_0} = -\left(\frac{\Delta p}{\Delta x}\right) \cdot \frac{R^2}{4\eta} \int_0^{r_0} \left(1 - \left(\frac{r}{R}\right)^2\right) 2\pi r \cdot dr = -\left(\frac{\Delta p}{\Delta x}\right) \cdot \frac{\pi R^2}{2\eta} \left[\frac{r^2}{2} - \frac{r^4}{4R^2}\right]_0^{r_0}$$

$$= -\left(\frac{\Delta p}{\Delta x}\right) \cdot \frac{\pi r_0^2}{8\eta}(2R^2 - r_0^2) = -\left(\frac{\Delta p}{\Delta x}\right) \cdot \frac{\pi r_0^2}{8\eta}(2R^2 - r_0^2) \,.$$

Die mittlere Geschwindigkeit $\bar{u}_{r_0}$ bezieht sich auf diesen Volumenstrom:

$$\bar{u}_{r_0} = \frac{\dot{V}}{\pi r_0^2} = -\left(\frac{\Delta p}{\Delta x}\right) \cdot \frac{1}{8\eta}(2R^2 - r_0^2) \quad \text{mit} \quad u_{\max} = -\left(\frac{\Delta p}{\Delta x}\right) \cdot \frac{R^2}{4\eta} = \frac{2R^2}{(2R^2 - r_0^2)}\bar{u}_{r_0} \,.$$

Die Reibungskraft in einem Abstand r_0 vom Zentrum beträgt $F_{r_0} = \tau(r_0) \cdot 2\pi r_0 l$. Dabei ist $A_0 = 2\pi r_0 l$ wieder die benetzte Fläche. Man erhält

$$F_{r_0} = \left(\frac{\Delta p_V}{l}\right) \cdot \frac{r_0}{2} \cdot 2\pi r_0 l = \Delta p_V \cdot \pi r_0^2 \,,$$

was nichts anderes als das Kräftegleichgewicht $\Delta F_R + \Delta F_p = 0$ bedeutet. Die Reibungskraft folgt zu

$$F_{r_0} = \lambda \cdot \frac{l}{2r_0} \rho \frac{\bar{u}_{r_0}^2}{2} \cdot \pi r_0^2 = \underbrace{\frac{64}{\rho \cdot \bar{u}_{r_0} \cdot 2r_0}}_{\eta} \cdot \frac{l}{4}\rho \bar{u}_{r_0}^2 \cdot \pi r_0 = 8\pi \cdot \eta \cdot l \cdot \bar{u}_{r_0} \,.$$

Man erhält denselben Ausdruck wie vorhin. Anstelle von $\bar{u} = \bar{u}_R$ tritt einfach $\bar{u}_{r_0}$. Für $r_0 \to R$ geht die Formel in Gleichung (8.7) über.

8.3 Turbulente Rohrströmungen

Turbulente Strömungen sind dadurch gekennzeichnet, dass ihre Reynolds-Zahl größer als 2300 ist. Wir wollen, wie bei der laminaren Strömung, das Geschwindigkeitsprofil in einem kreisrunden Rohr mit Radius R bestimmen. Dazu betrachten wir wieder eine Hohlzylinderschicht mit Radius r und Dicke dr.

Der gesamte Volumenfluss beträgt $\dot{V} = \int_0^R u(r) \cdot 2\pi r \cdot dr$. Messungen zeigen, dass man die Geschwindigkeit $u(r)$ approximieren kann durch

$$u(r) = u_{\max}\left(1 - \frac{r}{R}\right)^{\frac{1}{n}} \,.$$

$n = n(Re, \frac{k}{d})$ ist dabei eine Funktion der Reynolds-Zahl, dem Durchmesser d und der Rauheit k des Rohrs. (Die Herleitung des Geschwindigkeitsfeldes holen wir im 6. Band nach.)

Es gilt dabei folgende Näherungstabelle:

Re	$1 \cdot 10^5$	$6 \cdot 10^5$	$1,2 \cdot 10^6$	$2 \cdot 10^6$
n	7	8	9	10

Der Volumenstrom berechnet sich dann zu

$$\dot{V} = 2\pi \cdot u_{max} \int_0^R r \left(1 - \frac{r}{R}\right)^{\frac{1}{n}} \cdot dr \,.$$

Mit $x = \frac{r}{R}$ folgt $dr = R \cdot dx$ und somit

$$\dot{V} = 2\pi R^2 \cdot u_{max} \int_0^1 x(1 - x)^{\frac{1}{n}} \cdot dx \,.$$

Partielle Integration liefert

$$\int_0^1 x(1 - x)^{\frac{1}{n}} \cdot dx = x \frac{n}{n+1} \cdot (1 - x)^{\frac{n+1}{n}} \Big|_0^1 - \frac{n}{n+1} \int_0^1 (1 - x)^{\frac{n+1}{n}} \cdot dx$$

$$= -\frac{n}{n+1} \int_0^1 (1 - x)^{\frac{n+1}{n}} \cdot dx = -\frac{n}{n+1} \cdot \frac{n}{2n+1} \left[(1 - x)^{\frac{2n+1}{n}} \right]_0^1 = \frac{n^2}{(n+1)(2n+1)}$$

Insgesamt erhalten wir $\dot{V} = 2\pi R^2 \cdot u_{max} \cdot \frac{n^2}{(n+1)(2n+1)}$ und damit $\bar{u} = u_{max} \cdot \frac{2n^2}{(n+1)(2n+1)}$.

Beispiel. Durch eine horizontale Stahlrohrleitung von 2 km Länge und 50 cm Durchmesser fließen pro Minute 80 m^3 Wasser von 15 °C. Die Rauheit der Rohrinnenwand beträgt $k = 0,1$ mm. Die Stoffwerte seien $\rho_{15°C} = 999,10 \frac{kg}{m^3}$ und $\eta_{15°C} = 1138,0 \cdot 10^{-6} \frac{kg \cdot m^2}{s}$.

Es soll die maximale Geschwindigkeit des Wassers abgeschätzt werden.
Es gilt

$$\bar{u} = \frac{\dot{V}}{\pi R^2} = \frac{80}{60 \cdot \pi \cdot 0,25^2} = 1,70 \frac{m}{s} \,.$$

Weiter ist

$$Re = \frac{\rho \cdot d \cdot \bar{u}}{\eta} = \frac{999,10 \cdot 0,5 \cdot 1,70}{1138,0 \cdot 10^{-6}} = 745.222$$

und die Strömung turbulent. Mit Colebrook-White,

$$\frac{1}{\sqrt{\lambda}} = 1,74 - 2 \cdot \log_{10} \left(\frac{2 \cdot 10^{-4}}{0,5} + \frac{18,7}{745.222 \sqrt{\lambda}} \right) \,,$$

erhält man $\lambda = 0,0150$. Den Druckverlust findet man mit Weisbach (Gleichung (8.1)) zu

$$\Delta p_V = \lambda \cdot \frac{l\rho}{d} \cdot \frac{\bar{u}^2}{2} = 0,015 \cdot \frac{2000 \cdot 999,10}{0,5} \cdot \frac{1,70^2}{2} = 0,86 \text{ bar} \,.$$

Da die Reynolds-Zahl $7,45 \cdot 10^5$ einem Exponenten zwischen $n = 8$ und $n = 9$ entspricht, kann man durch lineare Interpolation der Werte ($Re = 6 \cdot 10^5/n = 8$) und ($Re = 1,2 \cdot 10^6/n = 9$) etwa $n = \frac{1}{6} \cdot 10^{-5} \cdot Re + 7$ angeben. Für unsere Reynolds-Zahl erhalten wir dann $n = \frac{1}{6} \cdot 10^{-5} \cdot 7,45 \cdot 10^5 + 7 \approx 8,24$.

Schließlich folgt

$$1,70 = u_{max} \cdot \frac{2 \cdot 8,24^2}{(8,24 + 1)(2 \cdot 8,24 + 1)}$$

und endlich $u_{max} \approx 2,02 \, \frac{m}{s}$.

Aufgabe
Bearbeiten Sie die Übung 15.

Bemerkung. Im Moment begnügen wir uns mit der Angabe dieses Geschwindigkeitsprofils der turbulenten Strömung. Es stellt auch nur eine Näherung dar. Die Erfassung einer turbulenten Strömung in all ihren Aspekten wird auf den 6. Band verschoben.

9 Lineare Wellenthoerie nach Airy

Die räumliche und zeitliche Bewegung von Wasserwellen kann man mit Hilfe der linearen oder der nichtlinearen Wellentheorie untersuchen. Im Weiteren soll nur die erste, die Theorie nach Airy besprochen werden. Wasserwellen sind eigentlich Oberflächenwellen: Sie entstehen an der Grenzfläche zwischen dem Wasser und der Luft. Jede Oberflächenwelle ist eine Kombination aus transversaler und longitudinaler Welle. Die beschleunigenden oder hemmenden Kräfte sind dabei die Oberflächenspannung und die Gewichtskraft. Bei kleinen Wellenlängen ist die Oberflächenspannung maßgebend, bei großen Wellenlängen überwiegt die Gewichtskraft.

Die Form der Wasseroberfläche sei durch eine noch unbekannte Funktion $s(x, t)$ gegeben (Abb. 9.1). Es bezeichnen H: Wassertiefe, λ: Wellenlänge, ω: Kreisfrequenz, T: Periodendauer, c: Phasengeschwindigkeit, $s(x, t)$: Auslenkung der Wasseroberfläche aus der Nulllage $z = 0$ und u, w: Geschwindigkeitskomponenten der Wasserteilchen.

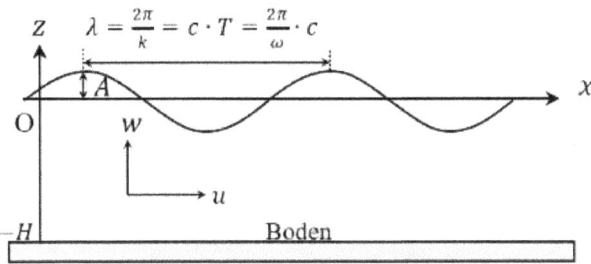

Abb. 9.1: Skizze zur Wasseroberflächenform

Für die weitere mathematische Beschreibung setzen wir ein inkompressibles Fluid voraus. Zudem verlaufe die Strömung reibungsfrei. Dann können wir von einer rotationsfreien Strömung ausgehen und das Geschwindigkeitsfeld als Potenzial schreiben: $\vec{v} = \text{grad } \phi$. Unsere Welle sei zudem in y-Richtung weit ausgedehnt. Die Lösung wird bestimmt durch die Euler-Gleichung für die Potentialströmung und die Laplace-Gleichung:

$$\rho\frac{\partial \phi}{\partial t} + \frac{1}{2}\rho\left[\left(\frac{\partial \phi}{\partial x}\right)^2 + \left(\frac{\partial \phi}{\partial z}\right)^2\right] + p + \rho gz = 0 , \tag{9.1}$$

$$\frac{\partial^2 \phi}{\partial x^2} + \frac{\partial^2 \phi}{\partial z^2} = 0 . \tag{9.2}$$

Nehmen wir an, die Auslenkung A sei etwa von derselben Größenordnung wie die Wellenlänge λ und die Tiefe H. In diesem Fall würden die Wasserteilchen während einer Periode große Bahnen beschreiben (Abb. 9.2 links, die genaue Form bestimmen wir später).

https://doi.org/10.1515/9783110684520-009

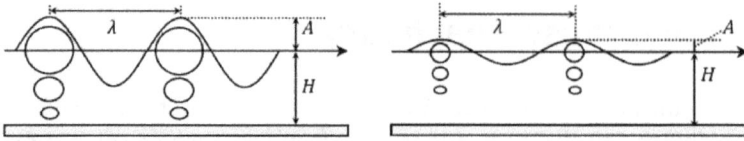

Abb. 9.2: Skizzen zur Auslenkung der Welle und den Bahnlinien der Teilchen

Demnach wären $\frac{\partial \phi}{\partial x} = u = \frac{\partial x}{\partial t}$, $\frac{\partial \phi}{\partial z} = w = \frac{\partial z}{\partial t}$ und erst recht die Quadrate zu groß, um sie gegenüber $\frac{\partial \phi}{\partial t}$ zu vernachlässigen.

Ist hingegen A klein gegenüber λ und H, so sind die Bahnlinien klein (Abb. 9.2 rechts). Damit sind sowohl $\frac{\partial \phi}{\partial t}$ als auch $\frac{\partial \phi}{\partial x}$ und $\frac{\partial \phi}{\partial z}$ klein, so dass die Quadrate $(\frac{\partial \phi}{\partial x})^2$ und $(\frac{\partial \phi}{\partial z})^2$ nun weniger ins Gewicht fallen. Sie können gegenüber $\frac{\partial \phi}{\partial t}$ vernachlässigt werden. Damit lautet unsere Voraussetzung für alles Weitere:

$$A \ll \lambda \quad \text{und} \quad A \ll H. \tag{9.3}$$

Nun vergleichen wir die Wasseroberfläche während zweier Zustände: dem allgemeinen Fall und dem ruhenden Fall, wenn die Geschwindigkeit der Wasserteilchen Null ist und die Gewichtskraft keine Wirkung erzeugt. Man erhält

$$\rho \frac{\partial \phi}{\partial t} + \frac{1}{2}\rho \left[\left(\frac{\partial \phi}{\partial x}\right)^2 + \left(\frac{\partial \phi}{\partial z}\right)^2 \right] + p + \rho g s = p \quad \text{oder}$$

$$\frac{\partial \phi}{\partial t} + \frac{1}{2} \left[\left(\frac{\partial \phi}{\partial x}\right)^2 + \left(\frac{\partial \phi}{\partial z}\right)^2 \right] + g s = 0.$$

Treffen wir die Voraussetzungen von (9.3), dann verbleibt nur der lineare Term (was der Theorie ihren Namen verleiht) und es ergibt sich

$$\left. \frac{\partial \phi}{\partial t} \right|_{z=s} + g s = 0. \tag{9.4}$$

Potenzial und Stromfunktion

Für das Potenzial setzen wir getrennt nach Variablen $\phi(x, z, t) = \sin(kx - \omega t) \cdot f(z)$ an. Der trigonometrische Faktor bezeichnet das Fortschreiten der Welle in x-Richtung, die Veränderung der Wellenhöhe wird durch $f(z)$ beschrieben.

Den Ausdruck für ϕ setzen wir in die Laplace-Gleichung (9.2) ein und erhalten

$$-k^2 \sin(kx - \omega t) \cdot f(z) + \sin(kx - \omega t) \cdot \frac{\partial^2 f}{\partial z^2} = 0 \quad \text{oder} \quad -k^2 \cdot f(z) + f''(z) = 0.$$

Mit dem Ansatz $f(z) = C \cdot e^{mz}$ erhält man $Cm^2 \cdot e^{mz} - k^2 \cdot e^{mz} = 0 \implies m^2 = k^2$.

Daraus ergibt sich $m_{1,2} = \pm k$ und somit

$$f(z) = C_1 \cdot e^{kz} + C_2 \cdot e^{-kz}. \tag{9.5}$$

Nun formulieren wir eine Randbedingung für die Geschwindigkeit. In der Tiefe $z = -H$ muss die Geschwindigkeit in z-Richtung der Wasserteilchen zum Erliegen kommen (Wasser soll den Boden nicht durchdringen):

$$w|_{z=-H} = \frac{\partial \phi}{\partial z}\bigg|_{z=-H} = 0 \,. \tag{9.6}$$

Angewandt auf das Potenzial erhält man

$$\sin(kx - \omega t) \cdot \left[kC_1 \cdot e^{kz} - kC_2 \cdot e^{-kz}\right]\big|_{z=-H} = 0 \,.$$

Da die Bedingung für alle Zeiten gilt, folgt $C_1 \cdot e^{-kH} - C_2 \cdot e^{kH} = 0$ oder $C_2 = C_1 e^{-2kH}$. Eingesetzt in (9.5) ist

$$\begin{aligned}
f(z) &= C_1 \cdot e^{kz} + C_1 e^{-2kH} \cdot e^{-kz} \\
&= C_1 e^{-kH} \cdot [e^{kH}e^{kz} + e^{-kH}e^{-kz}] = C[e^{k(H+z)} + e^{-k(H+z)}] \\
&= D \cdot \cosh[k(H + z)] \,.
\end{aligned}$$

Damit erhält das Potenzial die Gestalt

$$\phi(x, z, t) = D \cdot \sin(kx - \omega t) \cdot \cosh[k(H + z)] \,. \tag{9.7}$$

Zur Bestimmung der Konstanten D setzen wir (9.7) in (9.4) ein und erhalten eine implizite Gleichung für $s(x, t)$: $-D\omega \cdot \cos(kx - \omega t) \cdot \cosh[k(H + s)] + gs = 0$. Diese kann nur durch die getroffene Vorraussetzung (9.3) explizit gelöst werden. Mit $A \ll H$ ist auch $s \ll H$ und man kann $H + s \approx H$ setzen, was zu $s(x, t) = D \cdot \frac{\omega}{g} \cdot \cosh(kH) \cdot \cos(kx - \omega t)$ führt. Offenbar beschreibt $s(x, t)$ eine Welle mit der Amplitude $A = D \cdot \frac{\omega}{g} \cdot \cosh(kH)$. Damit lautet die Konstante $D = \frac{Ag}{\omega \cdot \cosh(kH)}$. Insgesamt kann man für das Potenzial schreiben:

$$\phi(x, z, t) = \frac{Ag}{\omega \cdot \cosh(kH)} \cdot \sin(kx - \omega t) \cdot \cosh[k(H + z)] \,. \tag{9.8}$$

Bestimmen der Oberflächenfunktion $s(x, t)$

Benutzen wir Gleichung (9.4) und lösen nach s auf, so erhalten wir $s = -\frac{1}{g} \cdot \frac{\partial \phi}{\partial t}$. Nun setzen wir das Potenzial (9.8) ein, was

$$s = -\frac{1}{g} \cdot \frac{Ag}{\omega \cdot \cosh(kH)} [-\omega \cos(kx - \omega t) \cdot \cosh[k(H + s)]]$$

ergibt. Mit der Vereinfachung $H + s \approx H$ folgt

$$s(x, t) = A \cdot \cos(kx - \omega t) \,. \tag{9.9}$$

Für kleine Wellenhöhen kann damit die Wellenoberfläche mit einer Kosinusfunktion angenähert werden.

Skizze der Potenzial- und Stromlinien

Dazu bestimmen wir

$$\frac{\partial \phi}{\partial x} = \frac{Ag}{\omega \cdot \cosh(kH)} \cdot k \cdot \cos(kx - \omega t) \cdot \cosh[k(H + z)] \; .$$

Mit $\frac{\partial \psi}{\partial z} = \frac{\partial \phi}{\partial x}$ erhält man

$$\psi(x, z, t) = \frac{Ag}{\omega \cdot \cosh(kH)} \cdot \cos(kx - \omega t) \cdot \sinh[k(H + z)] \; .$$

Die Werte $H = 1$, $\lambda = 1$ und $t = 0$ liefern nacheinander

$$\frac{\phi^*_{\text{konst}} Ag}{\omega \cdot \cosh(kH) \cdot \sin(kx - \omega t)} = \cosh[k(H + z)] \; ,$$

$$\frac{\psi^*_{\text{konst}} Ag}{\omega \cdot \cosh(kH) \cdot \cos(kx - \omega t)} = \sinh[k(H + z)]$$

und

$$z(\lambda) = \frac{1}{2\pi} \cdot \operatorname{arcosh}\left(\frac{\phi_{\text{konst}}}{\sin(2\pi x)} \right) - 1 \; , \quad z(\lambda) = \frac{1}{2\pi} \cdot \operatorname{arsinh}\left(\frac{\psi_{\text{konst}}}{\cos(2\pi x)} \right) - 1 \; . \quad (9.10)$$

Für eine Skizze wählen wir (Abb. 9.3)

$$\phi_{\text{konst}} = \{\pm 0{,}2, \pm 0{,}5, \pm 1, \pm 5, \pm 25, \pm 75, \pm 200\} \; ,$$

$$\psi_{\text{konst}} = \{\pm 0{,}5, \pm 2, \pm 5, \pm 20, \pm 75, \pm 200, \pm 500\} \quad \text{und}$$

$$s(x, t) = 0{,}2 \cdot \cos(2\pi x) \; .$$

Unter den Wellenbergen verlaufen die Strömungsgeschwindigkeiten in Richtung der Phasengeschwindigkeit und unter den Tälern stets in Gegenrichtung der Phasengeschwindigkeit. Am Verlauf der Stromlinien kann man bekanntlich die Momentangeschwindigkeiten der Wasserteilchen auf ihren Bahnlinien ablesen.

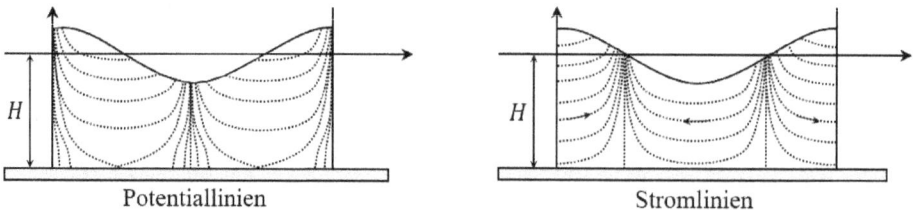

Potentiallinien · Stromlinien

Abb. 9.3: Graphen von (9.10)

Frequenz der Wellen

Für die Berechnung der Frequenz betrachten wir das vollständige Differenzial $dz = ds = \frac{\partial s}{\partial x} \cdot dx + \frac{\partial s}{\partial t} \cdot dt$ oder $\frac{dz}{dt} = \frac{\partial s}{\partial x} \cdot \frac{dx}{dt} + \frac{\partial s}{\partial t}$. Mit Gleichung (9.3) ist $A \ll \lambda$, somit auch $s \ll \lambda$ und folglich $\frac{\partial s}{\partial x} \ll 1$. Man erhält als Näherung $\frac{dz}{dt} \approx \frac{\partial s}{\partial t}$ und unter Verwendung von $w = \frac{dz}{dt} = \frac{\partial \phi}{\partial z}$ die Gleichung $\frac{\partial \phi}{\partial z} \approx \frac{\partial s}{\partial t}$ und insbesondere

$$\left. \frac{\partial \phi}{\partial z} \right|_{z=s} = \frac{\partial s}{\partial t} \, . \tag{9.11}$$

Die Gleichung besagt, dass es genügt, die Oberflächenfunktion nur nach der Zeit, aber nicht nach dem Ort abzuleiten, um die Vertikalgeschwindigkeitskomponente zu bestimmen.

Leiten wir Gleichung (9.4) nach der Zeit ab und setzen das Ergebnis (9.11) ein, dann führt dies auf den Zusammenhang

$$\frac{\partial^2 \phi}{\partial t^2} + g \cdot \left. \frac{\partial \phi}{\partial z} \right|_{z=s} = 0 \, . \tag{9.12}$$

Angewandt auf das Potenzial von Gleichung (9.8) folgt

$$\frac{Ag}{\omega \cdot \cosh(kH)}$$
$$\cdot \left[-\omega^2 \sin(kx - \omega t) \cdot \cosh[k(H + s)] + gk \cdot \sin(kx - \omega t) \cdot \sinh[k(H + s)] \right] = 0$$

oder

$$-\omega^2 \cdot \cosh[k(H + s)] + gk \cdot \sinh[k(H + s)] = 0 \, .$$

Da die Gleichung auch für dasjenige s im Ruhestand gilt, kann man $s = 0$ setzen und erhält

$$\omega = \sqrt{gk \cdot \tanh(kH)} \, . \tag{9.13}$$

Mit $\omega = ck$ folgt die Phasengeschwindigkeit zu

$$c(H, \lambda) = \sqrt{\frac{g}{k} \cdot \tanh(kH)} \, . \tag{9.14}$$

Gleichung (9.13) oder (9.14) nennt man die Dispersionseigenschaft der (Airy)-Wasserwellen. Sie besagt, dass die Phasengeschwindigkeit eine Funktion der Wellenlänge ist. Eine bekannte Erscheinung dazu ist der Regenbogen. Aus (9.13) folgt zudem, dass bei gegebener Wassertiefe eine Welle mit der Periode ω nur eine Wellenlänge λ annehmen kann.

1. Tiefwasser. Ist die Wellenlänge klein gegenüber der Wassertiefe, also $\frac{\lambda}{H} \ll 1$, dann hat man $kH = \frac{2\pi}{\lambda} \cdot H \gg 1$ und folglich

$$\tanh(kH) \approx 1 \quad \text{und} \quad c(\lambda) \approx \sqrt{\frac{g}{k}} = \sqrt{\frac{g\lambda}{2\pi}} \, .$$

Diese Tiefwasserapproximation gilt für Tiefen $H \geq \frac{\lambda}{2}$. Die Phasengeschwindigkeit c ist somit nur von der Wellenlänge abhängig, was bedeutet, dass lange Wellen schneller wandern als kurze.

2. Flachwasser. In diesem Fall ist $\frac{H}{\lambda} \ll 1$, $kH = \frac{2\pi}{\lambda} \cdot H \ll 1$ und folglich $\tanh(kH) \approx kH$. Die Phasengeschwindigkeit ergibt sich zu

$$c(H) \approx \sqrt{\frac{g}{k} kH} = \sqrt{gH} \,. \tag{9.15}$$

Diese Näherung ist für $\frac{H}{\lambda} \leq \frac{1}{20}$ zulässig. Im Flachwasser dominiert somit die Tiefe gegenüber der Wellenlänge und es gibt praktisch keine Dispersion.

Gleichung (9.14) kann auch über den Energiesatz hergeleitet werden. Bei Tiefwasser beschreiben die Teilchen an der Wasseroberfläche Kreisbahnen mit dem Radius r_0. Dann ist $v_{\text{Bahn}} = \omega \cdot r_0 = \frac{2\pi}{T} \cdot r_0 = \frac{2\pi r_0 c}{\lambda}$ mit $c = \frac{\lambda}{T}$. Die Geschwindigkeit in einem Wellenberg beträgt $v_{\text{Berg}} = c - v_{\text{Bahn}} = c - \omega r_0$, im Wellental hingegen $v_{\text{Tal}} = c + v_{\text{Bahn}} = c + \omega r_0$.

Die totale kinetische Energie ist dann

$$\Delta E_{\text{Kin}} = \frac{1}{2}\Delta m \cdot v_{\text{Tal}}^2 - \frac{1}{2}\Delta m \cdot v_{\text{Berg}}^2 = \frac{1}{2}\Delta m \left[(c + \omega r_0)^2 - (c - \omega r_0)^2 \right]$$

$$= \frac{1}{2}\Delta m(2c\omega r_0 + 2c\omega r_0) = 2\Delta m c \omega r_0 \,. \tag{9.16}$$

Dies muss der potenziellen Energie entsprechen: $\Delta E_{\text{pot}} = \Delta m g \cdot 2r_0$. Zusammen erhält man $2\Delta m \cdot c \cdot \omega r_0 = 2\Delta m g \cdot r_0$ und daraus

$$c = \frac{g}{\omega} = \frac{g}{ck} = \frac{g\lambda}{c \cdot 2\pi} = \sqrt{\frac{g\lambda}{2\pi}} \,.$$

Dieses Ergebnis gilt, wie auch Gleichung (9.15), für Schwerewellen, also für diejenige Art von Wellen, bei denen die Gewichtskraft die rücktreibende Kraft darstellt. Sind die Wellenlängen klein, etwa < 1 cm, dann spricht man von Kapillarwellen.

Oberflächenspannung

Bei Kapillarwellen übernimmt die Oberflächenspannung die Rolle der rücktreibenden Kraft. Der Begriff ist etwas missverständlich, weil es sich nicht um eine Spannung im üblichen Sinn mit der Einheit $\frac{N}{m^2}$ handelt, sondern vielmehr um eine Konstante mit der Einheit $\frac{N}{m}$, analog zur Federkonstanten. Soll eine Feder um die Strecke ds ausgelenkt werden, dann ist dafür eine Kraft dF notwendig. Die Federkonstante ist demnach $D = \frac{dF}{ds}$. Will man eine Wasserhaut der Fläche A um die Fläche dA vergrößern, dann muss die Arbeit dW aufgebracht werden. Die Oberflächenspannung σ lautet dann $\sigma = \frac{dW}{dA} = \frac{F \cdot dr}{dA} = \frac{p_K \cdot A \cdot dr}{dA}$. p_K heißt Kapillardruck.

Gehen wir von einer kleinen (kugelförmigen) Blase aus, dann ist der hydrostatische Druck auf der Unter- und Oberseite gleich groß, also $p_K = konst.$ Es folgt

$$\sigma = \frac{p_K \cdot \pi r^2 \cdot dr}{8\pi r \cdot dr} = \frac{p_K \cdot r}{2} \quad \text{und} \quad p_K = \frac{2 \cdot \sigma}{r} \quad \text{mit } \sigma \left[\frac{N}{m} \right] \,.$$

Mit Voraussetzung (9.3) kann die Kapillarwelle durch eine Kosinusfunktion zu einen beliebigen Zeitpunkt dargestellt werden (9.9): $s(x) = B \cdot \cos(kx)$. An der Oberfläche beschreiben die Teilchen unabhängig von der Wassertiefe Kreisbahnen mit dem Radius B. Also können wir $s(x) = r_0 \cdot \cos(kx)$ ansetzen. Der Krümmungsradius r berechnet sich gemäß

$$r = \left| \frac{1}{s''(0)} \right| = \left| \frac{1}{r_0 \cdot k^2 \cdot \cos(0)} \right| = \frac{1}{r_0 \cdot k^2} \,.$$

Dann gilt für den Kapillardruck $p_K = \frac{2 \cdot \sigma}{r} = 2\sigma r_0 \cdot k^2$. Der Unterschied in der potenziellen Energie zwischen Berg und Tal ist

$$\Delta E_{pot} = E_{pot,Berg} - E_{pot,Tal} = p_K \cdot \Delta V = p_K \cdot \frac{\Delta V}{\rho} = 2\sigma r_0 \cdot k^2 \cdot \frac{\Delta V}{\rho} \,.$$

Dies setzen wir der kinetischen Energie (9.16) gleich und erhalten $2\sigma r_0 \cdot k^2 \cdot \frac{\Delta V}{\rho} = 2\Delta m \cdot c \cdot \omega r_0$ oder $\frac{\sigma k^2}{\rho} = c\omega$. Endlich ergibt sich die Phasengeschwindigkeit zu

$$c = \frac{\sigma k^2}{\rho \omega} = \sqrt{\frac{\sigma k}{\rho}} \,.$$

Unser allgemeines Ergebnis, das sowohl Oberflächenspannung als auch Gewichtskraft berücksichtigt, lautet damit

$$c = \sqrt{\left(\frac{g}{k} + \frac{\sigma k}{\rho} \right) \tanh(kH)} \quad \text{und} \quad \omega = \sqrt{\left(gk + \frac{\sigma k^3}{\rho} \right) \tanh(kH)} \,.$$

Die entsprechenden Näherungen für Tief- bzw. Flachwasser sind damit

$$c_{tief} = \sqrt{\frac{g}{k} + \frac{\sigma k}{\rho}} \quad \text{und} \quad \omega_{tief} = \sqrt{gk + \frac{\sigma k^3}{\rho}}$$

bzw.

$$c_{flach} = \sqrt{gH + \frac{\sigma k^2 H}{\rho}} \quad \text{und} \quad \omega_{flach} = \sqrt{\left(gk + \frac{\sigma k^3}{\rho} \right) kH} \,.$$

Bahnlinien

Weil die Strömung instationär ist, unterscheiden sich die weiter oben bestimmten Stromlinien von den Bahnlinien.

Nehmen wir an, ein Teilchen befinde sich zur Startzeit am Ort (x_0, y_0). Wir setzen die Änderung der Ausgangslage als $(x(t), z(t)) = (x_0 + \tilde{x}(t), z_0 + \tilde{z}(t))$ an. Die Ortsverschiebungen $\tilde{x}(t)$ und $\tilde{z}(t)$ seien jeweils so klein, dass wir $\frac{d\tilde{x}(t)}{dt}$ mit $\frac{\partial \phi}{\partial x}|_{(x_0, z_0)}$ und $\frac{d\tilde{z}(t)}{dt}$ mit $\frac{\partial \phi}{\partial z}|_{(x_0, z_0)}$ identifizieren können. Wir berechnen

$$\frac{\partial \phi}{\partial x}\bigg|_{(x_0, z_0)} = \frac{Agk}{\omega \cdot \cosh(kH)} \cdot \cos(kx_0 - \omega t) \cdot \cosh[k(H + z_0)] \quad \text{und}$$

$$\frac{\partial \phi}{\partial z}\bigg|_{(x_0, z_0)} = \frac{Agk}{\omega \cdot \cosh(kH)} \cdot \sin(kx_0 - \omega t) \cdot \sinh[k(H + z_0)] \,.$$

Für den Weg des Teilchens in der Zeit von 0 bis t folgt

$$\tilde{x}(t) = \int_0^t \frac{\partial \phi}{\partial x}\, dt = \overbrace{\frac{Agk}{\omega^2 \cdot \cosh(kH)}}^{\alpha} \cdot \cosh[k(H + z_0)] \cdot [-\sin(kx_0 - \omega t) + \sin(kx_0)] \quad \text{und}$$

$$\tilde{z}(t) = \int_0^t \frac{\partial \phi}{\partial z}\, dt = \underbrace{\frac{Agk}{\omega^2 \cdot \cosh(kH)}}_{\beta} \cdot \sinh[k(H + z_0)] \cdot [\cos(kx_0 - \omega t) - \cos(kx_0)] \ .$$

Umgeformt ergibt sich

$$\frac{1}{\alpha}[\tilde{x}(t) - \alpha \cdot \sin(kx_0)] = -\sin(kx_0 - \omega t) \quad \text{und}$$

$$\frac{1}{\beta}[\tilde{z}(t) + \beta \cdot \cos(kx_0)] = \cos(kx_0 - \omega t)$$

und schließlich

$$\frac{[\tilde{x}(t) - \alpha \cdot \sin(kx_0)]^2}{\alpha^2} + \frac{[\tilde{z}(t) + \beta \cdot \cos(kx_0)]^2}{\beta^2} = 1 \ . \tag{9.17}$$

Dies ist die Gleichung einer Ellipse mit den Hauptachsen α und β. Da sich die Teilchen somit auf geschlossenen Bahnen bewegen, wird nach dieser Theorie zwar Energie, aber keine Masse transportiert. Ein Massentransport kann nur mit einer nichtlinearen Wellentheorie beschrieben werden.

i) Wir betrachten im Speziellen zuerst die Wasseroberfläche. In diesem Fall gilt $z_0 \rightarrow 0$.

    a) Bei Tiefwasser ist $\tanh(kH) \approx 1$, $\omega^2 = gk$ und folglich $\alpha \rightarrow \frac{Agk}{\omega^2} = A$ und $\beta \rightarrow \frac{Agk}{\omega^2} = A$. Die Teilchenbahnen entsprechen somit Kreisen.

    b) Bei Flachwasser erhält man aus $\tanh(kH) \approx kH$, $\omega^2 = gk^2H$ im Grenzfall $\alpha \rightarrow \frac{Agk}{\omega^2} = \frac{A}{kH}$ und $\beta \rightarrow \frac{Agk^2H}{\omega^2} = A$. Die Bahnen beschreiben dann Ellipsen.

ii) Am Boden ist $z_0 \rightarrow -H$.

    a) Bei Tiefwasser ergibt sich $\alpha \rightarrow \frac{Agk}{\omega^2 \cdot \cosh(kH)} = \frac{A}{\cosh(kH)}$ und $\beta \rightarrow 0$.

    b) Bei Flachwasser folgt $\alpha \rightarrow \frac{Agk}{\omega^2 \cdot \cosh(kH)} = \frac{A}{kH \cdot \cosh(kH)}$ und $\beta \rightarrow 0$. Die Bahnen beschreiben in jedem Fall Ellipsen.

Insgesamt kann man festhalten, dass bei Tiefwasser sich die Teilchenbahnen von Kreisbahnen an der Oberfläche allmählich zu Ellipsen verformen. Im Flachwasser sind die Trajektorien schon ellipsenförmig und flachen mit zunehmender Tiefe weiter ab (Abb. 9.4).

Tiefwasser   Übergang   Flachwasser

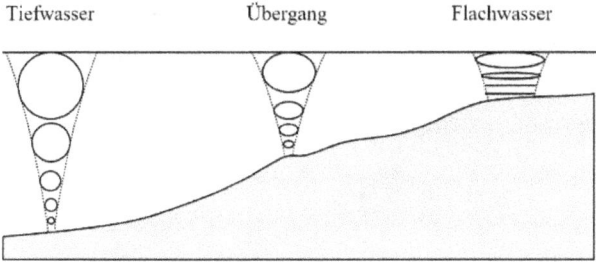

Abb. 9.4: Teilchenbahnen im Tiefwasser, im Übergangsbereich und im Flachwasser

Teilchengeschwindigkeit

Dazu betrachten wir die Momentangeschwindigkeit zur Zeit $t = 0$ am Ort (x, z) und berechnen

$$u = \frac{\partial \psi}{\partial z} = Dk \cdot \cos(kx) \cdot \cosh[k(H + z)] \quad \text{und}$$

$$w = \frac{\partial \phi}{\partial z} = Dk \cdot \sin(kx) \cdot \sinh[k(H + z)] \,. \tag{9.18}$$

Die Geschwindigkeit nimmt mit zunehmender Tiefe ab, weil beide hyperbolische Funktionen monoton sind. Graphisch kann man dies auch aus dem Verlauf der Stromlinien erkennen.

Die größten horizontalen Geschwindigkeiten innerhalb einer Wellenperiode treten unter den Wellenbergen und -tälern für $x = 0$ und $x = \frac{\lambda}{2}$ auf. Sie betragen

$$u_0(z) = Dk \cdot \cosh[k(H + z)] \quad \text{bzw.} \quad u_{\frac{\lambda}{2}}(z) = -Dk \cdot \cosh[k(H + z)] \,.$$

Unter dem Wellental sind die Geschwindigkeitskomponenten der Strömung entgegen gerichtet, unter dem Wellenberg hingegen in Strömungsrichtung. Interessant ist, dass die größten Geschwindigkeitsänderungen an der Oberfläche vonstattengehen. Das Profil ist konkav. Im Vergleich dazu ist das Geschwindigkeitsprofil einer Gerinneströmung parabolisch und konvex, d. h., gegen die Oberfläche hin ändert sich die Geschwindigkeit kaum (vgl. Kapitel 10.8).

Am Boden erhält man dafür $u_0(-H) = Dk$ und $u_{\frac{\lambda}{2}}(-H) = -Dk$. Auf der Wasseroberfläche ergibt sich $u_0(A) = Dk \cdot \cosh[k(H + A)]$ und $u_{\frac{\lambda}{2}}(-A) = Dk \cdot \cosh[k(A - H)]$.

Die horizontalen Geschwindigkeiten an der Oberfläche sind gegenüber allen anderen Bahngeschwindigkeiten im Wasser am größten. Aus der Monotonie der Funktion folgt insbesondere $|u_0(A)| > |u_{\frac{\lambda}{2}}(-A)|$. Durch einen Wellenberg tritt somit eine größere Wassermenge als durch ein Wellental. Insbesondere ist auch die Kontinuitätsgleichung für jede Höhe z in den Punkten mit $x = 0$, $\frac{\lambda}{4}$, $\frac{\lambda}{2}$ und $\frac{3\lambda}{4}$ verletzt. Dieser Mangel ist eine Konsequenz der getroffenen Vereinfachungen und lässt sich auch mit Hilfe einer nichtlinearen Wellentheorie nicht beheben. Für $x = \frac{\lambda}{4}$ und $x = \frac{3\lambda}{4}$ erreichen die vertikalen Geschwindigkeitskomponenten ihre größten Werte: $w_{\frac{\lambda}{4}}(z) = Dk \cdot \sinh[k(H + z)]$

und $w_{\frac{3\lambda}{4}}(z) = -Dk \cdot \sinh[k(H+z)]$. Diese besitzen an der Oberfläche in Ruhewasserspiegelhöhe $z = 0$ der Welle ihr globales Maximum: $w_{\frac{\lambda}{4}}(0) = Dk \cdot \sinh(kH)$ und $w_{\frac{3\lambda}{4}}(0) = -Dk \cdot \sinh(kH)$.

Am Boden sind die vertikalen Komponenten durchwegs Null, was der Randbedingung (9.6) entspricht.

Druckverteilung

Dazu schreiben wir die Bernoulli-Gleichung für einen Zustand 1 in der Tiefe z und einen Zustand 2 auf der Nulllinie $z = 0$ auf. Wieder vernachlässigen wir die Geschwindigkeitsänderungen.

$$\rho \cdot \frac{\partial \phi}{\partial t} + p(z) + \rho g z = 0 + \rho g \cdot 0 = 0 \quad \Longrightarrow \quad p(z) = -\rho \cdot \frac{\partial \phi}{\partial t} + p(z) - \rho g z$$

oder

$$p(z) = \frac{\rho A g}{\cosh(kH)} \cdot \cos(kx - \omega t) \cdot \cosh[k(H+z)] - \rho g z \,. \tag{9.19}$$

Am Boden gilt

$$p(-H) = \frac{\rho A g}{\cosh(kH)} \cdot \cos(kx - \omega t) + \rho g H = \rho g \left[H + \frac{s(x,t)}{\cosh(kH)} \right] \,. \tag{9.20}$$

Daraus folgt, dass die Druckänderungen am Boden phasengleich zu den Bewegungen der Wasseroberfläche erfolgen (Abb. 9.5). Die Gleichung besagt lediglich, dass der Druck periodisch um den statischen Druck $\rho g z$ in der Tiefe z um höchstens $\frac{\rho A g}{\cosh(kH)}$ schwankt.

Dies gilt für jede Tiefe, somit auch für $z = -H$. Man kann daraus aber keine Aussage über den absoluten Druck in der Tiefe z gewinnen.

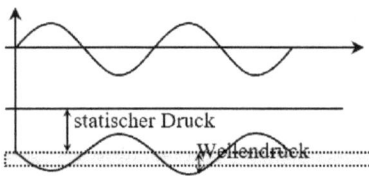

statischer Druck
Wellendruck

Abb. 9.5: Skizze zu den Druckänderungen am Boden

Zur Lösung des Problems gibt es beispielsweise zwei Möglichkeiten. Man kann den Druck als linearen, quasistatischen in der Form $p(x, z, t) = \rho g[s(x, t) - z]$ ansetzen.

Für den i) höchsten, ii) auf Wasserspiegelhöhe befindlichen und iii) tiefsten Punkt der Welle lautet der Druck dann

i) $p(z) = \rho g(A - z)$,

ii) $p(z) = \rho g z$ bzw.

iii) $p(z) = \rho g(-A - z)$.

Eine andere, etwas genauere Vorgehensweise beinhaltet alle vorhandenen Randbedingungen, nämlich

    I. $p|_{z=0} = \rho g \cdot s(x, t)$,

    II. $p|_{z=s(x,t)} = 0$ und

    III.   am Boden entspricht der Druck $p|_{z=-H} = \rho g \left[H + \dfrac{s(x, t)}{\cosh(kH)} \right]$.

Die zugehörigen Höhenänderungen sind i) $H + \frac{A}{\cosh(kH)}$, ii) H und iii) $H - \frac{A}{\cosh(kH)}$. Mit Hilfe der drei Randbedingungen können wir eine quadratische Funktion $p(z) = az^2 + bz + c$ ansetzen. Es ergibt sich das Gleichungssystem

    I. $c = \rho g s$,

    II. $a s^2 + bs + \rho g s = 0$ und

    III. $a H^2 - bH + \rho g s = \left[H + \dfrac{s}{\cosh(kH)} \right] \rho g$.

Die zweite Gleichung wird durch s dividiert, nach b aufgelöst und in die dritte Gleichung eingesetzt. Dann folgt

$$a H^2 + (as + \rho g)H + \rho g s = \left[H + \frac{s}{\cosh(kH)} \right] \rho g \ .$$

Aufgelöst ist

$$a = \alpha s \rho g \quad \text{mit} \quad \alpha := \frac{1}{H(H + 1)} \cdot \left(\frac{1}{\cosh(kH)} - 1 \right) \ .$$

Für b hat man $b = -as - \rho g = -\alpha s^2 \rho g - \rho g$. Damit lautet unsere Druckfunktion

$$p(z) = \alpha s \rho g z^2 - \alpha s^2 \rho g z - \rho g z + \rho g s = \rho g[s - z] \cdot [1 - \alpha s z] \quad \text{oder}$$

$$p(z) = \rho g[s(x, t) - z] \cdot \left[1 - \frac{s(x, t)}{H(H + 1)} \cdot \left(\frac{1}{\cosh(kH)} - 1 \right) z \right] \ .$$

Für große Wellenlängen mit $k = \frac{2\pi}{\lambda} \approx 0$ geht das Ergebnis über in $p(z) = \rho g[s(x, t) - z]$.

    An den Stellen mit $s = 0$ stimmt der quadratische mit dem linearen Druckverlauf überein (Abb. 9.6). Die gestrichelten Linien weisen auf den linearen bzw. linear fortgesetzten Druckverlauf hin. Die Höhen sind die zum entsprechenden Druckverlauf gehörenden Druckhöhen.

Wellenenergie

Die gesamte Wellenenergie besteht aus einem kinetischen und einem potenziellen Anteil. Im Volumen $dV = dx \cdot dz \cdot b$ sind die Energieanteile dE_{kin} und dE_{pot} gespeichert. Zur Berechnung der Energie im gesamten Volumen integrieren wir sowohl über die Tiefe, als auch über die Wellenlänge und erhalten nach Division durch λ die mittlere

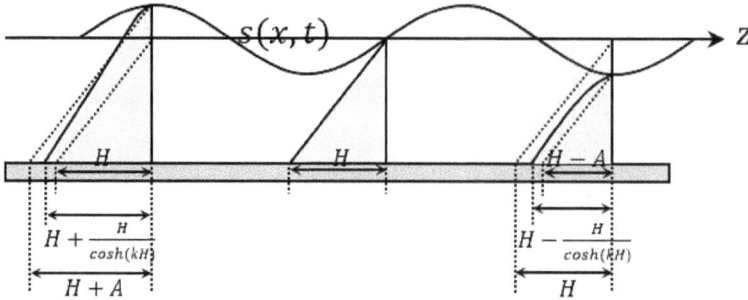

Abb. 9.6: Skizze zum Druckverlauf

Energiedichte E^* für eine Wellenlänge mit der Einheit $\frac{N}{m}$ oder $\frac{J}{m^2}$. Für die kinetische Energiedichte bedeutet das

$$E^*_{kin} = \frac{E_{kin}}{b} = \frac{1}{\lambda} \int\limits_0^\lambda \int\limits_{-H}^0 \frac{1}{2}\rho(u^2 + w^2)\, dz\, dx = \frac{\rho}{2\lambda} \int\limits_0^\lambda \int\limits_{-H}^0 (u^2 + w^2)\, dz\, dx\,. \tag{9.21}$$

Nach Gleichung (9.18) gilt

$$u^2 + w^2 = D^2 k^2 \left[\cos^2(kx - \omega t) \cdot \cosh^2[k(H + z)] + \sin^2(kx - \omega t) \cdot \sinh^2[k(H + z)]\right]$$
$$= D^2 k^2 \left[\cos^2(kx - \omega t) \cdot \cosh^2[k(H + z)] + \sin^2(kx - \omega t) \cdot \left(\cosh^2[k(H + z)] - 1\right)\right]$$
$$= D^2 k^2 \left[\cosh^2[k(H + z)] - \sin^2(kx - \omega t)\right]\,.$$

Zuerst führen wir die Integration nach z aus.

Dazu muss das Integral $\int_{-H}^0 \cosh^2[k(H+z)]dz$ gelöst werden. Partielle Integration liefert

$$\int\limits_{-H}^0 \cosh^2[k(H + z)]dz = \frac{1}{k}\sinh[k(H + z)]\cosh[k(H + z)]|_{-H}^0 - \int\limits_{-H}^0 \sinh^2[k(H + z)]dz\,,$$

$$2\int\limits_{-H}^0 \cosh^2[k(H + z)]dz = \frac{1}{k}\sinh(kH)\cosh(kH) + \int\limits_{-H}^0 1\, dz \quad \text{und}$$

$$\int\limits_{-H}^0 \cosh^2[k(H + z)]dz = \frac{1}{2k}[\sinh(kH)\cosh(kH) + kH]\,. \tag{9.22}$$

Die zusätzliche Integration nach x führt schließlich zu

$$\int\limits_0^\lambda \int\limits_{-H}^0 \cosh^2[k(H + z)]dz\, dx = \frac{\lambda}{2k}[\sinh(kH)\cosh(kH) + kH]\,. \tag{9.23}$$

Weiter muss das Integral $\int_0^\lambda \sin^2(kx - \omega t)dx$ bestimmt werden. Man erhält

$$\int_0^\lambda \sin^2(kx - \omega t)dx = -\frac{1}{k}\cos(kx - \omega t)\sin(kx - \omega t)|_0^\lambda + \int_0^\lambda \cos^2(kx - \omega t)dx\,,$$

$$2\int_0^\lambda \sin^2(kx - \omega t)dx = -\frac{1}{2k}\sin[2(kx - \omega t)]|_0^\lambda + \int_0^\lambda 1\,dx \quad \text{und}$$

$$\int_0^\lambda \sin^2(kx - \omega t)dx = -\frac{1}{2k}\sin[(4\pi - 2\omega t) - \sin(-2\omega t)] + \frac{\lambda}{2} = \frac{\lambda}{2}\,.$$

Die Integration über z ergibt schließlich

$$\int_0^\lambda \int_{-H}^0 \sin^2(kx - \omega t)dz\,dx = \frac{\lambda H}{2}\,. \tag{9.24}$$

Einsetzen von (9.23) und (9.24) in (9.21) ergibt:

$$E_{kin}^* = \frac{\rho}{2\lambda}D^2 k^2 \left(\frac{\lambda}{2k}[\sinh(kH)\cosh(kH) + kH] - \frac{\lambda H}{2}\right)\,.$$

Den Ausdruck kann man weiter vereinfachen zu

$$E_{kin}^* = \frac{\rho}{2\lambda}D^2 k^2 \frac{\lambda}{2k}\sinh(kH)\cosh(kH)$$

$$= \frac{\rho}{2}k^2 \frac{1}{2k} \cdot \frac{A^2 g^2}{\omega^2 \cosh^2(kH)}\sinh(kH)\cosh(kH) = \frac{1}{4}\cdot\frac{\rho k A^2 g^2}{\omega^2}\tanh(kH) = \frac{1}{4}\rho g A^2\,.$$

Für den potenziellen Anteil berechnen wir

$$E_{pot}^* = \frac{1}{\lambda}\int_0^\lambda \frac{1}{2}s^2\,dx = \frac{\rho g}{2\lambda}A^2 \int_0^\lambda \cos^2(kx - \omega t)dx$$

$$= \frac{\rho g}{2\lambda}A^2 \cdot \frac{\lambda}{2} = \frac{1}{4}\rho g A^2 = E_{kin}^*\,.$$

Die totale mittlere Energiedichte beträgt somit

$$E^* = \frac{1}{2}\rho g A^2 \tag{9.25}$$

und für die gesamte mittlere Energie erhält man $E = \frac{1}{2}\rho g b A^2$.

Energietransport

Aufgrund der Wellenbewegung wird eine Druckkraft aufgebaut. Diese verrichtet Arbeit der Größe dW an einem senkrecht stehenden Flächenelement dA der Höhe dz und Breite b auf einer Lauflänge dx während der Periodendauer T. Es gilt $dW = p \cdot dA \cdot dx = p \cdot b \cdot dz \cdot dx$.

Bezogen auf die Breite b ist $dW^* = \frac{dW}{b}$; $dP^* = \frac{dW^*}{dt} = \frac{dW}{b \cdot dt}$ wird als Leistungsdichte bezeichnet. Es gilt $dP^* = p \cdot dz \cdot \frac{dx}{dt} = p \cdot u \cdot dz$. Die mittlere Leistungsdichte berechnet sich zu

$$P^* = \frac{1}{T} \int_0^T \int_{-H}^0 pu \cdot dz\, dt .$$

Benutzen wir Gleichung (9.18) und (9.19), so folgt

$$P^* = \frac{1}{T} \int_0^T \int_{-H}^0 \left[\frac{\rho g A}{\cosh(kH)} \cos(kx - \omega t) \cosh[k(H+z)] - \rho g z \right]$$
$$\cdot [Dk \cos(kx - \omega t) \cosh[k(H+z)]]\, dz\, dt \quad \text{und}$$

$$P^* = \frac{\rho g Dk}{T} \left\{ \int_0^T \int_{-H}^0 \frac{A}{\cosh(kH)} \cos^2(kx - \omega t) \cosh^2[k(H+z)] dz\, dt \right.$$
$$\left. - \int_0^T \int_{-H}^0 z \cdot \cos(kx - \omega t) \cosh[k(H+z)] dz\, dt \right\} .$$

Zuerst führen wir die Integration nach t aus. Das zweite Integral ziehen wir vor:

$$\int_0^T z \cdot \cos(kx - \omega t) \cosh[k(H+z)] dt = z \cdot \cosh[k(H+z)] \int_0^T \cos(kx - \omega t) dt .$$

Dieses Integral ist Null, denn

$$\int_0^T \cos(kx - \omega t) dt = -\frac{1}{\omega} [\sin(kx - \omega t)]_0^T = -\frac{1}{\omega} [\sin(kx - 2\pi) - \sin(kx)]$$

$$= -\frac{1}{\omega} [\sin(kx) - \sin(kx)] = 0 .$$

Nun bestimmen wir

$$\int_0^T \cos^2(kx - \omega t) \cosh^2[k(H+z)] dt = \cosh^2[k(H+z)] \int_0^T \cos^2(kx - \omega t) dt .$$

Das auftretende Integral können wir wie bei der Berechnung der Energiedichte mit partieller Integration lösen. Es gilt

$$\int_0^T \cos^2(kx - \omega t)dt = -\frac{1}{\omega}\sin(kx - \omega t)\cos(kx - \omega t)|_0^T + \int_0^T \sin^2(kx - \omega t)dt \,,$$

$$2\int_0^T \cos^2(kx - \omega t)dt = -\frac{1}{4\omega}\sin[2(kx - \omega t)]|_0^T + \int_0^T 1\,dx \quad \text{und}$$

$$\int_0^T \cos^2(kx - \omega t)dt = 0 + \frac{T}{2} = \frac{T}{2}\,.$$

Es fehlt noch das Integral $\int_{-H}^0 \cosh^2[k(H+z)]dz$. Dieses beträgt nach Gleichung (9.22)

$$\frac{1}{2k}[\sinh(kH)\cosh(kH) + kH]\,.$$

Damit erhalten wir insgesamt

$$P^* = \frac{\rho g}{T} \cdot \frac{ADk}{\cosh(kH)} \cdot \frac{T}{2} \cdot \frac{1}{2k}[\sinh(kH)\cosh(kH) + kH]$$

$$= \frac{\rho g^2 A^2}{4\omega \cdot \cosh^2(kH)}[\sinh(kH)\cosh(kH) + kH]\,.$$

Unter Benutzung von $\sinh(2x) = 2\sinh(x)\cosh(x)$ erhält man

$$P^* = \frac{\rho g^2 A^2 \sinh(kH)\cosh(kH)}{4\omega \cdot \cosh^2(kH)}\left[\frac{1}{2}\sinh(2kH) + kH\right]$$

$$= \frac{\rho g^2 A^2 \tanh(kH)}{4\omega}\left[1 + \frac{2kH}{\sinh(2kH)}\right]\,.$$

Mit Gleichung (9.14) und (9.15) folgt schließlich

$$P^* = \frac{\rho g A^2 c}{4}\left[1 + \frac{2kH}{\sinh(2kH)}\right]\,.$$

Ersetzt man im Ausdruck noch die mittlere Energiedichte nach Gleichung (9.25), so ergibt sich

$$P^* = \frac{c}{2} \cdot E^* \cdot \left[1 + \frac{2kH}{\sinh(2kH)}\right]\,.$$

Daraus entnehmen wir die Gruppengeschwindigkeit

$$c_{Gr} = \frac{c}{2} \cdot \left[1 + \frac{2kH}{\sinh(2kH)}\right]\,.$$

Sie bezeichnet diejenige Geschwindigkeit, mit der die Energie eines Wellenpakets bestehend aus Wellen mit (geringfügig) unterschiedlichen Wellenlängen senkrecht zur Ausbreitungsrichtung übertragen wird. Sie unterscheidet sich offenbar von der Phasengeschwindigkeit c. Der Grund dafür liegt in der Tatsache, dass die Wellenlänge im Allgemeinen kleinen Schwankungen gegenüber einer mittleren Wellenlänge λ_m im Sinne einer Gaußverteilung unterliegt. Wir leiten die Gruppengeschwindigkeit anschließend noch anders her. Zuvor übertragen wir die Ergebnisse auf die beiden Spezialfälle:

Für Tiefwasser ist $kH \gg 1$ und somit

$$\frac{2kH}{\sinh(2kH)} \approx 0 \,.$$

Es folgt $P^* = \frac{c}{2} \cdot E^*$ und $c_{Gr} = \frac{c}{2}$.

Bei Flachwasser hat man

$$k \ll 1 \,, \quad \frac{2kH}{\sinh(2kH)} \approx 1 \,,$$

$P^* = c \cdot E^*$ und folglich $c_{Gr} = c$.

Im Flachwasser wird die Energie mit Phasengeschwindigkeit, im tiefen Wasser nur mit halber Phasengeschwindigkeit transportiert. Im flachen Wasser ist die Welle damit praktisch monochromatisch, d. h. $\lambda_m = \lambda$.

Beispiel 1. Am Boden eines 5 m tiefen Gewässers wird im Intervall von jeweils 2 Sekunden der größte Bodendruck von insgesamt 49,1 kPa gemessen. Die Wellenlänge beträgt 6 m und die Dichte des Wassers $10^3 \, \frac{kg}{m^3}$.

Als Erstes bestimmen wir daraus unter Verwendung von Gleichung (9.25) die Amplitude der Welle. Aus

$$49,1 \, \text{kPa} = 1000 \cdot 9,81 \cdot \left[5 + \frac{A \cdot 1}{\cosh\left(\frac{2\pi}{6} \cdot 5\right)} \right]$$

erhalten wir $A = 47,89$ cm.

Mit $\omega = \frac{2\pi}{T} = \frac{2\pi}{2} = \pi$ und $k = \frac{2\pi}{6} = \frac{\pi}{3}$ wird die Funktion für die Wasseroberfläche bestimmt zu $s(x, t) = 0,479 \cdot \cos(\frac{\pi}{3}x - \pi t)$.

Beispiel 2. Eine Welle rollt auf eine flach ansteigende Böschung zu (Abb. 9.7 links). Es soll die Änderung der Amplitude untersucht werden. Reibungsverluste wie z. B. die Strömungsstörung durch den Rückfluss sollen ververnachlässigt werden.

Für Tiefwasser gilt $c^2 = \frac{g}{k}$, im seichten Wasser hingegen $c_1^2 = \frac{g}{k_1} \cdot \tanh(k_1 H_1)$. Damit ist

$$\frac{c_1^2}{c^2} = \frac{k}{k_1} \cdot \tanh(k_1 H_1) = \frac{\omega}{c} \cdot \frac{c_1}{\omega} \cdot \tanh(k_1 H_1) = \frac{c_1}{c} \cdot \tanh(k_1 H_1)$$

$$\implies \frac{c_1}{c} = \tanh(k_1 H_1) \,.$$

Unter der gemachten Voraussetzung bleibt die Transportdichte (bei konstanter Breite b) erhalten, so dass wir schreiben können:

$$\frac{\rho g A^2 c}{4} = \frac{\rho g A_1^2 c_1}{4} \cdot \left[1 + \frac{2k_1 H_1}{\sinh(2k_1 H_1)}\right] \cdot$$

Aufgelöst erhalten wir

$$\frac{A_1^2}{A^2} = \frac{c}{c_1} \cdot \left[\frac{1}{1 + \frac{2k_1 H_1}{\sinh(2k_1 H_1)}}\right] = \frac{\cosh(k_1 H_1)}{\sinh(k_1 H_1)} \cdot \frac{2 \cdot \sinh(k_1 H_1) \cdot \cosh(k_1 H_1)}{2k_1 H_1 + \sinh(2k_1 H_1)}$$

$$= \frac{2 \cdot \cosh^2(k_1 H_1)}{2k_1 H_1 + \sinh(2k_1 H_1)} \cdot$$

Damit ist (Abb. 9.7 rechts)

$$\frac{A_1}{A} = \frac{\cosh(k_1 H_1)}{\sqrt{k_1 H_1 + \frac{\sinh(2k_1 H_1)}{2}}} = \frac{\cosh\left(2\pi \cdot \frac{H_1}{\lambda_1}\right)}{\sqrt{2\pi \cdot \frac{H_1}{\lambda_1} + \frac{\sinh\left(4\pi \cdot \frac{H_1}{\lambda_1}\right)}{2}}} \cdot \tag{9.26}$$

Überwiegt die Tiefe gegenüber der Wellenlänge, so verändert sich die Amplitude kaum. Bei kleiner werdenden Tiefen im Vergleich zur Wellenlänge sinkt die Amplitude zunächst auf ein Minimum mit $A_1 \approx 0,2A$, um dann immer weiter bis zum Brechen anzusteigen. Dies verdeutlicht das Auftürmen der Welle an der Böschung. Die Bedingung für das Brechen einer Welle gab Stokes für Tiefwasser mit $\mathrm{Max}(\frac{2A}{\lambda}) = \frac{1}{7}$ an. Das Verhältnis $\frac{2A}{\lambda}$ nennt man die Steilheit der Welle. Wird die Tiefe H des Gewässers berücksichtigt, so muss die Formel zu $\mathrm{Max}(\frac{2A}{\lambda}) = \frac{1}{7} \cdot \tanh(2\pi \cdot \frac{H}{\lambda})$ angepasst werden. Je kleiner das Verhältnis $\frac{H}{\lambda}$, umso tiefer liegt das Maximum $\frac{2A}{\lambda}$, das zum Brechen der Welle führt.

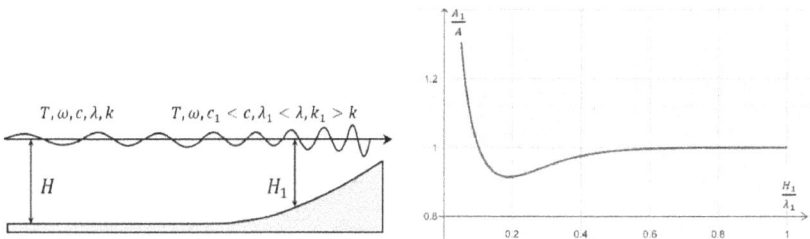

Abb. 9.7: Skizze zu Beispiel 2 und Graph von (9.26)

Gruppengeschwindigkeit

Bevor wir die allgemeine Herleitung durchführen, soll das Ergebnis zuerst an zwei Wellen mit leicht unterschiedlichen Wellenlängen plausibel gemacht werden. Gegeben sei eine Welle $s_{\mathrm{m}}(x, t) = A \cdot \cos(k_{\mathrm{m}} x - \omega_{\mathrm{m}} t)$, nennen wir sie Ausgangswelle. Nun betrachten wir zwei sich in x-Richtung ausbreitende Wellen mit derselben Amplitude, deren Frequenzen ω_1 und ω_2 und Wellenzahlen k_1 und k_2 sich nur geringfügig von den Mittelwerten ω_m und k_m unterscheiden. Dann gilt insbesondere $\frac{\omega_1+\omega_2}{2} \approx \omega_m$ und $\frac{k_1+k_2}{2} \approx k_m$.

Nun setzen wir diese beiden neuen Wellen zusammen und erhalten mit Hilfe der Additionstheoreme

$$s(x,t) = A \cdot \cos(k_1 x - \omega_1 t) + A \cdot \cos(k_2 x - \omega_2 t)$$

$$= 2A \cdot \cos\left(\frac{k_1 - k_2}{2}x - \frac{\omega_1 - \omega_2}{2}t\right) \cdot \cos\left(\frac{k_1 + k_2}{2}x - \frac{\omega_1 + \omega_2}{2}t\right)$$

$$\approx 2 \cdot \cos\left(\frac{k_1 - k_2}{2}x - \frac{\omega_1 - \omega_2}{2}t\right) \cdot A \cdot \cos(k_m x - \omega_m t) .$$

$$= B \cdot A \cdot \cos(k_m x - \omega_m t) \quad \text{mit} \quad B = 2 \cdot \cos\left(\frac{k_1 - k_2}{2}x - \frac{\omega_1 - \omega_2}{2}t\right) .$$

Aus dieser Darstellung erkennt man, dass die Amplitude der Ausgangswelle gestört oder moduliert wird. Die neue Welle breitet sich mit der sogenannten Gruppengeschwindigkeit

$$c_{Gr} = \frac{\frac{\omega_1-\omega_2}{2}}{\frac{k_1-k_2}{2}} = \frac{\omega_1 - \omega_2}{k_1 - k_2} = \frac{\delta\omega}{\delta k}$$

aus. Für kleine Differenzen ist dann

$$c_{Gr} = \frac{d\omega}{dk} . \tag{9.27}$$

Bevor wir dieses Ergebnis für ein ganzes Wellenpaket zeigen, vergleichen wir (9.27) mit

$$c_{Gr} = \frac{c}{2} \cdot \left[1 + \frac{2kH}{\sinh(2kH)}\right] = \frac{1}{2}\sqrt{\frac{g}{k}} \cdot \tanh(kH) \cdot \left[1 + \frac{2kH}{\sinh(2kH)}\right]$$

(unter Verwendung von (9.14)). Anderseits ist mit Hilfe von (9.13)

$$c_{Gr} = \frac{d\omega}{dk} = \sqrt{g}\left(\frac{1}{2\sqrt{k}} \cdot \sqrt{\tanh(kH)} + \sqrt{k} \cdot \frac{1}{2\sqrt{\tanh(kH)}} \cdot \frac{H}{\cosh^2(kH)}\right) .$$

Gleichsetzen ergibt

$$\sqrt{\tanh(kH)} \cdot \left[1 + \frac{2kH}{\sinh(2kH)}\right] = \sqrt{\tanh(kH)} + \frac{k}{\sqrt{\tanh(kH)}} \cdot \frac{H}{\cosh^2(kH)} ,$$

$$\tanh(kH) \cdot \left[1 + \frac{2kH}{\sinh(2kH)}\right] = \tanh(kH) + \frac{kH}{\cosh^2(kH)} , \quad \frac{kH}{\cosh^2(kH)} = \frac{kH}{\cosh^2(kH)}$$

und daraus die Bestätigung der Identität.

Die Gültigkeit von (9.27) soll nun für eine beliebige Welle gezeigt werden.

Beweis. Dazu betrachten wir eine beliebige Welle oder Störung. Diese wird aus verschiedenen Frequenzanteilen bestehen, die sich teils auslöschen können. Das bevorstehende Integral kann am einfachsten durch eine komplexwertige Wellenfunktion gelöst werden.

$$s(x, t) = \int_{k_0-\frac{\Delta k}{2}}^{k_0+\frac{\Delta k}{2}} A(k) \cdot e^{i(kx-\omega t)} \, dk \, .$$

Die Amplitudenverteilung $A(k)$ des Wellenpakets ist unbekannt. Man kann dafür eine Gaußverteilung ansetzen, die Lösung für $s(x, t)$ ist dann selber eine Gaußfunktion. Uns interessiert eh nur die Gruppengeschwindigkeit und dafür benötigen wir $A(k)$ nicht. Wir müssen lediglich fordern, dass sowohl das Frequenz- als auch das Wellenzahlintervall klein ist und um einen Wert ω_0 bzw. k_0 schwankt:

$$\omega_0 - \frac{\Delta \omega}{2} \leq \omega \leq \omega_0 + \frac{\Delta \omega}{2} \quad \text{und} \quad k_0 - \frac{\Delta k}{2} \leq k \leq k_0 + \frac{\Delta k}{2} \, .$$

(Dabei muss k_0 nicht dem Mittelwert k_m entsprechen.) Dann kann man $\omega(k)$ um $\omega(k_0) = \omega_0$ entwickeln und erhält

$$\omega(k) \approx \omega(k_0) + \left(\frac{d\omega}{dk}\right)_{k_0} \cdot (k - k_0) + O([k - k_0]^2) \, .$$

Aufgrund der eben gemachten Annahme werden alle höheren Differenzen von $(k - k_0)$ vernachlässigt. Beachtet man aus demselben Grund, dass $k \approx k_0$, kann man $A(k) \approx A(k_0)$ setzen, was zu

$$s(x, t) = \int_{k_0-\frac{\Delta k}{2}}^{k_0+\frac{\Delta k}{2}} A(k_0) \cdot e^{i\left(kx-\left[\omega_0+\left(\frac{d\omega}{dk}\right)_{k_0} \cdot (k-k_0)\right]t\right)} \, dk$$

führt. Es ergibt sich nacheinander

$$s(x, t) = \int_{k_0-\frac{\Delta k}{2}}^{k_0+\frac{\Delta k}{2}} A(k_0) \cdot e^{i\left(kx+k_0 x-k_0 x-\omega_0 t-\left(\frac{d\omega}{dk}\right)_{k_0} \cdot (k-k_0)t\right)} \, dk$$

$$= A(k_0) \cdot e^{i(k_0 x-\omega_0 t)} \int_{k_0-\frac{\Delta k}{2}}^{k_0+\frac{\Delta k}{2}} e^{i\left((k-k_0)x-\left(\frac{d\omega}{dk}\right)_{k_0} \cdot (k-k_0)t\right)} \, dk$$

$$= A(k_0) \cdot e^{i(k_0 x-\omega_0 t)} \int_{k_0-\frac{\Delta k}{2}}^{k_0+\frac{\Delta k}{2}} e^{i(k-k_0)z} \, dk \tag{9.28}$$

mit

$$z = x - \left(\frac{d\omega}{dk}\right)_{k_0} \cdot t$$

$$= A(k_0) \cdot e^{i(k_0 x - \omega_0 t)} \cdot \left[\frac{e^{i(k-k_0)z}}{iz}\right]_{k_0 - \frac{\Delta k}{2}}^{k_0 + \frac{\Delta k}{2}} = A(k_0) \cdot e^{i(k_0 x - \omega_0 t)} \left[\frac{e^{iz\frac{\Delta k}{2}} - e^{-iz\frac{\Delta k}{2}}}{i \cdot z}\right]$$

$$= 2 \cdot \left[\frac{e^{iz\frac{\Delta k}{2}} - e^{-iz\frac{\Delta k}{2}}}{2i \cdot z}\right] \cdot A(k_0) e^{i(k_0 x - \omega_0 t)} = 2 \cdot \left[\frac{\sin\left(\frac{\Delta k}{2}z\right)}{z}\right] \cdot A(k_0) \cdot e^{i(k_0 x - \omega_0 t)} .$$

Die Amplitude der neuen Welle beträgt

$$2A(k_0) \cdot \left[\frac{\sin\left(\frac{\Delta k}{2}z\right)}{z}\right]$$

und deren Geschwindigkeit entnimmt man aus (9.28) zu

$$c_{\text{Gr}} = \frac{\left(\frac{d\omega}{dk}\right)_{k_0} \cdot (k - k_0)}{(k - k_0)} = \left(\frac{d\omega}{dk}\right)_{k_0} . \qquad \square$$

Der Ausdruck in der eckigen Klammer erinnert an den Sinus Kardinalis (vgl. 2. Band, Fouriertransformation).

Aufgabe
Bearbeiten Sie die Übung 16.

10 Gerinneströmungen

Unter einem Gerinne versteht man eine Strömung, die allein unter Einfluss der Schwerkraft in einem oben offenen natürlichen Bett, einem künstlich angelegten Kanal oder einer teilweise gefüllten Röhre aufrecht erhalten wird. Dabei werden Reibungsverluste erst in Kapitel 10.6 beachtet. Antriebsdrücke wie bei der Rohrströmung gibt es nicht. Der Hauptunterschied einer Gerinneströmung gegenüber den bisherigen Rohrströmungen mit voll gefülltem Rohr besteht darin, dass der Strömungsverlust veränderlich ist. Beim voll gefüllten Rohr hat eine Geschwindigkeitsänderung eine Druckänderung zur Folge und umgekehrt. Beim Gerinne bedeutet ein Geschwindigkeitsunterschied zwar ebenfalls einen Druckunterschied, aber dieser ist gleichbedeutend mit einer Änderung des Wasserspiegels.

Somit können Druck- und Wasserspiegellinie miteinander identifiziert werden, weil die Wassersäule den (hydrostatischen) Druck hervorruft. Zudem können wir den Luftdruck an beiden Stellen als konstant voraussetzen (Abb. 10.1). So lange die Strömung horizontal verläuft, hat der Luftdruck keinen Einfluss auf das Strömungsverhalten. Der Einfachheit halber legen wir die Bezugshöhe auf Sohlhöhe und identifizieren die Energie mit der spezifischen Energie:

$$h_E = h + \frac{v^2}{2g} = konst.$$

Ein Teilchen auf der Sohle besitzt nur die potenzielle Energie $\Delta m g z_1$ bzw. $\Delta m g z_2$, aber keine kinetische Energie, denn am Boden ist die Geschwindigkeit Null. Die Bernoulli-Gleichung ergibt in diesem Fall lediglich $z_1 = z_2$. Auf der Wasseroberfläche hingegen erhalten wir die Bernoulli-Gleichung in „voller Form": $\Delta m g (z_1 + h_1) + \frac{1}{2} \Delta m v_1^2 = \Delta m g (z_2 + h_1) + \frac{1}{2} \Delta m v_2^2$. (Aufgrund der Reibung zwischen Wasseroberfläche und Umgebungsluft, wird die maximale Geschwindigkeit etwas unterhalb der Wasseroberfläche erreicht.) Wir schreiben also v_1 und v_2, meinen aber die von der Sohle bis zur Wasseroberfläche gemittelten Geschwindigkeiten $\bar{v}_1$ und $\bar{v}_2$.

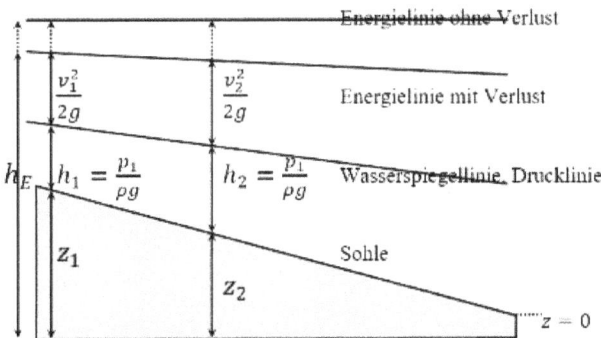

Abb. 10.1: Skizze zur Gerinneströmung

https://doi.org/10.1515/9783110684520-010

Bis auf Weiteres betrachten wir dissipationsfreie Strömungen, so dass die Energielinie parallel zum Boden gezeichnet werden kann und die Pfeile des Geschwindigkeitsdrucks bis zur Energielinie führen. Der eingezeichnete Verlauf in Abb. 10.1 für den Wasserspiegel stimmt nur, falls nach der abschüssigen Sohle das Wasser aufgestaut wird. Ansonsten müsste der Wasserpiegel fallend skizziert werden.

Abbildung 10.2 zeigt die Verringerung bzw. Vergrößerung der Wassertiefen h_1, h_2 und h_3 bei zunehmender bzw. abnehmender Geschwindigkeit.

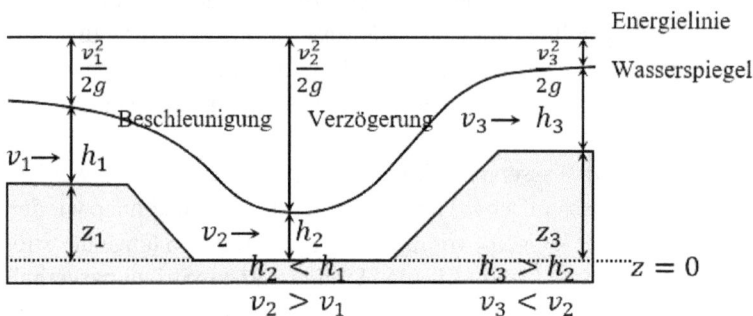

Abb. 10.2: Veränderung der Wassertiefe einer Gerinneströmung

10.1 Energielinie und Wasserspiegel bei konstantem Abfluss

Betrachten wir ein rechteckiges Flussbett der Breite b. Der Fluss beträgt $Q = A \cdot v = b \cdot h \cdot v \implies v = \frac{Q}{bh}$. Eingesetzt in die Energiegleichung erhalten wir

$$h_E(h) = h + \frac{1}{2g} \cdot \frac{Q^2}{b^2 h^2} . \tag{10.1}$$

Es soll untersucht werden, für welche Tiefe die Energie minimal wird: $\frac{dh_E}{dh} = 1 - \frac{Q^2}{gb^2 h^3}$. Man erhält

$$h_{\text{Gr}} = \sqrt[3]{\frac{Q^2}{gb^2}} .$$

Diese nennt man Grenztiefe.

Die zugehörige Grenzgeschwindigkeit berechnet man mittels $v_{\text{Gr}} = \frac{Q}{bh_{\text{Gr}}}$. Die Gleichung wird quadriert, $\frac{Q^2}{b^2} = v_{\text{Gr}}^2 \cdot h_{\text{Gr}}^2$, und in den Ausdruck für h_{Gr} eingesetzt. Es ergibt sich nacheinander

$$h_{\text{Gr}} = \sqrt[3]{\frac{v_{\text{Gr}}^2 \cdot h_{\text{Gr}}^2}{g}} \quad \implies \quad h_{\text{Gr}}^3 = \frac{v_{\text{Gr}}^2 \cdot h_{\text{Gr}}^2}{g} \quad \implies \quad h_{\text{Gr}} = \frac{v_{\text{Gr}}^2}{g} \quad \text{und} \quad v_{\text{Gr}} = \sqrt{g \cdot h_{\text{Gr}}} .$$

Die letzte Formel kennen wir bereits. Sie entspricht der Gleichung (9.15) für Flachwasser $c = \sqrt{gH}$.

Die minimale Energie beträgt

$$h_{E,\min} = h_{Gr} + \frac{v_{Gr}^2}{2g} = h_{Gr} + \frac{g \cdot h_{Gr}}{2g} = 1{,}5 \cdot h_{Gr} \,.$$

Um den Abfluss Q zu gewährleisten, benötigt man die Mindestenergie $h_{E,\min}$. Dazu gehört eine Mindesthöhe h_{Gr} und die Mindestgeschwindigkeit v_{Gr}. Bei gegebenem Abfluss sind auch höhere Energiezustände möglich. Diese ergeben sich immer paarweise für zwei verschiedene Wassertiefen. Bei einer Tiefe von $h > h_{Gr}$ und folglich $v < v_{Gr}$ heißt die Fließart strömend und der Zustand unterkritisch. Für $h < h_{Gr}$ und folglich $v > v_{Gr}$ nennt man die Fließart schießend und den Zustand überkritisch (Abb. 10.3).

Der Ausdruck für die Grenztiefe lässt sich auch über den Stützkraftsatz herleiten. Die Stützkraft setzt sich aus der Druckkraft F_p und dem Impuls I zusammen. Für die Druckkraft betrachten wir eine Fläche der Breite b und der Höhe dh senkrecht zur Strömungsrichtung. Die Kraft dF_p in der Tiefe h beträgt dann $dF_p = p \cdot dA = \rho g \cdot h \cdot dh \cdot b$. Integriert über die gesamte Höhe erhält man $F_p = \frac{1}{2}\rho g b h^2$. Der Impuls lautet $I = \rho Q v = \rho Q \cdot \frac{Q}{bh} = \rho \frac{Q^2}{bh}$. Zusammen folgt

$$S = F_p + I = \frac{1}{2}\rho g b h^2 + \frac{\rho Q^2}{bh} \,.$$

Da die Stützkraft entlang der betrachteten Strömung konstant ist, muss die Änderung Null sein: $\frac{dS}{dh} = \rho g b h - \frac{\rho Q^2}{bh^2}$. Nullsetzen ergibt eine Wassertiefe von

$$h = \sqrt[3]{\frac{Q^2}{gb^2}} = h_{Gr}$$

für ein Stützkraftminimum.

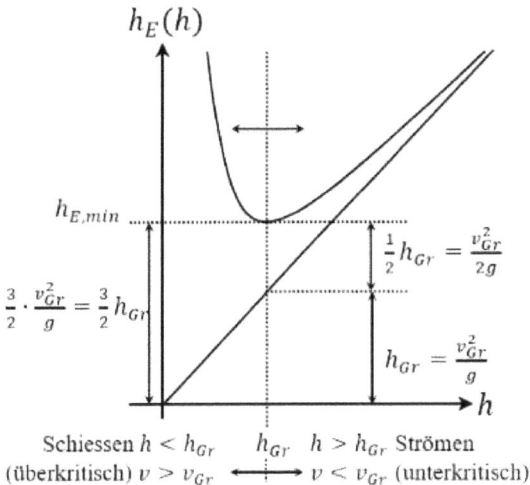

Abb. 10.3: Skizze zum Zusammenhang zwischen Energieline und Wassertiefe

Trennung der Fließarten

Dies geschieht über die sogenannte Froude-Zahl. Sie vergleicht die Geschwindigkeit der Strömung mit ihrer Grenzgeschwindigkeit.

$$Fr := \frac{v}{v_{Gr}} = \frac{v}{\sqrt{g \cdot v_{Gr}}} \; .$$

Es gilt

$Fr < 1$, strömender Abfluss: Der Normalfall bei den meisten natürlichen Flussläufen,

$Fr = 1$, Grenzzustand und

$Fr > 1$, schießender Abfluss: Wildbäche, Wasserfall.

Die Art der Strömung lässt sich auch ohne Messung der zwei Größen v und h_{Gr} bestimmen. Man erzeugt irgendeine Störung der Wasseroberfläche, am einfachsten von oben her, indem man beispielsweise einen Stein ins Wasser wirft (Abb. 10.4).

i)   Breitet sich die Oberflächenwelle etwa kreisförmig aus, dann hat man es mit einem stehenden Gewässer zu tun und es ist $Fr = 0$.

ii) Die Welle wandert (auf Kreis- oder Ellipsenbahnen, je nach Wassertiefe) vorwiegend stromabwärts, aber auch stromaufwärts. In diesem Fall ist die Strömungsgeschwindigkeit v kleiner als die Wellengeschwindigkeit v_{Gr} und es gilt $Fr < 1$.

iii) Im Grenzfall bewegt sich die Welle (z. B. ellipsenförmig) nur stromabwärts mit $v = v_{Gr}$, $Fr = 1$. Die Wellenringe berühren sich alle im Punkt der Erregung.

iv) Im letzten Fall breitet sich die Welle (z. B. ellipsenförmig) nur stromabwärts aus. Es ist $v > v_{Gr}$, $Fr > 1$ und die Strömung ist schießend.

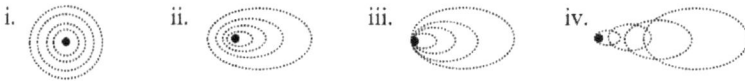

Abb. 10.4: Skizzen zu den Fließarten

Veränderung von Wassertiefe und Geschwindigkeit bei einer Sohlschwelle

Schwankungen der Sohlhöhe können die Strömungseigenschaften eines Gerinnes verändern (Abb. 10.5)

Dasselbe gilt für die Breite des Gerinnes, doch bis auf Weiteres sei diese konstant. Je nach Art der An- und Abströmung der Sohlerhebung lassen sich vier Fälle unterscheiden.

I.   Die Anströmung ist strömend (Abb. 10.6 links). Die Wassertiefe sinkt von h_A auf h_B, der Betrag von $\frac{v^2}{2g}$ steigt von $\overline{A'A}$ auf $\overline{B'B}$ (Abb. 10.5). Insgesamt sinkt der Wasserspiegel und die Abströmung verläuft strömend.

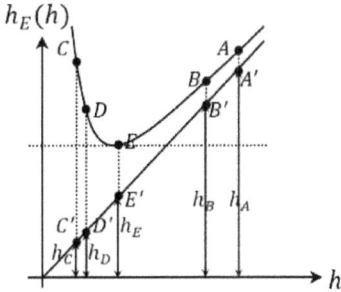

Abb. 10.5: Skizzen zur Schwankung der Sohlhöhe

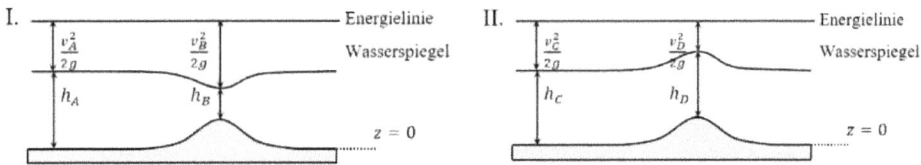

Abb. 10.6: Skizzen zu den Fällen I. und II. der Sohlhöhenschwankung

II. Der Zulauf ist schießend (Abb. 10.6 rechts). Die Tiefe des Wassers steigt von h_C auf h_D, der Betrag von $\frac{v^2}{2g}$ sinkt von $\overline{C'C}$ auf $\overline{D'D}$ (Abb. 10.5). Insgesamt steigt der Wasserspiegel und die Abströmung verläuft schießend.

III. Die Anströmung ist strömend (Abb. 10.7 links). An der Bodenwelle wird die Grenztiefe erreicht, h_A sinkt auf $h_E = h_{Gr}$, $\frac{v_A^2}{2g}$ steigt auf $\frac{v_E^2}{2g}$. Die Strömung geht kontinuierlich ohne Reibungsverluste in Schießen über.

IV. Der Zulauf ist schießend (Abb. 10.7 rechts). An der Bodenwelle tritt die Grenztiefe ein. h_A steigt auf $h_E = h_{Gr}$, $\frac{v_C^2}{2g}$ sinkt auf $\frac{v_E^2}{2g}$. Die Abströmung geht in Strömen über. Dabei wird ein Teil der Energie dissipiert. Man nennt dies einen Wechselsprung, ähnlich der plötzlichen Änderung des Durchmessers eines Rohrs.

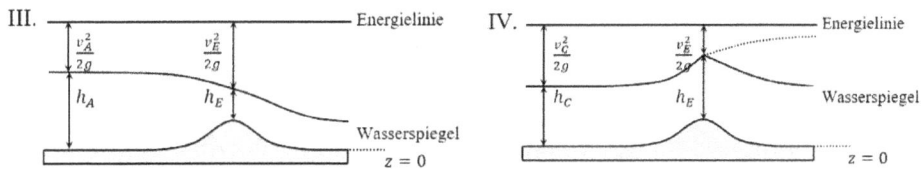

Abb. 10.7: Skizzen zu den Fällen III. und IV. der Sohlhöhenschwankung

Beispiel. Bei einem Rechteckgerinne der Breite $b = 10\,\text{m}$ und der Tiefe $h_1 = 3\,\text{m}$ wird der Durchfluss $Q = 60\,\frac{\text{m}^3}{\text{s}}$ gemessen. Für die Strömung gilt

$$v_1 = \frac{Q}{b \cdot h_1} = \frac{60}{10 \cdot 3} = 2\,\frac{\text{m}}{\text{s}} \quad \text{und} \quad Fr = \frac{v_1}{\sqrt{g \cdot h_1}} = \frac{2}{\sqrt{9{,}81 \cdot 3}} = 0{,}37 < 1\,.$$

Somit ist die Fließart strömend.

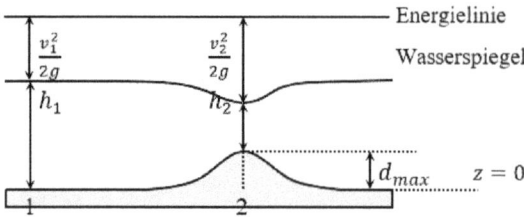

Abb. 10.8: Skizze zum Beispiel

Das Wasser trifft auf eine Sohlerhebung d (Abb. 10.8). Damit der Fluss Q weiterhin konstant bleibt, darf d einen gewissen Wert nicht überschreiten. Die maximale Höhe d_{max} ergibt sich, wenn im Punkt 2 gerade die Grenztiefe erreicht wird. Es gilt dann

$$h_2 = h_{Gr} = \sqrt[3]{\frac{Q^2}{g \cdot b^2}} = \sqrt[3]{\frac{60^2}{9,81 \cdot 10^2}} = 1,54 \, \text{m} \quad \text{und}$$

$$v_2 = v_{Gr} = \sqrt{g \cdot h_{Gr}} = \sqrt{9,81 \cdot 1,54} = 3,89 \, \frac{\text{m}}{\text{s}} \, .$$

Die Bernoulli-Gleichung liefert $h_1 + \frac{v_1^2}{2g} = d_{max} + h_{Gr} + \frac{v_{Gr}^2}{2g}$ und für die maximale Höhe ist

$$d_{max} = h_1 - h_{Gr} + \frac{v_1^2}{2g} - \frac{v_{Gr}^2}{2g} = 3 - 1,54 + \frac{2^2}{2 \cdot 9,81} - \frac{3,89^2}{2 \cdot 9,81} = 0,89 \, \text{m} \, .$$

Die Wasserspiegelhöhe im Punkt 2 beträgt $d_{max} + h_{Gr} = 2,43 \, \text{m} < h_1$. Für $d < d_{max}$ verläuft die Abströmung nach Punkt 2 strömend (Fall I.) und für $d > d_{max}$ schießend (Fall II.) weiter.

Aufgabe
Bearbeiten Sie die Übungen 17 und 18.

Wechselsprung

Unter einem Wechselsprung versteht man üblicherweise die plötzliche Änderung der Fließart von schießend zu strömend. Der Übergang geht mit einem großen Energiehöhenverlust einher. Die entstehende Verwirbelung beim Fließartwechsel nennt man auch eine Deckwalze (Abb. 10.9). (Mit Wechselsprung bezeichnet man ebenfalls die sprunghafte Änderung der Wassertiefe wie bei einer plötzlichen Verengung oder Aufweitung des Querschnitts. Dies betrachten wir aber nicht.) Beispiele für einen Wechselsprung können sein:
1. Wasser staut sich abrupt vor einem hohen Wehr auf,
2. Wasser schießt ein Wehr hinunter und verwirbelt sich am Fuß des Wehrs oder
3. Wasser schießt unter einem (von oben her) geöffneten Schütz hindurch.

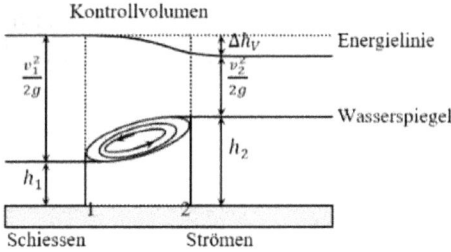

Abb. 10.9: Skizze zum Wechselsprung

Zur Berechnung des Energiehöhenverlusts wenden wir den Stützkraftsatz an (2.4).

Dabei behandeln wird die (stationäre) Gerinneströmung wie eine Stromröhre. Wir wählen den einen Kontrollpunkt kurz vor und den andern kurz nach dem Wechselsprung. Als Kontrollvolumen nehmen wir einen Quader der Breite b.

In der Stützkraftgleichung wird die rücktreibende Kraft $\vec{K}$ auf die Sohle und die Seitenwände aufgrund der kleinen Distanz zwischen den Kontrollpunkten vernachlässigt. Zudem spielt die Gewichtskraft für die als durchwegs horizontal betrachtete Strömung keine Rolle. Es gilt demnach (die Pfeile können weggelassen werden): $\rho Q(v_2 - v_1) = F_{p_1} - F_{p_2}$. Es folgt

$$\rho A_2 v_2^2 - \rho A_1 v_1^2 = \frac{1}{2}\rho g b h_1^2 - \frac{1}{2}\rho g b h_2^2 , \quad bh_2 v_2^2 - bh_1 v_1^2 = \frac{1}{2}gbh_1^2 - \frac{1}{2}gbh_2^2 \quad \text{und}$$

$$h_2 v_2^2 - h_1 v_1^2 = \frac{1}{2}gh_1^2 - \frac{1}{2}gh_2^2 .$$

Aufgelöst nach der Differenz der Höhenquadrate erhält man

$$h_2^2 - h_1^2 = \frac{2}{g}(h_2 v_2^2 - h_1 v_1^2) \overset{\substack{\text{Kontinuitätsgleichung}\\ A_1 v_1 = A_2 v_2 \Rightarrow h_1 v_1 = h_2 v_2}}{=} \frac{2}{g}\left(h_2 \left(\frac{h_1}{h_2} v_1\right)^2 - h_1 v_1^2 \right)$$

$$= \frac{2}{g}v_1^2 \left(\frac{h_1^2}{h_2} - h_1 \right) = \frac{2}{g} \cdot \frac{v_1^2}{h_2}(h_1^2 - h_1 h_2) = \frac{2}{g} \cdot \frac{v_1^2 h_1^2}{h_1 h_2}(h_1 - h_2) .$$

Division durch $h_1 - h_2$ führt auf $h_1 + h_2 = \frac{2}{g} \cdot \frac{v_1^2 h_1^2}{h_1 h_2}$. Mit der Froude-Zahl für das Oberwasser $Fr_1^2 = \frac{v_1^2}{gh_1}$ folgt

$$h_1 + h_2 = 2Fr_1^2 \cdot \frac{h_1^2}{h_2} , \quad \frac{h_1}{h_2} + 1 = 2Fr_1^2 \cdot \frac{h_1^2}{h_2^2}$$

und schließlich

$$\frac{h_2^2}{h_1^2} + \frac{h_2}{h_1} - 2Fr_1^2 = 0 .$$

Dies ist eine quadratische Gleichung für das Wassertiefenverhältnis. Man erhält

$$\frac{h_2}{h_1} = \frac{-1 \pm \sqrt{1 + 8Fr_1^2}}{2} = \frac{1}{2} \cdot \left(\sqrt{8Fr_1^2 + 1} - 1 \right) . \tag{10.2}$$

Als Nächstes schreiben wir die Bernoulli-Gleichung unter Berücksichtigung des Höhenverlusts in der Höhenform. Dabei wird der kleine geodätische Druckunterschied vernachlässigt:

$$\frac{v_1^2}{2g} + h_1 = \frac{v_2^2}{2g} + h_2 + \Delta h_V \quad \text{oder} \quad \Delta h_V = h_1 - h_2 + \frac{v_1^2}{2g} - \frac{v_2^2}{2g} .$$

Benutzt man die Kontinuitätsgleichung, dann ergibt sich

$$\Delta h_V = h_1 - h_2 + \frac{v_1^2}{2g}\left(1 - \frac{h_1^2}{h_2^2}\right) .$$

Mit $Fr_1^2 = \frac{v_1^2}{gh_1}$ erhält man weiter

$$\Delta h_V = h_1 - h_2 + \frac{Fr_1^2 h_1}{2}\left(1 - \frac{h_1^2}{h_2^2}\right) .$$

Gleichung (10.2) nach der Froude-Zahl aufgelöst ergibt

$$Fr_1^2 = \frac{1}{8}\left[\left(\frac{2h_2}{h_1} + 1\right)^2 - 1\right] .$$

Folglich ist

$$\Delta h_V = h_1 - h_2 + \frac{h_1}{16}\left[\left(\frac{2h_2}{h_1} + 1\right)^2 - 1\right]\cdot\left(1 - \frac{h_1^2}{h_2^2}\right)$$

$$= h_1 - h_2 + \frac{h_1}{16}\left[\frac{(2h_2 + h_1)^2 - h_1^2}{h_1^2}\right]\cdot\left(\frac{h_2^2 - h_1^2}{h_2^2}\right)$$

$$= h_1 - h_2 + \frac{1}{16 h_1 h_2^2}\left[(2h_2 + h_1)^2 - h_1^2\right](h_2^2 - h_1^2)$$

$$h_1 - h_2 + \frac{1}{16 h_1 h_2^2}\left[4h_2^2 + 4h_1 h_2 + h_1^2 - h_1^2\right](h_2^2 - h_1^2)$$

$$= h_1 - h_2 + \frac{1}{4 h_1 h_2}(h_1 + h_2)(h_2^2 - h_1^2)$$

$$= (h_2 - h_1)\cdot\left[\frac{(h_1 + h_2)^2}{4 h_1 h_2} - 1\right] = (h_2 - h_1)\cdot\frac{(h_2 - h_1)^2}{4 h_1 h_2}$$

und endlich

$$\Delta h_V = \frac{(h_2 - h_1)^3}{4 h_1 h_2} .$$

Aufgabe
Bearbeiten Sie die Übung 19.

10.2 Maximaler Abfluss bei konstanter Energie

Dazu wird Gleichung (10.1) nach Q aufgelöst. Man erhält

$$Q(h) = \sqrt{2gb^2(h_E - h)h^2}$$
$$= \sqrt{2g} \cdot b \cdot \sqrt{h_E \cdot h^2 - h^3} \, .$$

Weiter ist

$$\frac{dQ}{dh} = \sqrt{2g} \cdot b \cdot \frac{2h_E \cdot h - 3h^2}{2\sqrt{h_E \cdot h^2 - h^3}} \, .$$

Nullsetzen ergibt $2h_E - 3h^2 = 0$ und $h_{Gr} = \frac{2}{3}h_E$. Es folgt $v_{Gr}^2 = g \cdot h_{Gr} = \frac{2g}{3}h_E$ und daraus $\frac{v_{Gr}^2}{2g} = \frac{1}{3}h_E$.

Auch in diesem Fall gibt es bei gegebener Energie zwei Wassertiefen, eine mit schießendem ($h_1 < h_{Gr}$) und eine mit strömendem ($h_1 > h_{Gr}$) Abfluss (Abb. 10.10). Verringert man den Abfluss, so führt dies zu einer Abnahme der Wassertiefe im schießenden und einer Zunahme der Wassertiefe im strömenden Bereich.

Den maximalen Abfluss erhält man im Grenzfall. Er beträgt

$$Q_{max}\left(\frac{2}{3}h_E\right) = \sqrt{2g} \cdot b \sqrt{h_E \cdot \left(\frac{2}{3}h_E\right)^2 - \left(\frac{2}{3}h_E\right)^3} = \sqrt{2g} \cdot b \sqrt{\frac{4}{27}h_E^3} = \sqrt{\frac{8}{27}g \cdot h_E^3} \cdot b \, .$$

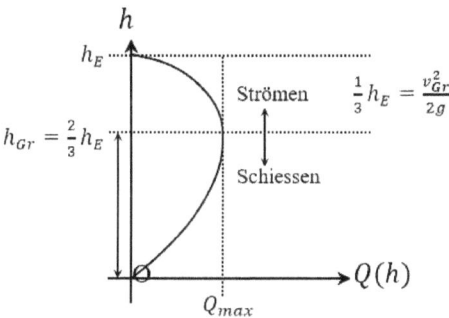

Abb. 10.10: Skizze zum maximalen Abfluss bei konstanter Energie

10.3 Minimaler benetzter Umfang

Der hydraulische Durchmesser d_H wurde im 4. Band als $d_H = 4 \cdot \frac{A}{U}$ eingeführt.

Dabei bezeichnet U den Umfang der benetzten Fläche und A die Querschnittsfläche des Strömungskanals. Für eine vollständig durchströmte Kreisröhre erhält man $d_H = 4 \cdot \frac{\pi r^2}{2\pi r} = 2r$, also gleich dem Durchmesser der Röhre. Während die Rohrreibungszahl λ ein Maß für den Druckabfall ist und die Rauheit k die Oberflächenbeschaffenheit des Kanals erfasst, vereinigt der hydraulische Durchmesser d_H in sich die

Geometrie des Kanals. Für einen möglichst kleinen Reibungsverlust müssen λ und k klein sein. Zusätzlich gilt es, den benetzten Umfang U zu minimieren oder d_H zu maximieren. Die drei Größen λ, k und d_H werden in der empirischen Formel von Colebrook-White,

$$\frac{1}{\sqrt{\lambda}} = 1{,}74 - 2 \cdot \log_{10}\left(\frac{2k}{d_H} + \frac{18{,}7}{Re\sqrt{\lambda}}\right),$$

berücksichtigt (Kapitel 8.1).

Für einige Kanalformen soll der minimale benetzte Umfang berechnet werden.

1. Rechteckrinne. Der Querschnitt $A = bh$ sei konstant (Abb. 10.11 links). Gesucht ist das Seitenverhältnis des Rechtecks, so dass der benetzte Umfang minimal wird. Es gilt $u(b) = b + \frac{2A}{b}$. Weiter ist $\frac{du}{db} = 1 - \frac{2A}{b^2}$. Nullsetzen ergibt

$$b = \sqrt{2A} \quad \text{und} \quad h = \frac{A}{\sqrt{2A}} = \sqrt{\frac{A}{2}} = \frac{b}{2}.$$

Der Querschnitt besteht aus zwei Quadraten.

2. Trapezrinne. Wir führen die Steigungen $m_1 = \frac{d_1}{h}$ und $m_2 = \frac{d_2}{h}$ der beiden Böschungen ein (Abb. 10.11 mitte). Der konstante Flächeninhalt lautet damit

$$A = \left(\frac{2c + d_1 + d_2}{2}\right)h = \left(\frac{2c + m_1 h + m_2 h}{2}\right) = h = \left[\frac{2c + (m_1 + m_2)h}{2}\right]h.$$

Als Nebenbedingung erhalten wir $m_2 = \frac{2A}{h^2} - \frac{2c}{h} - m_1$.

Der benetzte Umfang ist

$$U = c + \sqrt{h^2 + d_1^2} + \sqrt{h^2 + d_2^2} = c + \sqrt{h^2 + h^2 m_1^2} + \sqrt{h^2 + h^2 m_2^2}$$

$$= c + h\sqrt{1 + m_1^2} + h\sqrt{1 + m_2^2}.$$

Einsetzen der Nebenbedingung führt auf die Funktion

$$U(m_1) = c + h\sqrt{1 + m_1^2} + h\sqrt{1 + \left(\frac{2A}{h^2} - \frac{2c}{h} - m_1\right)^2}.$$

Weiter ist

$$\frac{dU}{dm_1} = h \cdot \frac{2m_1}{2\sqrt{1 + m_1^2}} - h \cdot \frac{2\left(\frac{2A}{h^2} - \frac{2c}{h} - m_1\right)}{2\sqrt{1 + \left(\frac{2A}{h^2} - \frac{2c}{h} - m_1\right)^2}}.$$

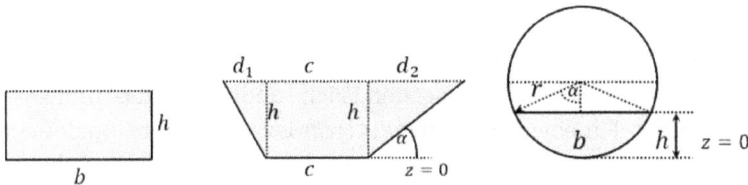

Abb. 10.11: Skizzen zur Rechtecks-, Trapez- und Kreisrinne

Die Quadratur nach dem Nullsetzen ergibt

$$m_1^2\left[1+\left(\frac{2A}{h^2}-\frac{2c}{h}-m_1\right)^2\right]=(1+m_1^2)\cdot\left(\frac{2A}{h^2}-\frac{2c}{h}-m_1\right)^2 .$$

Ausmultiplizieren und Zusammenfassen hinterlässt lediglich $m_1=\frac{2A}{h^2}-\frac{2c}{h}-m_1$, was zu $m_1=\frac{A}{h^2}-\frac{c}{h}$ und $m_2=m_1$ führt. Als erstes Zwischenergebnis erhalten wir somit ein gleichschenkliges Trapez.

In einem zweiten Schritt soll die Steigung selbst bestimmt werden. Dazu wiederholen wir dieselben Rechenschritte. Zusätzlich kann jetzt c ersetzt werden:

$$A=\left(\frac{2c+2mh}{2}\right)h=(c+mh)h \quad\Longrightarrow\quad c=\frac{A}{h}-mh .$$

Der benetzte Umfang ist $U(m_1)=\frac{A}{h}-mh+2h\sqrt{1+m^2}$. Die Ableitung ergibt

$$\frac{dU}{dm_1}=-h+2h\cdot\frac{2m}{2\sqrt{1+m^2}} .$$

Nullsetzen und quadrieren führt auf $1+m^2=4m^2$ und schließlich $m=\pm\frac{1}{\sqrt{3}}$. Der Böschungswinkel beträgt damit beidseitig $\alpha=60°$.

Für das Trapez soll noch die Grenztiefe bestimmt werden.

$$\text{Aus}\quad Q=A\cdot v=\left[\frac{2c+(m_1+m_2)h}{2}\right]h\cdot v\quad\text{folgt}\quad v=\frac{2Q}{[2c+(m_1+m_2)h]h} .$$

Die Energiehöhe lautet

$$h_E=h+\frac{v^2}{2g}=h+\frac{1}{2g}\cdot\frac{4Q^2}{[2c+(m_1+m_2)h]^2h^2}=h+\frac{2Q^2}{g\,[2ch+(m_1+m_2)h^2]^2} .$$

Weiter ist

$$\frac{dh_E}{dh}=1-\frac{2Q^2}{g}\cdot\frac{2\cdot[2ch+(m_1+m_2)h^2]\cdot[2c+2(m_1+m_2)h]}{[2ch+(m_1+m_2)h^2]^4}$$

$$=1-\frac{8Q^2}{gh^3}\cdot\frac{c+(m_1+m_2)h}{[2c+(m_1+m_2)h]^3} .$$

Die Bestimmungsgleichung für die Grenztiefe ist damit

$$\frac{[2c+(m_1+m_2)h_{Gr}]^3h_{Gr}^3}{c+(m_1+m_2)h_{Gr}}=\frac{8Q^2}{g} .$$

Sie kann nur numerisch gelöst werden.

Beispielsweise für $m_1=m_2=\frac{1}{\sqrt{3}}$, $c=10\,\text{m}$ und $Q=100\,\frac{\text{m}^3}{\text{s}}$ erhält man $h_{Gr}=2,02\,\text{m}$ und daraus

$$v_{Gr}=\frac{2Q}{[2c+(m_1+m_2)h_{Gr}]h_{Gr}}=4,43\,\frac{\text{m}}{\text{s}} .$$

3. Kreisrinne. In diesem Fall bestimmen wir den minimalen Zentriwinkel α (Abb. 10.11 rechts). Die Sektorfläche beträgt $A_S = \frac{1}{2}br = \frac{1}{2}2\alpha r \cdot r = \alpha r^2$ und für die Dreicksfäche gilt $A_D = r\sin\alpha \cdot r\cos\alpha = \frac{r^2}{2}\sin(2\alpha)$. Die Querschnittsfläche des Strömungskanals bestimmt sich zu $A = A_S - A_D = \alpha r^2 - \frac{r^2}{2}\sin(2\alpha)$. Somit erhalten wir als Nebenbedingung

$$r = \sqrt{\frac{2A}{2\alpha - \sin(2\alpha)}} \, .$$

Aus dem benetzten Umfang $U = 2\alpha r$ wird dann die Zielfunktion

$$U(\alpha) = 2\sqrt{2A} \cdot \frac{\alpha}{\sqrt{2\alpha - \sin(2\alpha)}} \, .$$

Weiter ist

$$\frac{dU}{d\alpha} = 2\sqrt{2A} \cdot \frac{\sqrt{2\alpha - \sin(2\alpha)} - \alpha \cdot \frac{2 - 2\cos(2\alpha)}{2\sqrt{2\alpha - \sin(2\alpha)}}}{2\alpha - \sin(2\alpha)} \, .$$

Nullsetzen führt zur Gleichung $2 \cdot (2\alpha - \sin(2\alpha)) = \alpha \cdot (2 - 2\cos(2\alpha))$.
  Man erhält

$$2\alpha - 2\sin(2\alpha) = -2\alpha\cos(2\alpha) \quad \Longrightarrow \quad \alpha\cos(2\alpha) - \sin(2\alpha) + \alpha = 0$$

$$\Longrightarrow \quad \alpha(1 - \sin^2\alpha) - \sin(2\alpha) + \alpha = 0 \quad \Longrightarrow \quad 2\alpha - 2\sin^2\alpha - 2\sin\alpha \cdot \cos\alpha = 0$$

$$\Longrightarrow \quad \alpha\cos^2\alpha - \sin\alpha \cdot \cos\alpha = 0 \quad \Longrightarrow \quad \cos\alpha(\alpha - \sin\alpha) = 0 \, .$$

Die erste Lösung ist $\alpha = 0$ und die zweite $\alpha = \frac{\pi}{2}$. Somit besitzt das halb gefüllte Kreisrohr den minimalen benetzten Umfang.
  Für die Grenztiefe lösen wir die Gleichung $Q = A \cdot v = [\alpha r^2 - \frac{r^2}{2}\sin(2\alpha)] \cdot v$ nach v auf, $v = \frac{2Q}{r^2[2\alpha - \sin(2\alpha)]}$, ersetzen die Höhe h durch $r(1 - \cos\alpha)$ und erhalten für die Energiehöhe

$$h_E(\alpha) = r(1 - \cos\alpha) + \frac{2Q^2}{gr^4} \cdot \frac{1}{[2\alpha - \sin(2\alpha)]^2} \, .$$

Weiter ist

$$\frac{dh_E}{d\alpha} = r\sin\alpha - \frac{2Q^2}{gr^4} \cdot \frac{2 \cdot [2\alpha - \sin(2\alpha)] \cdot [2 - 2\cos(2\alpha)]}{[2\alpha - \sin(2\alpha)]^4}$$

$$= r\sin\alpha - \frac{8Q^2}{gr^4} \cdot \frac{1 - \cos(2\alpha)}{[2\alpha - \sin(2\alpha)]^3} = r\sin\alpha - \frac{16Q^2}{gr^4} \cdot \frac{\sin^2\alpha}{[2\alpha - \sin(2\alpha)]^3} \, .$$

Nullsetzen ergibt die Gleichung

$$\frac{gr^4}{16Q^2} = \frac{\sin\alpha_{Gr}}{[2\alpha_{Gr} - \sin(2\alpha_{Gr})]^3} \, .$$

Beispiel. $r = 1\,\text{m}$, $Q = 2\,\frac{\text{m}^3}{\text{s}}$. Man erhält $\alpha_{Gr} = 1,23 \implies h_{Gr} = r(1 - \cos \alpha_{Gr}) = 0,67\,\text{m}$. Daraus folgt auch die Grenzgeschwindigkeit zu

$$v_{Gr} = \frac{2Q}{r^2 \left[2\alpha_{Gr} - \sin(2\alpha_{Gr})\right]} = 2,18\,\frac{\text{m}}{\text{s}}\,.$$

Aufgabe
Bearbeiten Sie die Übung 20.

10.4 Wehrüberströmungen

Wehre und Schütze dienen zur kurzfristigen Abflussregulierung eines Gerinnes. Langfristig werden beide Konstruktionen überlaufen. Sofern die Wasserzufuhr nicht abreißt, kann die Tiefe des Oberwassers damit gesteuert werden.

Es sollen drei Theorien zur Beschreibung einer Wehrüberströmung vorgestellt werden. Wir beschränken uns auf eine bestimmte Wehrüberströmung: den senkrechten, abgerundeten und vollkommenen Wehrüberfall (Abb. 10.12 links). Dabei soll das Wehr senkrecht zur Anströmung stehen und die Wehrkrone abgerundet, also nicht scharfkantig sein. Ein vollkommener Wehrüberfall bleibt vom Unterwasser unbeeinflusst: das Wasser staut sich auf dem Weg über das gesamte Wehr nicht. Insbesondere entsteht ein eventueller Wechselsprung frühestens am Fuß des Wehrs.

I. Poleni (1717) und Weisbach (1841)

Auf der Wehrkrone geht die Strömung in Schießen über. Die Wasserlinie beginnt sich etwa bei einem Abstand von $3 - 4h_{Gr}$ abzusenken. Man nennt den Höhenunterschied $h_ü$ der Wasserlinie zur Wehrkrone vor dem Absinken die Überfallhöhe. w ist die Wehrhöhe.

Die Situation für den Atmosphärendruck im eingezeichneten Kreis (Abb. 10.12 rechts) muss etwas genauer unter die Lupe genommen werden. Im höchsten Punkt A

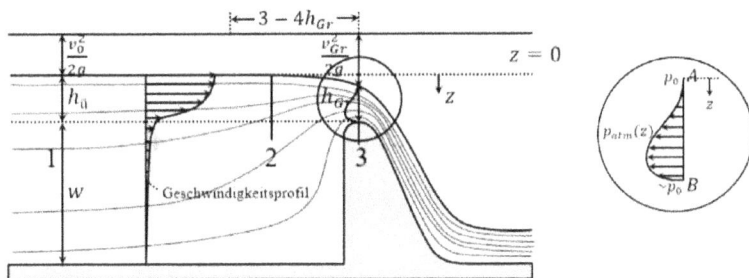

Abb. 10.12: Skizzen zur Wehrüberströmung

herrscht Luftdruck. Durch die Strömung entsteht aufgrund des Bernoulli-Effektes Unterdruck, weswegen die Druckpfeile in Gegenrichtung zeigen. Hin zum tiefsten Punkt *B* steigt der Umgebungsdruck leicht an, um dann wieder etwa auf Luftdruck abzufallen.

Vor dem Absenken des Wasserspiegels, in einem Punkt 1, herrscht etwa Luftdruck, falls v_0 vernachlässigbar klein ist. Ansonsten steigt der Atmosphärendruck mit wachsender Geschwindigkeit an, nicht so stark wie im Punkt 2 oder Punkt 3, da $v_{0,1} < v_{0,2} < \cdots < v_{Gr}$.

Weisbach und früher Poleni fassen die Überströmung als eine Gefäß*ausströmung* mit unendlich vielen Löchern entlang der Höhe h_{Gr} auf. Um die Abhängigkeit der Geschwindigkeit mit der Tiefe zu erfassen, vernachlässigt Poleni die Anströmgeschwindigkeit v_0 und setzt das Profil nach Torricelli als $v(z) = \sqrt{2gz}$ an. Weisbach benutzt die Bernoulli-Gleichung und vergleicht die Drücke in den Punkten 1 und 2 oder auch 1 und 3:

$$h_{\ddot{u}} + \frac{v_0^2}{2g} + \frac{p_{\text{atm},1(z=0)}}{\rho g} = h_z + \frac{v(z)^2}{2g} + \frac{p_{\text{atm},2(z)}}{\rho g} \; .$$

Nach den eben gemachten Überlegungen kann man im besten Fall $p_{\text{atm},1} \approx p_{\text{atm},2} \approx p_0$ setzen und erhält

$$h_{\ddot{u}} + \frac{v_0^2}{2g} = h_z + \frac{v(z)^2}{2g} \; . \tag{10.3}$$

Das Geschwindigkeitsprofil ergibt sich dann zu $v(z) = \sqrt{2g(h_{\ddot{u}} - z) + v_0^2}$. Im Weiteren wird das Profil über die Überfallhöhe integriert. Eigentlich müssten die Geschwindigkeitsanteile bis zur Sohle berücksichtigt werden. Diese sind aber verhältnismäßig klein (siehe Skizze).

Bemerkung. Die Verwendung der Bernoulli-Gleichung ist eigentlich unzulässig. Sie gilt nur entlang einer Strom- oder Bahnlinie. Gleichung (10.3) liegt aber eine „Bahnlinie" zugrunde, die an der Oberfläche startet, und dann auf eine Tiefe z absinkt. Kein Wasserteilchen wird einen solchen Weg über das Wehr nehmen. Zudem bildet sich auf der Wehrkrone ein starrer Wirbel aus (höher gelegene Teilchen bewegen sich schneller als tiefer gelegene). Damit ist die Strömung nicht rotationsfrei und die Bernoulli-Gleichung gilt nicht.

Weiter bestimmen wir nun die mittlere Geschwindigkeit

$$\bar{v} = \frac{1}{h_{\ddot{u}}} \int\limits_0^{h_{\ddot{u}}} \sqrt{2g(h_{\ddot{u}} - z) + v_0^2} \, dz$$

$$= \frac{\sqrt{2g}}{h_{\ddot{u}}} \int\limits_0^{h_{\ddot{u}}} \sqrt{h_{\ddot{u}} - z + \frac{v_0^2}{2g}} \, dz = -\frac{2}{3} \cdot \frac{\sqrt{2g}}{h_{\ddot{u}}} \left[\left(h_{\ddot{u}} - z + \frac{v_0^2}{2g} \right)^{\frac{3}{2}} \right]_0^{h_{\ddot{u}}}$$

$$= -\frac{2}{3} \cdot \frac{\sqrt{2g}}{h_{\ddot{u}}} \left(\left[\frac{v_0^2}{2g} \right]^{\frac{3}{2}} - \left[h_{\ddot{u}} + \frac{v_0^2}{2g} \right]^{\frac{3}{2}} \right) \; .$$

Da die Formel schlechte Werte liefert, wird sie mit einem Überfallbeiwert μ versehen und der Fluss beträgt dann

$$Q = \mu A \overline{v} = \mu b h_{\ddot{u}} \overline{v} = \frac{2}{3} \sqrt{2g} \cdot \mu \cdot b \cdot \left(\left[h_{\ddot{u}} + \frac{v_0^2}{2g} \right]^{\frac{3}{2}} - \left[\frac{v_0^2}{2g} \right]^{\frac{3}{2}} \right).$$

Ist $\frac{v_0^2}{2g} \ll h_{\ddot{u}}$, dann wird daraus die nach Poleni benannte Formel

$$Q = \frac{2}{3} \sqrt{2g} \cdot \mu \cdot b \cdot h_{\ddot{u}}^{\frac{3}{2}}.$$

Für abgerundete Wehre schwankt der Beiwert zwischen $\mu = 0,78$ und $\mu = 0,81$. Die Verwendung der Bernoulli-Gleichung ist in diesem Fall also etwa um 20 % falsch.

Die Poleni-Formel erhält man auch auf andere Weise. Auf der Wehrkrone bildet sich eine schießende Strömung aus. Wir wenden die Bernoulli-Gleichung (diesmal korrekt) auf die oberste Bahnlinie an (in der Skizze zwischen den Punkten 1 und 3) und finden

$$h_{\ddot{u}} + \frac{v_0^2}{2g} + \frac{p_{atm,1}}{2g} = h_{Gr} + \frac{v_{Gr}^2}{2g} + \frac{p_{atm,3}}{2g}.$$

Für $\frac{v_0^2}{2g} \ll h_{\ddot{u}}$ ist etwa $p_{atm,1} \approx p_{atm,3} \approx p_0$ und man erhält

$$h_{\ddot{u}} = h_{Gr} + \frac{v_{Gr}^2}{2g} = h_{Gr} + \frac{g \cdot h_{Gr}}{2g} = \frac{3}{2} h_{Gr} = \frac{3}{2} \cdot \sqrt[3]{\frac{Q^2}{gb^2}}$$

und daraus $\frac{8}{27} h_{\ddot{u}}^3 = \frac{Q^2}{gb^2}$. Aufgelöst nach dem Fluss folgt

$$Q = \frac{2}{3} \sqrt{\frac{2}{3}} \sqrt{g} \cdot b \cdot h_{\ddot{u}}^{\frac{3}{2}} = \frac{2}{3} \sqrt{2g} \cdot \frac{1}{\sqrt{3}} \cdot b \cdot h_{\ddot{u}}^{\frac{3}{2}}. \qquad (10.4)$$

Es stellt sich ein theoretischer Beiwert von $\mu = \frac{1}{\sqrt{3}} \approx 0,57$ ein.

Beispiel. Gegeben ist eine Rechteckrinne der Breite $b = 10$ m und ein abgerundetes Wehr derselben Breite und der Höhe $w = 2$ m. Die Überfallhöhe beträgt $h_{\ddot{u}} = 0,75$ m. Wir nehmen an, dass $\frac{v_0^2}{2g} \ll h_{\ddot{u}}$ gilt. Gleichung (10.4) liefert

$$Q = \frac{2}{3} \sqrt{2g} \cdot \frac{1}{\sqrt{3}} \cdot b \cdot h_{\ddot{u}}^{\frac{3}{2}} = 11,07 \frac{m^3}{s}.$$

Als Grenztiefe stellt sich $h_{Gr} = \frac{2}{3} h_{\ddot{u}} = 0,5$ m ein und für die Anströmgeschwindigkeit erhält man $v_0 = \frac{Q}{b(h_{\ddot{u}}+w)} = 0,4 \frac{m}{s}$. Kontrolle: $0,008 = \frac{v_0^2}{2g} \ll h_{\ddot{u}} = 0,75$.

II. Du Buat (1779)

In einem ersten Schritt vernachlässigt auch du Buat $\frac{v_0^2}{2g}$ gegenüber $h_\text{ü}$. Da der Wasserspiegel bis zur Krone von $h_\text{ü}$ auf einen Wert $\alpha h_\text{ü}$ absinkt, integriert er das (nach Poleni) angesetzte Geschwindigkeitsprofil $v(z) = \sqrt{2gz}$ von $\frac{h_\text{ü}}{2}$ bis $h_\text{ü}$. Dabei ist $\alpha = \frac{1}{2}$ ein reiner Schätzwert.

Bemerkung. Eigentlich müsste das Profil $v(z) = \sqrt{2g(h_\text{ü} - z)}$ lauten, aber bei der folgenden Integration spielt das keine Rolle.

$$\overline{v} = \frac{1}{h_\text{ü}} \int_{\frac{h_\text{ü}}{2}}^{h_\text{ü}} \sqrt{2gz}\, dz = \frac{1}{h_\text{ü}} \cdot \frac{2}{3} \cdot \sqrt{2g} \left[z^{\frac{3}{2}} \right]_{\frac{h_\text{ü}}{2}}^{h_\text{ü}} = \frac{1}{h_\text{ü}} \cdot \frac{2}{3} \cdot \sqrt{2g} \left(h_\text{ü}^{\frac{3}{2}} - \left[\frac{h_\text{ü}}{2} \right]^{\frac{3}{2}} \right).$$

Für den Fluss ergibt sich $Q = b h_\text{ü} \overline{v} = \frac{2}{3} \sqrt{2g} \cdot 0{,}646 \cdot b \cdot h_\text{ü}^{\frac{3}{2}}$.

Umgestellt nach der Überfallhöhe ist

$$h_\text{ü} = \left(\frac{3Q}{2b \cdot 0{,}646 \sqrt{2g}} \right)^{\frac{2}{3}}.$$

Im zweiten Schritt berücksichtigt du Buat die Fließgeschwindigkeit v_0 und damit den kinetischen Energiehöhenanteil in der Bernoulli-Gleichung. Somit beträgt die gesamte Höhenenergie

$$H = \left(\frac{3Q}{2b \cdot 0{,}646 \sqrt{2g}} \right)^{\frac{2}{3}}$$

und sie setzt sich zusammen aus

$$H = h_\text{ü} + \frac{v_0^2}{2g} = h_\text{ü} + \frac{Q^2}{2g(h_\text{ü} + w)^2 b^2}.$$

Insgesamt erhält man

$$\left(\frac{3Q}{2b \cdot 0{,}646 \sqrt{2g}} \right)^{\frac{2}{3}} = h_\text{ü} + \frac{Q^2}{2g(h_\text{ü} + w)^2 b^2}. \tag{10.5}$$

Beispiel. Das überströmte Wehr habe eine Höhe von $w = 2\,\text{m}$ und dieselbe Breite $b = 10\,\text{m}$ wie das Rechteckgerinne. Als Überfallhöhe misst man $h_\text{ü} = 0{,}75\,\text{m}$. Die Gleichung (10.5) liefert $Q = 12{,}66\,\frac{\text{m}^3}{\text{s}}$. (Es gibt zwar eine zweite Lösung, $Q = 278{,}32\,\frac{\text{m}^3}{\text{s}}$, aber weil in diesem Fall $h_\text{Gr} = 4{,}29\,\text{m}$ wäre, geht das nicht).

Weiter ist

$$h_\text{Gr} = \sqrt[3]{\frac{Q^2}{gb^2}} = 0{,}55\,\text{m}, \quad v_\text{Gr} = \sqrt{gh_\text{Gr}} = 2{,}32\,\frac{\text{m}}{\text{s}} \quad \text{und} \quad v_0 = \frac{Q}{b(h_\text{ü} + w)} = 0{,}46\,\frac{\text{m}}{\text{s}}.$$

Zusätzlich bestimmen wir noch die Höhe h_2 der Strömung am Fuß des Wehrs.
Es gilt

$$w + h_{\mathrm{Gr}} + \frac{v_{\mathrm{Gr}}^2}{2g} = h_2 + \frac{v_2^2}{2g} \quad \Longrightarrow \quad w + \frac{3}{2} h_{\mathrm{Gr}} = h_2 + \frac{Q^2}{2g h_2^2 b^2} \,.$$

Es folgt

$$2 + \frac{3}{2} \cdot \sqrt[3]{\frac{12{,}66^2}{9{,}81 \cdot 10^2}} = h_2 + \frac{12{,}66^2}{2 \cdot 9{,}81 \cdot h_2^2 \cdot 10^2}$$

und man erhält $h_2 = 0{,}18\,\mathrm{m}$ und $v_2 = \frac{Q}{b h_2} = 7{,}20\,\frac{\mathrm{m}}{\mathrm{s}}$.

Aufgabe
Bearbeiten Sie die Übung 21.

III. Malcherek (2017)

Es soll der Stützkraftsatz auf das eingezeichnete Kontrollvolumen des Wehrs (Abb. 10.13) angewandt werden. Da die Strömung stationär ist, gilt $\frac{dI}{dt} = 0$. Wir nehmen an, dass die Wassermenge mit gleichbleibender Geschwindigkeit ins Kontrollvolumen hineinfließt. Diese Menge ist dann $\rho Q v_0$. Aus dem Kontrollvolumen fließt die Menge $\mu \rho Q v_{\ddot{u}}$. Obwohl die Wassersäule im Punkt 1 nicht ruht, können wir trotzdem die Druckkraft als rein hydrostatisch ansetzen: $F_{p_1} = \frac{1}{2} \rho g b h_{\ddot{u}}^2$ (dies werden wir in Kapitel 10.8 mit Gleichung (10.17) beweisen). Auf der Wehrkrone gibt es keine hemmende Druckkraft auf die Stromröhre F_{p_2}, weil die Strömung nicht mehr horizontal aufrecht erhalten werden muss und in eine vertikale übergeht: $F_{p_2} = 0$.

Bemerkung. Man kann das Kontrollvolumen bis auf den Boden ausdehnen. Als zusätzliche antreibende Druckkraft käme $F_{p_1}^* = \frac{1}{2} b w (\rho g(h_{\ddot{u}} + w) + \rho g h_{\ddot{u}})$ hinzu (Trapezfläche). Diese wird aber durch die auf das Wasser wirkende Wehrwand $-F_{p_1}^*$ aufgehoben.

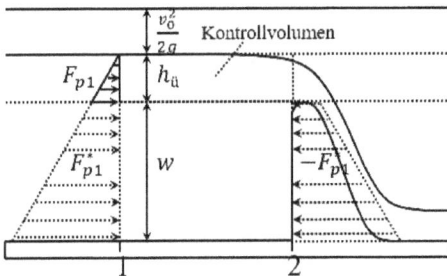

Abb. 10.13: Skizze zur Anwendung des Stützkraftsatzes auf die Wehrüberströmung

Übrig bleibt demnach

$$\rho Q(v_0 - \mu v_{\ddot{u}}) + \frac{1}{2}\rho g b h_{\ddot{u}}^2 = 0 \quad \text{oder} \quad \frac{Q^2}{b(h_{\ddot{u}} + w)} - \frac{\mu Q^2}{b h_{\ddot{u}}} + \frac{1}{2}g b h_{\ddot{u}}^2 = 0 \,.$$

Es folgt nacheinander

$$Q^2\left(\frac{\mu}{h_{\ddot{u}}} - \frac{1}{h_{\ddot{u}} + w}\right) = \frac{1}{2}g b^2 h_{\ddot{u}}^2 \,, \quad Q^2 \cdot \frac{\mu(h_{\ddot{u}} + w) - h_{\ddot{u}}}{h_{\ddot{u}}(h_{\ddot{u}} + w)} = \frac{1}{2}g b^2 h_{\ddot{u}}^2$$

und

$$Q = b \cdot \sqrt{\frac{1}{2} \cdot \frac{g h_{\ddot{u}}^3(h_{\ddot{u}} + w)}{\mu(h_{\ddot{u}} + w) - h_{\ddot{u}}}} \quad \text{oder} \quad Q = b \cdot \sqrt{\frac{g h_{\ddot{u}}^3}{2\left(\mu - \frac{h_{\ddot{u}}}{h_{\ddot{u}} + w}\right)}} \,.$$

Für unser obiges Beispiel mit $w = 2\,\text{m}$, $b = 10\,\text{m}$, $h_{\ddot{u}} = 0{,}75\,\text{m}$ und $Q = 12{,}66\,\frac{\text{m}^3}{\text{s}}$ ist $\mu = 1{,}56$.

10.5 Unterströmung eines Schützes

Der gestaute Wasserkanal wird durch Heben des Schützes (Hubschütze) teilweise entleert (Abb. 10.14). Das Wasser fließt dann unter dem Schütz hindurch. Da die Stromlinien etwas zusammengeschnürt werden, sinkt die Höhe des Wasserstrahls von a auf δa (vena contracta). Berücksichtigte man die Kontraktion nicht, dann wäre die Stromlinie im Punkt A unstetig und die Bernoulli-Gleichung für diese „oberste" Bahn ungültig.

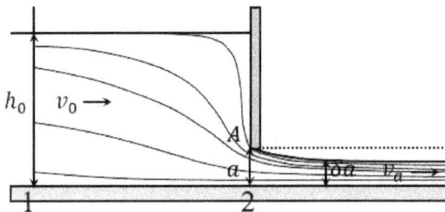

Abb. 10.14: Skizze zur Unterströmung eines Schützes

Für die beiden Kontrollpunkte gilt entlang einer beliebigen Stromlinie

$$h_0 + \frac{v_0^2}{2g} = \delta a + \frac{v_a^2}{2g} \quad \text{oder} \quad h_0 + \frac{Q^2}{2g h_0^2 b^2} = \delta a + \frac{Q^2}{2g \delta^2 a^2 b^2} \,.$$

Es folgt

$$\frac{Q^2}{2g b^2}\left(\frac{1}{\delta^2 a^2} - \frac{1}{h_0^2}\right) = h_0 - \delta a \,, \quad \frac{Q^2}{2g b^2}\frac{h_0^2 - \delta^2 a^2}{\delta^2 a^2 h_0^2} = h_0 - \delta a \,, \quad \frac{Q^2}{2g b^2}\frac{h_0 + \delta a}{\delta^2 a^2 h_0^2} = 1$$

und somit

$$Q = \delta a h_0 b \cdot \sqrt{\frac{2g}{h_0 + \delta a}} \,.$$

Die Ausströmgeschwindigkeit v_a ergibt sich zu

$$v_a = \frac{Q}{b \cdot \delta a} = h_0 \sqrt{\frac{2g}{h_0 + \delta a}} = \sqrt{\frac{h_0}{h_0 + \delta a}} \cdot \sqrt{2gh_0} \; .$$

Fasst man $\sqrt{\frac{h_0}{h_0 + \delta a}}$ zu einem Beiwert μ zusammen, dann kann man v_a in der Torricelli-Ausflussform $v_a = \mu \sqrt{2gh_0}$ schreiben.

Beispiel. Gegeben: $b = 2\,\text{m}$, $h_0 = 3\,\text{m}$, $Q = 5\,\frac{\text{m}^3}{\text{s}}$, $\delta = 0{,}9$. Wir fragen nach der Hubhöhe a, damit der Fluss Q gewährleistet ist. Mit

$$Q = \delta a h_0 b \cdot \sqrt{\frac{2g}{h_0 + \delta a}}$$

erhält man $a = 0{,}38\,\text{m}$.

Weiter ist

$$v_a = \frac{Q}{b \cdot \delta a} = \frac{5}{2 \cdot 0{,}9 \cdot 0{,}38} = 7{,}27\,\frac{\text{m}}{\text{s}} = 0{,}94 \cdot \sqrt{2 \cdot 9{,}81 \cdot 3} \; .$$

Der Wert $\mu = 0{,}95$ ist dabei viel zu hoch. Zusätzlich ist noch $v_0 = \frac{Q}{b \cdot h_0} = \frac{5}{2 \cdot 3} = 0{,}83\,\frac{\text{m}}{\text{s}}$.

Für das Schütz soll der Stützkraftsatz (nach Malcherek) formuliert werden (Abb. 10.15).

Insbesondere erhalten wir einen theoretisch bestimmten Beiwert μ. Das Kontrollvolumen muss hier bis zum Boden erstreckt werden. Die Druckkräfte sind dabei wesentlich komplizierter als beim Wehr. Wieder gilt für eine stationäre Strömung $\frac{dI}{dt} = 0$.

Zuerst geben wir die Massenströme an. Der einfließende beträgt unter Benutzung der Kontinuitätsgleichung

$$\rho Q v_0 = \rho A v_0^2 = \rho A v_0^2 = \rho h_0 b v_0^2 = \rho h_0 b \cdot \frac{a^2 v_a^2}{h_0^2} = \rho a^2 b \cdot \frac{a^2 v_a^2}{h_0}$$

und der ausströmende

$$-\rho Q v_a = -\rho \delta a b v_a^2 \quad \text{(vena contracta)} \; .$$

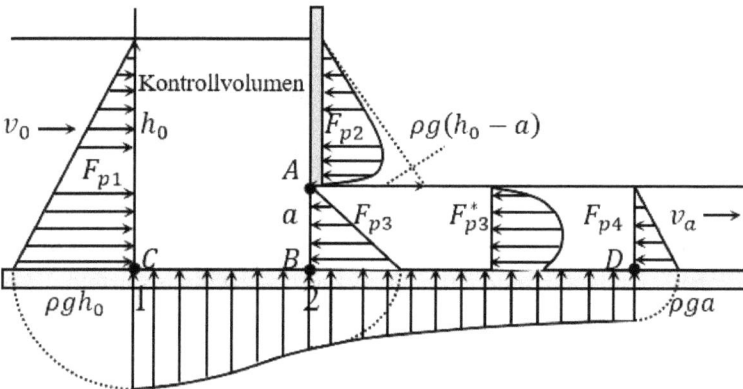

Abb. 10.15: Skizze zur Anwendung des Stützkraftsatzes auf die Unterströmung des Schützes

Die Druckkraft F_{p_1} kann wie beim Wehr als hydrostatisch betrachtet werden:

$$F_{p_1} = \frac{1}{2}\rho g b h_0^2 \; .$$

Für die Druckkraft F_{p_2} argumentieren wir wie folgt: Am obersten Punkt des Schützes herrscht Luftdruck. Die potenzielle Energie der Wasserteilchen sinkt mit zunehmender Tiefe z auf dem Weg zur Öffnung, gleichzeitig steigt ihre kinetische Energie entlang dieses Weges. Den größten Druck auf das Schütz können wir als denjenigen „Punkt" angeben, in welchem die Wasserteilchen „im Mittel" ihre Richtung hin zum Ausgang ändern. Die Summe aller horizontalen Geschwindigkeitskomponenten ist dann am größten. Auf der Höhe A erzeugt die Strömung einen kleinen Druck, der praktisch wieder dem Luftdruck entspricht. Das Druckprofil $p(z)$ auf das Schütz ($h_0 - a \le z \le h_0$) entspricht ziemlich genau einer Kurve der Form $\frac{p(z)}{\rho g} = z + \frac{\bar{v}(z)^2}{2g}$ (Messungen bestätigen dies). Die zugehörige Druckkraft können wir als Vielfaches des hydrostatischen Drucks einer Wassersäule der Höhe $h_0 - a$ ansetzen:

$$F_{p_2} = \alpha \frac{1}{2}\rho g b (h_0 - a)^2 \quad \text{mit} \quad \frac{1}{2} < \alpha < 1 \; .$$

Im Weiteren wählen wir trotzdem $\alpha = 1$ und belassen δ als einzigen Beiwert, womit wir den Fehler entsprechend ausgleichen können.

Es fehlt noch die Druckkraft F_{p_3}. Im Punkt C beträgt die Druckkraft auf den Boden $\frac{1}{2}\rho g b h_0^2$. Abermals können wir den Bodendruck in einiger Entfernung D zum Punkt B als hydrostatisch zu $\frac{1}{2}\rho g b a^2$ angeben. Im Punkt B schließlich sind die Geschwindigkeit und die Druckzunahme am größten. Das Druckprofil am Boden muss im Punkt B demzufolge einen Wendepunkt aufweisen. Insgesamt erhalten wir die eingezeichnete Kurve. Sie besitzt die Form $p(x) \sim \tanh^2(x)$. Diese Druckkurve verhält sich örtlich genauso wie eine (zeitlich) instationäre Röhrströmung (vgl. Kapitel 2.2, Bsp. 4). Nun gilt es noch, den Bodendruck im Punkt B abzuschätzen.

Diesen kann man nur über Messungen erfassen. Er ergibt sich etwa als arithmetisches Mittel der Bodendrücke an den Stellen C und D zu $\frac{1}{2}\rho g (h_0 + a)$. Die Geschwindigkeit zwischen den Punkten A und B wird wie immer zu v_a gemittelt und die Druckkraft F_{p_3} kann in hydrostatischer Form geschrieben werden als

$$F_{p_3} = -\frac{1}{2}b\left[\frac{1}{2}\rho g a (h_0 + a)\right] \; .$$

Bemerkung. Die Strömung zwischen den Punkten A und B verhält sich für eine kurze Strecke wie eine Rohrströmung mit einem parabolischen Geschwindigkeitsfeld.

Setzen wir alles zusammen, so lautet der Stützkraftsatz

$$\rho a^2 b \cdot \frac{v_a^2}{h_0} - \rho \delta a b v_a^2 + \frac{1}{2}\rho g b h_0^2 - \frac{1}{2}\rho g b (h_0 - a)^2 - \frac{1}{4}\rho g a b (h_0 + a) = 0 \; .$$

Daraus folgt

$$\rho a b v_a^2 \left(\frac{a}{h_0} - \delta\right) + \frac{1}{2}\rho g b \left(h_0^2 - h_0^2 + 2ah_0 - a^2 - \frac{1}{2}ah_0 - \frac{1}{2}a^2\right) = 0,$$

$$\rho a b v_a^2 \left(\frac{a}{h_0} - \delta\right) + \frac{1}{2}\rho g b \left(\frac{3}{2}ah_0 - \frac{3}{2}a^2\right) = 0,$$

$$v_a^2 \left(\frac{a}{h_0} - \delta\right) + \frac{3}{4}g(h_0 - a) = 0 \quad \text{und} \quad v_a^2 = \frac{3g(h_0 - a)}{4\left(\delta - \frac{a}{h_0}\right)}.$$

Der Fluss ergibt sich zu

$$Q = \delta a b \cdot \sqrt{\frac{3g(h_0 - a)}{4\left(\delta - \frac{a}{h_0}\right)}}. \tag{10.6}$$

Beispiel. Gegeben: $b = 2\,\text{m}$, $h_0 = 3\,\text{m}$, $Q = 5\,\frac{\text{m}^3}{\text{s}}$, $\delta = 0{,}9$. Mit (10.6) folgt $a = 0{,}55\,\text{m}$. Weiter ist $v_a = \frac{Q}{b\cdot\delta a} = \frac{5}{2\cdot0{,}9\cdot0{,}55} = 5{,}02\,\frac{\text{m}}{\text{s}} = 0{,}65\sqrt{2\cdot9{,}81\cdot3}$ und somit $\mu = 0{,}65$.
Vernachlässigt man die vena contracta und setzt $\delta = 1$, dann ist

$$v_a = \sqrt{\frac{3}{4}gh_0} = \frac{\sqrt{3}}{2\sqrt{2}}\sqrt{2gh_0} = 0{,}61\sqrt{2gh_0}.$$

Der Beiwert $\mu = 0{,}61$ ist viel kleiner als derjenige Wert, den wir mit Anwendung der Bernoulli-Gleichung erhielten. μ schwankt (bei $\delta = 1$) zwischen 0,59 und 0,63 und ist abhängig vom Verhältnis von $\frac{a}{h_0}$.

Das Schütz mit Rückstau (nach Malcherek)
Dies ist ein unvollkommener Abfluss, weil das Wasser unter dem Schütz aufgrund des Rückstaus nicht ungehindert abfließen kann (ähnlich wie beim unvolkommenen Überfall eines Wehrs).

Wendet man auf ein solches Schütz die Bernoulli-Gleichung an, dann wird das Ergebnis für v_a ohne Rückstau einfach mit einem Abminderungsfaktor c multipliziert: $v_a = c\mu\sqrt{2gh_0}$.

Mit Hilfe des Stützkraftsatzes kann das Beiwertprodukt $c\mu$ theroretisch bestimmt werden (Abb. 10.16).

Der gesamte Massenstrom beträgt wie beim Fall ohne Rückstau $\rho a^2 b\cdot\frac{v_a^2}{h_0} - \rho\delta a b v_a^2$. Die Stützkräfte F_{p_1} und F_{p_2} bleiben ebenfalls bestehen. Für die Kraft F_{p_3} beachten wir, dass zusätzlich zu F_{p_2} die hydrostatische Druckkraft $\frac{1}{2}\rho g b(h_1 - a)^2$ auf das Schütz wirkt. An der Unterkante des Schützes, im Punkt A, herrscht somit der Druck $\rho g(h_1 - a)$. Dieser steigt bis zum Boden (Punkt B) auf das arithmetische Mittel der Drücke $\rho g h_0$ (Punkt C) und $\rho g h_1$ (Punkt D) nach der vorgängigen Theorie, also auf $\frac{1}{2}\rho g(h_0 + h_1)$ an. Den Druck unter dem Schütz ersetzen wir wieder durch einen hydrostatischen Verlauf:

$$F_{p_3} = -\frac{1}{2}ab\left[\rho g(h_1 - a) + \frac{1}{2}\rho g(h_0 + h_1)\right] = -\frac{1}{2}\rho g a b\left[\frac{1}{2}h_0 + \frac{3}{2}h_1 - a\right].$$

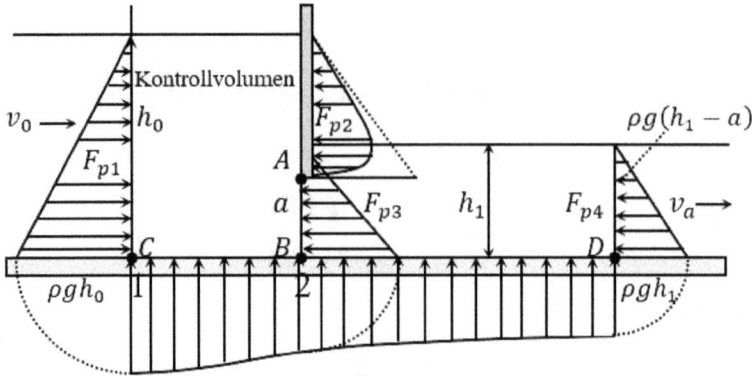

Abb. 10.16: Skizze zur Anwendung des Stützkraftsatzes auf die Unterströmung des Schützes mit Rückstau

Der Stützkraftsatz lautet

$$\rho a b v_a^2 \left(\frac{a}{h_0} - \delta\right) + \frac{1}{2}\rho g b h_0^2 - \frac{1}{2}\rho g b (h_0 - a)^2 - \frac{1}{2}\rho g a b \left[\frac{1}{2}h_0 + \frac{3}{2}h_1 - a\right] = 0 \, .$$

Daraus folgt

$$\rho a b v_a^2 \left(\frac{a}{h_0} - \delta\right) + \frac{1}{2}\rho g b \left(h_0^2 - h_0^2 + 2 a h_0 - a^2 - \frac{1}{2} a h_0 - \frac{3}{2} a h_1 + a^2\right) = 0 \, ,$$

$$\rho a b v_a^2 \left(\frac{a}{h_0} - \delta\right) + \frac{1}{2}\rho g b \left(\frac{3}{2} a h_0 - \frac{3}{2} a h_1\right) = 0 \, , \quad v_a^2 \left(\frac{a}{h_0} - \delta\right) = \frac{3}{4} g (h_0 - h_1) \, .$$

Weiter hat man

$$v_a^2 = \frac{3g(h_0 - h_1)}{4\left(\delta - \frac{a}{h_0}\right)} = \frac{3g(h_0 - h_1)\frac{h_0}{h_0}}{4\left(\delta - \frac{a}{h_0}\right)} = \frac{3g\left(1 - \frac{h_1}{h_0}\right)}{8\left(\delta - \frac{a}{h_0}\right)} 2 g h_0$$

und schließlich

$$v_a = \sqrt{\frac{3g\left(1 - \frac{h_1}{h_0}\right)}{8\left(\delta - \frac{a}{h_0}\right)}} \sqrt{2 g h_0} \, .$$

Speziell für $\delta = 1$ wird daraus

$$v_a = \sqrt{\frac{3g\left(1 - \frac{h_1}{h_0} \cdot \frac{a}{a}\right)}{8\left(1 - \frac{a}{h_0}\right)}} \sqrt{2 g h_0} = \sqrt{\frac{3g\left(1 - \frac{a}{h_0} \cdot \frac{h_1}{a}\right)}{8\left(1 - \frac{a}{h_0}\right)}} \sqrt{2 g h_0} \, .$$

Für eine Skizze betrachten wir

$$v_a^* = \frac{v_a}{\sqrt{2 g h_0} \cdot \sqrt{\frac{3g}{8}}} \, . \tag{10.7}$$

Für verschiedene Verhältnisse $k = \frac{h_1}{a}$ kann man v_a^* nach $\frac{a}{h_0}$ auftragen (Abb. 10.17 links). Wir wählen beispielsweise $k_1 = 1,5$ und $k_2 = 3$. Im Grenzfall $\frac{a}{h_0} \to 0$ entspricht dies der Ausflussformel von Torricelli für eine kleine Öffnung am Boden. Bei gleich großer Öffnung des Schützes ist die Geschwindigkeit beim kleineren Rückstau größer (z. B. Punkte A und B). Ist die Ausflussgeschwindigkeit gleich groß, dann ist das Schütz mit kleinerem Rückstau weiter geöffnet (z. B. Punkte C und D).

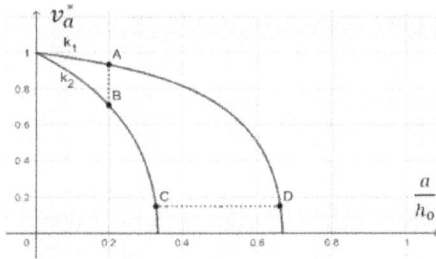

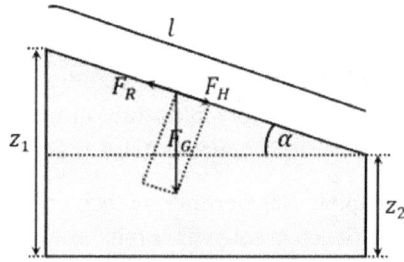

Abb. 10.17: Graphen von (10.7) und Skizze zur Formel von de Chézy

10.6 Reibungsbehaftete Gerinneströmungen

Reale Gerinneströmungen erleiden immer einen Energieverlust, einerseits aufgrund der Reibung mit dem benetzten Umfang (äußere viskose Reibung) und andererseits wegen der Reibung der Fluidmoleküle untereinander (innere viskose Reibung). Wir wollen in chronologischer Reihenfolge einige Fließformeln vorstellen.

I. Die Fließformel von de Chézy

De Chézy erkannte über Messungen, dass die Reibungskraft quadratisch mit der Strömungsgeschwindigkeit anwächst: $F_R \sim v^2$. Eigentlich gilt dies nur für eine voll ausgebildete turbulente Strömung. Für schwächere Turbulenz ist der Exponent kleiner. Bei einer laminaren Strömung gilt sogar $F_R \sim v$. Weiter ergaben seine Untersuchungen eine Reibungszunahme mit dem Verhältnis aus benetztem Umfang und Strömungsquerschnitt: $F_R \sim \frac{U}{A}$. Die Kraft ist natürlich auch proportional zur Masse oder dem Volumen des betrachteten Fluids. Insgesamt ist somit $F_R \sim mv^2 \frac{U}{A}$ oder $F_R = C_1 \cdot mv^2 \frac{U}{A}$ mit einem Beiwert C_1. Stellen wir uns einen Festkörper auf einer schiefen Ebene vor (Abb. 10.17 rechts). Dieser wird sich bei einer bestimmten Neigung abwärts bewegen. Bei zusätzlicher Neigung der Ebene fließt die zusätzliche Hangabtriebskraft netto in die Beschleunigung des Körpers ein. Nehmen wir nun an, ein Gerinne gerät ab einer Sohlneigung von $\alpha \neq 0$ in Bewegung. Dann wird die gesamte Hangabtriebskraft, die durch eine weitere Neigung erzeugt wird, netto der Gerinneströmung zugutekommen. Im stationären Fall schreibt sich dies als $F_H + F_R = 0$ und wir erhalten $mg \sin \alpha = C_1 \cdot mv^2 \frac{U}{A}$ oder $g \sin \alpha = C_1 \cdot v^2 \frac{U}{A}$.

Für kleine Gefälle kann man $\sin \alpha \approx \tan \alpha$ setzen. Weiter ist $\tan \alpha = \frac{z_1 - z_2}{l} =: J$ und man erhält $gJ = C_1 \cdot v^2 \frac{U}{A}$ oder $J = C \cdot v^2 \frac{U}{A}$. Mit dem De-Chézy-Beiwert C folgt

$$v = C\sqrt{\frac{A}{U} \cdot J} = C\sqrt{r_H \cdot J} = \frac{C}{2}\sqrt{d_H \cdot J}. \tag{10.8}$$

Die konstante Geschwindigkeit entspricht einem Normalabfluss. Der De-Chézy-Beiwert beschreibt zwar die Wandrauheit, erfasst aber nicht die Viskosität von Wasser, wie sie in der Reynolds-Zahl ihren Ausdruck findet. Deshalb erweist sich der Beiwert auch bei etwa gleicher Rauheit als nicht genügend konstant.

Beispiel. Das Gerinne sei rechteckig.

a) Gegeben seien die Breite $b = 2$ m, das Sohlgefälle $J = 0,005$, die Geschwindigkeit $v = 1\,\frac{m}{s}$ und der Beiwert $C = 50\,\frac{\sqrt{m}}{s}$. Es soll die sich einstellende Höhe bestimmt werden. Für ein Rechteckgerinne gilt

$$v = C\sqrt{\frac{bhJ}{b + 2h}}.$$

Man erhält nacheinander

$$v^2(b + 2h) = bhJC^2\,, \quad bv^2 = bhJC^2 - 2hv^2 \quad \text{und} \quad h = \frac{bv^2}{bJC^2 - 2v^2} = 8,7\ \text{cm}\,.$$

b) Wie bei a), aber die Vorgabe der Geschwindigkeit ersetzen wir durch den Fluss (Abb. 10.18): $Q = 0,2\,\frac{m^3}{s}$. Es gilt dann

$$Q = Av = A \cdot C\sqrt{\frac{bhJ}{b + 2h}} = bh \cdot C\sqrt{\frac{bhJ}{b + 2h}}\,.$$

Die Lösung ergibt $h = 9,6$ cm.

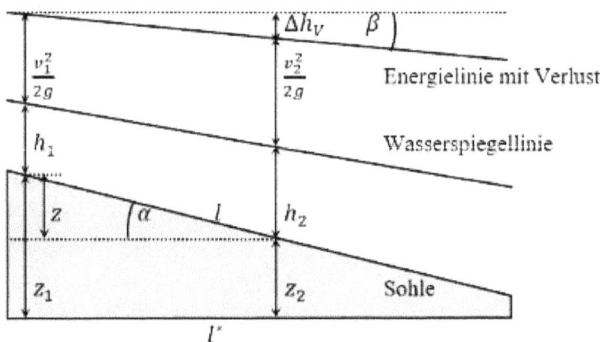

Abb. 10.18: Skizze des Wasserstands vor Normalabfluss

Wir eilen der Zeit um einige Jahrzehnte voraus und ziehen die Weisbach-Formel (8.1) für den Druckverlust einer Rohrströmung heran. Es gilt

$$\Delta p_V = \lambda \frac{l}{d_H} \rho \frac{v^2}{2} \quad \text{oder} \quad \Delta h_V = \lambda \frac{l}{d_H} \cdot \frac{v^2}{2g} \, .$$

Dabei muss der Durchmesser d des Rohrs bei einem Gerinne durch den hydraulischen Durchmesser ersetzt werden (für ein vollgefülltes Rohr ist $d = d_H$).

Für kleine Gefälle kann man $\alpha \approx \beta$ setzen und damit $J = \frac{z}{l^*} \approx \frac{z}{l} \approx \frac{\Delta h_V}{l}$ schreiben. Daraus folgt

$$J = \frac{\lambda}{d_H} \cdot \frac{v^2}{2g} \quad \text{oder} \quad v \approx \sqrt{\frac{2g}{\lambda}} \sqrt{d_H \cdot J} \, .$$

Der De-Chézy-Beiwert wird damit zu $C = \sqrt{\frac{2g}{\lambda}}$.

Stellt sich nach einer gewissen Zeit Normalabfluss ein, dann steht das Wasser immer gleich hoch: $h_1 = h_2$. Damit sind die Querschnitte (bei konstanter Breite) ebenfalls gleich, $A_1 = A_2$ und damit aufgrund der Kontinuitätsgleichung die Geschwindigkeiten ebenfalls: $v_1 = v_2$ (Abb. 10.19). Die Bezugsdrücke p_1 und p_2 könnte man als Summe von Luftdruck und halbem hydrostatischen Druck ansetzen, aber auf jeden Fall gleichsetzen. Die Energielinie mit Verlust und die Wasserlinie sind dann parallel und man erhält (ebenfalls mit Hilfe der Bernoulli-Gleichung)

$$z_1 = z_2 + \frac{\lambda}{d_H} \cdot \frac{v^2}{2g} \quad \text{oder} \quad J = \frac{z_1 - z_2}{l} = \frac{\lambda}{d_H} \cdot \frac{v^2}{2g}$$

(also $\frac{z}{l} = \frac{\Delta h_V}{l}$) und schließlich

$$v = \sqrt{\frac{2g}{\lambda}} \sqrt{d_H \cdot J} \, .$$

Für die obige Gleichung gilt nun das Gleichheitszeichen.

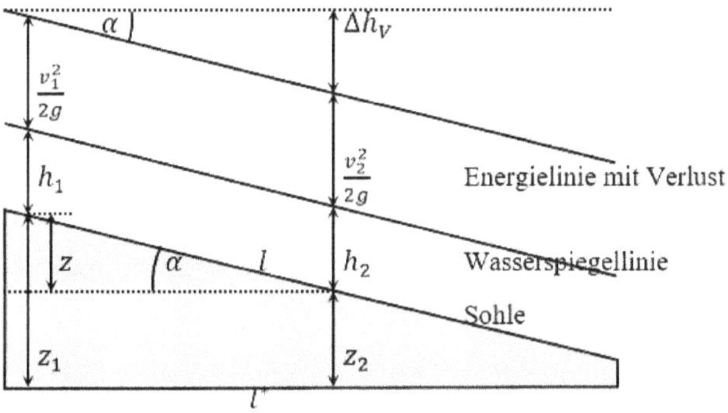

Abb. 10.19: Skizze des Wasserstands bei Normalabfluss

II. Die Fließformel von Bazin

Während der De-Chézy-Beiwert zwar die Rauheit erfasst, war de Chézy nicht ganz klar, dass verschiedene Sohl- und Wandrauheiten auch verschiedene Beiwerte ergeben mussten. Durch das Auswerten sehr vieler Messungen (die von Darcy begonnen wurden) stellte Bazin als Erster vier Gerinnekategorien auf, die wir hier aber nicht im Einzelnen aufzählen. Er zerlegt den De-Chézy-Beiwert in

$$C = \frac{1}{\sqrt{\alpha + \frac{\beta}{r_{\mathrm{H}}}}} \quad \text{mit} \quad \alpha, \beta \in \mathbb{R}.$$

Bis auf diese Zerlegung von C bleibt die Fließformel von de Chézy aber bestehen und die Werte von α und β sind jeweils seinen vier Kategorien zu entnehmen.

III. Die Fließformel von Gauckler/Manning/Strickler

Eine weitere empirische Formel stammt von Gauckler und wurde von Manning und Strickler bezüglich der Beiwerte angepasst. In einem ersten Schritt werden die Gewässer nach dem Sohlgefälle getrennt und es entstehen zwei Formeln für die Fließgeschwindigkeit:

$$v^2 = \alpha^4 \cdot r_{\mathrm{H}}^{\frac{4}{3}} \cdot J \ \text{ für } J > 0{,}0007 \quad \text{und} \quad v = \beta^4 \cdot r_{\mathrm{H}}^{\frac{4}{3}} \cdot J \ \text{ für } J < 0{,}0007.$$

Da die beiden Gleichungen für $J = 0{,}0007$ nicht übereinstimmen, wird nur die obere beibehalten, zu

$$v = \alpha^2 \cdot r_{\mathrm{H}}^{\frac{2}{3}} \cdot \sqrt{J}$$

umgeformt und α^2 durch den Strickler-Beiwert k_{Str} ersetzt. Zusammen erhält man die Gauckler/Manning/Strickler-Fließformel (GMS)

$$v = k_{\mathrm{Str}} \cdot r_{\mathrm{H}}^{\frac{2}{3}} \cdot \sqrt{J}$$

mit der Einheit $k_{\mathrm{Str}} \left[\frac{\sqrt[3]{m}}{s} \right]$.

Beispiel 1 (Kreisrinne). Wir bestimmen zuerst den hydraulischen Radius r_{H} für ein volles und ein halbvolles Kreisrohr:

$$r_{\mathrm{H}} = \frac{\pi r^2}{2\pi r} = \frac{r}{2} \quad \text{bzw.} \quad r_{\mathrm{H}} = \frac{\frac{\pi r^2}{2}}{\pi r} = \frac{r}{2},$$

in beiden Fällen also gleich groß. Der Fluss beträgt

$$Q = k_{\mathrm{Str}} \cdot \left(\frac{r}{2} \right)^{\frac{2}{3}} A \cdot \sqrt{J}.$$

Weiter erhält man für das volle Rohr

$$Q_{\text{voll}} = k_{\text{Str}} \cdot \left(\frac{r}{2}\right)^{\frac{2}{3}} \pi r^2 \cdot \sqrt{J} = \frac{\pi \cdot k_{\text{Str}}}{2^{\frac{2}{3}}} \cdot r^{\frac{8}{3}} \cdot \sqrt{J}$$

und für das halbvolle $Q_{\text{halbvoll}} = \frac{1}{2} Q_{\text{voll}}$.

a) Die Kreisrinne sei halbvoll. Es gelte $Q = 0{,}2\,\frac{m^3}{s}, J = 0{,}005$ und $k_{\text{Str}} = 40$. Aufgelöst ergibt sich aus

$$Q = \frac{\pi \cdot k_{\text{Str}}}{2^{\frac{5}{3}}} \cdot r^{\frac{8}{3}} \cdot \sqrt{J}$$

der Radius

$$r = \left(\frac{2^{\frac{5}{3}} \cdot Q}{\pi \cdot k_{\text{Str}} \cdot J^{\frac{1}{2}}}\right)^{\frac{3}{8}} = 0{,}37\,\text{m}\,.$$

b) Nehmen wir nun zwei Rohre mit gleichem Durchmesser und gleichem Durchfluss. Eines sei ganz gefüllt, das andere nur halb voll. Dann ergibt sich

$$1 = \frac{Q_{\text{voll}}}{Q_{\text{halbvoll}}} = 2\sqrt{\frac{J_{\text{voll}}}{J_{\text{halbvoll}}}} \quad \text{oder} \quad J_{\text{halbvoll}} = 4 \cdot J_{\text{voll}}\,.$$

Bei gleichem Durchfluss und gleichem Rohrdurchmesser muss das Gefälle vervierfacht werden.

c) Nun halten wir sowohl das Gefälle als auch den Durchfluss konstant. Man erhält in diesem Fall

$$1 = \frac{Q_{\text{voll}}}{Q_{\text{halbvoll}}} = 2 \cdot \left(\frac{r_{\text{voll}}}{r_{\text{halbvoll}}}\right)^{\frac{8}{3}}\,.$$

Es folgt $r_{\text{halbvoll}} = 2^{\frac{3}{8}} \cdot r_{\text{voll}}$. Bei gleichem Durchfluss und gleichem Gefälle muss der Durchmesser für die halbvolle Kreisrinne um etwa 30 % vergrößert werden: $r_{\text{halbvoll}} \approx 1{,}30 \cdot r_{\text{voll}}$.

Beispiel 2 (Rechteckrinne). Die Rechteckrinne besitze optimale Abmessungen, d. h. $b = 2h$ (vgl. Kapitel 10.3). Der hydraulische Radius beträgt $r_H = \frac{bh}{b+2h} = \frac{2h^2}{4h} = \frac{h}{2}$ und der Fluss ergibt sich zu

$$Q = k_{\text{Str}} \cdot \left(\frac{h}{2}\right)^{\frac{2}{3}} 2h^2 \cdot \sqrt{J} = k_{\text{Str}} \cdot \frac{h^{\frac{2}{3}}}{2^{\frac{2}{3}}} \cdot 2h^2 \sqrt{J} = k_{\text{Str}} \cdot h^{\frac{8}{3}} \cdot 2^{\frac{1}{3}} \cdot \sqrt{J}\,.$$

Aufgelöst nach der Tiefe erhält man

$$h = \left(\frac{Q}{k_{\text{Str}} \cdot 2^{\frac{1}{3}} \cdot \sqrt{J}}\right)^{\frac{3}{8}}, \quad b = 2h\,.$$

Für $Q = 0{,}2\,\frac{m^3}{s}, J = 0{,}005$ und $k_{\text{Str}} = 40$ ist $h = 0{,}34\,\text{m}, b = 0{,}68\,\text{m}$.

Beispiel 3 (Gleichschenklige Trapezrinne). Die Trapezrinne habe ebenfalls schon optimale Abmessungen, d. h., der Böschungswinkel beträgt $\alpha = 60°$ oder die Steigung ist $m = \frac{1}{\sqrt{3}}$ (vgl. Kapitel 10.3). Der hydraulische Durchmesser schreibt sich dann zu

$$r_{\mathrm{H}} = \frac{ch + mh^2}{c + 2h\sqrt{1 + m^2}} = \frac{ch + \frac{1}{\sqrt{3}}h^2}{c + 2h\sqrt{1 + \frac{1}{3}}} = \frac{h(\sqrt{3}c + h)}{2(c + 2h)}$$

und der Fluss wird zu

$$Q = k_{\mathrm{Str}} \cdot \frac{h}{\sqrt{3}} \left(\frac{h(\sqrt{3}c + h)}{2(c + 2h)} \right)^{\frac{2}{3}} (\sqrt{3}c + h) \cdot \sqrt{J}.$$

Wieder sei $Q = 0,2\,\frac{\mathrm{m}^3}{\mathrm{s}}$, $c = 1$, $J = 0,005$ und $k_{\mathrm{Str}} = 40$. Man erhält eine Wassertiefe von $h = 0,22\,\mathrm{m}$.

Aufgabe
Bearbeiten Sie die Übung 22.

Zusammenfassung. Zur Berechnung von Reibungsverlusten einer Gerinneströmung stehen zwei Fließformeln zur Verfügung.

1. $v = k_{\mathrm{Str}} \cdot r_{\mathrm{H}}^{\frac{2}{3}} \cdot \sqrt{J}$ (Gauckler/Manning/Strickler)   und

2. $v = \sqrt{\dfrac{2g}{\lambda(k, d_{\mathrm{H}})}} \cdot \sqrt{d_{\mathrm{H}} J}$ (Weisbach/Colebrook/White) .

(10.9)

In der Praxis wird für eine Gerinneströmung meistens nur die erste Formel verwendet, die zweite ausschließlich für Rohrströmungen. Die Rohrreibungszahl muss über die Iterationsformel von Colebrook-White bestimmt werden. Wir wollen die Güte beider Fließformeln miteinander vergleichen.

Beispiel 4 (Rechteckrinne). Gegeben seien $Q = 0,2\,\frac{\mathrm{m}^3}{\mathrm{s}}$, $b = 2\,\mathrm{m}$, $J = 0,005$ und $k_{\mathrm{Str}} = 40$. Der Fluss berechnet sich nach GMS zu

$$Q = k_{\mathrm{Str}} \cdot bh \cdot \left(\frac{bh}{b + 2h} \right)^{\frac{2}{3}} \cdot \sqrt{J}.$$

Die Wassertiefe beträgt dann $h = 0,14\,\mathrm{m}$. Ein Strickler-Wert von 50 würde zu $h = 0,12\,\mathrm{m}$ führen. Bei solch kleinen Wassertiefen gilt es, einen möglichst genauen Wert für k_{Str} zu verwenden. Der Wert 40 entspricht beispielsweise einem rohen Felsausbruch mit Sohle aus Beton.

Im Vergleich dazu betrachten wir nun die Formel von Weisbach

$$Q = bh\sqrt{\frac{2g}{\lambda}} \cdot \sqrt{\frac{bhJ}{b + 2h}} \cdot$$

Da sowohl h als auch λ hierin noch unbekannt sind, beginnen wir damit, einen Start-wert für die Wassertiefe zu wählen: $h_0 = 0,1$ m. Aus $d_{H,0} = \frac{4bh_0}{b+2h_0}$ folgt $d_{H,0} = 0,36$ m. Für die Rauheit nehmen wir $k = 1$ mm (Auch an dieser Stelle hängt das Ergebnis stark von der Rauheit ab). Wenn wir damit hydraulische Rauheit voraussetzen, dann schreibt sich die Colebrook-White-Formel zu

$$\frac{1}{\sqrt{\lambda_0}} = 1,74 - 2\log_{10}\left(\frac{2k}{d_{H,0}}\right)$$

und λ ist eine Funktion von d_H alleine.

Man erhält $\lambda_0 = 0,026$. Der Fluss beträgt

$$Q = bh_1\sqrt{\frac{2g}{\lambda_0}} \cdot \sqrt{\frac{4bh_1J}{b + 2h_1}},$$

woraus h_1 folgt usw. Die Iteration wird bis zu einer vorgegebenen Genauigkeit durch-geführt. Es ergibt sich eine Wassertiefe von etwa $h = 0,14$ m.

n	h	d_H	λ
1	0,1	0,36	0,026
2	0,14	0,49	0,024
3	0,14	0,48	0,024

Beispiel 5 (Kreisrinne). Gegeben seien $Q = 0,2\,\frac{m^3}{s}$, $r = 0,5$ m, $J = 0,005$ und $k_{Str} = 50$. Mit Hilfe von Kapitel 10.3 und GMS folgt

$$Q = k_{Str}r^2\left(\alpha - \frac{\sin 2\alpha}{2}\right) \cdot \left[\frac{r}{2}\left(1 - \frac{\sin 2\alpha}{2\alpha}\right)\right]^{\frac{2}{3}} \cdot \sqrt{J}$$

$$= k_{Str}r^2\left[\arccos\left(1 - \frac{h}{r}\right) - \frac{\sin\left[2\arccos\left(1 - \frac{h}{r}\right)\right]}{2}\right]$$

$$\cdot \left[\frac{r}{2}\left(1 - \frac{\sin\left[2\arccos\left(1 - \frac{h}{r}\right)\right]}{2\arccos\left(1 - \frac{h}{r}\right)}\right)\right]^{\frac{2}{3}}\sqrt{J}.$$

Die gegebenen Werte ergeben eine Wassertiefe von $h = 0,25$ m.

Für einen Vergleich mit der Formel von Weisbach wählen wir als Startwert $h_0 = 0,1$ m. Aus

$$d_{H,0} = 2r\left[1 - \frac{\sin\left[2\arccos\left(1 - \frac{h}{r}\right)\right]}{2\arccos\left(1 - \frac{h}{r}\right)}\right]$$

folgt $d_{H,0} = 0,25$. Wieder sei $k = 1\,\mathrm{mm}$. Die Formel von Colebrook-White ergibt $\lambda_0 = 0,028$. Der Fluss berechnet sich mit Hilfe der Formel von Weisbach zu

$$Q = r^2 \left[\arccos\left(1 - \frac{h_1}{r}\right) - \frac{\sin\left[2\arccos\left(1 - \frac{h_1}{r}\right)\right]}{2} \right]$$

$$\cdot \sqrt{\frac{2g}{\lambda_0}} \sqrt{2r\left[1 - \frac{\sin\left[2\arccos\left(1 - \frac{h_1}{r}\right)\right]}{2\arccos\left(1 - \frac{h_1}{r}\right)}\right]} \sqrt{J}\,.$$

Dies liefert wieder h_1 usw. Einige Iterationen führen zu einer Wassertiefe von etwa $h = 0,23\,\mathrm{m}$.

n	h	d_H	λ
1	0,1	0,25	0,028
2	0,24	0,56	0,023
3	0,22	0,53	0,023
4	0,23	0,54	0,023
5	0,23	0,54	0,023

Aufgabe
Bearbeiten Sie die Übung 23.

Schlussbemerkung. Die Wassertiefe in all unseren Gerinnen ist sehr klein, weil wir von einer laminaren Strömung ausgegangen sind. Reale Strömungen hingegen können ab einer kritischen Geschwindigkeit in ein turbulentes Verhalten umschlagen. Insbesondere entstehen auch Querströmungen und die Vereinfachungen der Navier-Stokes-Gleichungen gelten nicht mehr (siehe 6. Band).

10.7 Instationäre Gerinneströmungen

Instationäre Strömungsabläufe treten als Folge der Gezeiten als Wellen, beispielsweise in Flussmündungen oder Buchten auf. Winde erzeugen Oberflächenwellen und beschleunigen oder hemmen den Abfluss. Das Schließen oder Öffnen von Wehren und Schützen erzeugt ebenfalls eine zeitlich abhängige Strömung. Zu deren Beschreibung stellen wir die Massen- und Impulsbilanz für eine Gerinneströmung auf.

Die Massenbilanz ist schon vorhanden. Wir verwenden diejenige einer Strömungsröhre (2.1) $\frac{\partial(\rho A)}{\partial t} = -\frac{\partial(\rho v A)}{\partial x}$. Die Impulsbilanz ergibt sich aus der instationären (rotationsfreien) Euler-Gleichung (2.3) in einer Dimension:

$$\frac{\partial v}{\partial t} + v\frac{\partial v}{\partial x} + \frac{1}{\rho}\cdot\frac{\partial p}{\partial x} + g\frac{\partial z}{\partial x} = 0\,. \tag{10.10}$$

Weiter beschränken wir uns auf ein Rechteckgerinne. Dazu setzen wir den Druck hydrostatisch an und nehmen den Bezugsdruck p als Luftdruck plus hydrostatischen Druck der Wassersäule: $p = p_0 + \frac{1}{2}\rho g h$. Der Bezugsdruck liegt dann in der halben Wassertiefe. Daraus erhält man $\frac{1}{\rho} \cdot \frac{\partial p}{\partial x} = \frac{1}{2} g \frac{\partial h}{\partial x}$. Die Bezugshöhe der geodätischen Höhe wählen wir sinnvollerweise ebenfalls in halber Wassertiefe zu $z = z_{\text{Boden}} + \frac{1}{2} h$. Man erhält $g \frac{\partial z}{\partial x} = g \frac{\partial z_{\text{B}}}{\partial x} + \frac{1}{2} \cdot g \frac{\partial h}{\partial x}$ und es folgt

$$\frac{1}{\rho} \cdot \frac{\partial p}{\partial x} + g \frac{\partial z}{\partial x} = \frac{1}{2} g \frac{\partial h}{\partial x} + g \frac{\partial z_{\text{B}}}{\partial x} + \frac{1}{2} g \frac{\partial h}{\partial x} = g \frac{\partial z_{\text{B}}}{\partial x} + g \frac{\partial h}{\partial x} \,.$$

Die Impulserhaltung geht somit über in $\frac{\partial v}{\partial t} + v \frac{\partial v}{\partial x} + g \frac{\partial z_{\text{B}}}{\partial x} + g \frac{\partial h}{\partial x} = 0$.

Das Gefälle resultiert aus der Differenz der geodätischen Höhen z_1 und z_2 auf einer Länge l. Die Reihenfolge beachtend muss diese als $\frac{z_2 - z_1}{l} = -\frac{z_1 - z_1}{l} = \frac{\partial z_{\text{B}}}{\partial x} = -J_{\text{S}}$ geschrieben werden und man erhält

$$\frac{\partial v}{\partial t} + v \frac{\partial v}{\partial x} + g \frac{\partial h}{\partial x} = g \cdot J_{\text{S}} \,.$$

Schließlich muss noch der Reibungsverlust der Gerinneströmung berücksichtigt werden. Gleichung (10.9) bietet dazu zwei Möglichkeiten. Der gewählte Beitrag fließt mit $g \cdot J_{\text{R}}$ als der Beschleunigung entgegengesetzt auf der rechten Seite in die Impulsbilanz ein. Sie lautet schließlich

$$\frac{\partial v}{\partial t} + v \frac{\partial v}{\partial x} + g \frac{\partial h}{\partial x} = g \cdot J_{\text{S}} - g \cdot J_{\text{R}} \,.$$

Instationäre Gerinneströmungen werden beschrieben durch die Saint-Venant-Gleichungen

$$\frac{\partial(\rho A)}{\partial t} = -\frac{\partial(\rho v A)}{\partial x} \,, \tag{10.11}$$

$$\frac{\partial v}{\partial t} + v \frac{\partial v}{\partial x} + g \frac{\partial h}{\partial x} = g(J_{\text{S}} - J_{\text{R}}) \,. \tag{10.12}$$

Die fünf Terme nennt man, wie schon bei Gleichung (4.1) aufgelistet, lokale Beschleunigung, konvektive Beschleunigung, Druck, Gravitation (hier Sohlgefälle J_{S}) und schließlich Reibungsgefälle oder Energieliniengefälle J_{R}. Die Formel von GMS ergäbe

$$J_{\text{R}} = \frac{1}{r_{\text{H}}^{\frac{4}{3}}} \cdot \frac{v^2}{k_{\text{Str}}^2}$$

und bei Colebrook-White hieße es

$$J_{\text{R}} = \frac{\lambda}{d_{\text{H}}} \cdot \frac{v^2}{2g} \,.$$

Es existieren keine geschlossenen Lösungen des Systems. Numerisch müssen beide DGLen gleichzeitig gelöst werden. Dies wird nicht nur dadurch erschwert, dass in beiden Gleichungen sowohl $\frac{\partial v}{\partial x}$ als auch $\frac{\partial h}{\partial x}$ auftaucht, sondern, dass man Zeit und Länge diskretisieren muss. Dabei erzeugt das benutzte numerische Verfahren rasch Stabilitätsprobleme. Zeit- und Längenschritte müssen über eine Stabilitätsbedingung aufeinander abgestimmt werden. Es gibt viele Verfahren die dies heutzutage leisten.

Auf der Suche nach möglichen Vereinfachen der Saint-Venant-Gleichungen geben wir in folgender Tabelle (nach Henderson) zuerst einen Überblick über die Größenordnung der die Strömung vorwärtstreibenden Terme Sohlgefälle, Druck und die beiden Beschleunigungen an:

Term	Größenordnung in [$\frac{m}{km}$]
Sohlgefälle	5
Druck	0,1
Konvektive Beschleunigung	0,02–0,05
Lokale Beschleunigung	0,01

Das Sohlgefälle alleine oder zusammen mit dem Druck muss somit im vereinfachten Modell berücksichtigt werden. Die Bezeichnungen der vier wichtigsten Modelle erfasst die untenstehende Tabelle (ein × steht für die Berücksichtigung im Modell):

Wellentyp	Berücksichtigte Kräfte				
	Lokale Beschleunigung	Konvektive Beschleunigung	Druck	Sohlgefälle	Reibung
Dynamisch	×	×	×	×	×
Quasidynamisch		×	×	×	×
Diffusiv			×	×	×
Kinematisch				×	×

I. Die kinematische Welle

Die Vereinfachungen beinhalten $\frac{\partial v}{\partial t}$, $v\frac{\partial v}{\partial x}$, $g\frac{\partial h}{\partial x} \ll gJ_S$. Gleichung (10.12) reduziert sich dann zu $J_S = J_R$. Dies entspricht einem Normalabfluss. Die Fließgeschwindigkeit ist konstant und der Abfluss hängt allein von h, nicht aber explizit von t ab. Damit ist auch kein Rückstau möglich.

Bei konstanter Dichte schreibt sich die Kontinuitätsgleichung (10.11) als $\frac{\partial A}{\partial t} + \frac{\partial(vA)}{\partial x} = 0$ oder $\frac{\partial A}{\partial t} + \frac{\partial Q}{\partial x} = 0$. Mit $\frac{\partial Q}{\partial x} = \frac{\partial Q}{\partial h} \cdot \frac{\partial h}{\partial x}$ wird daraus

$$\frac{\partial A}{\partial t} + \frac{\partial Q}{\partial h} \cdot \frac{\partial h}{\partial x} = 0 \,.$$

Für ein rechteckiges Gerinne konstanter Breite b erhält man $b\frac{\partial h}{\partial t} + \frac{\partial Q}{\partial h} \cdot \frac{\partial h}{\partial x} = 0$ oder

$$\frac{\partial h}{\partial t} + c \cdot \frac{\partial h}{\partial x} = 0 \quad \text{mit} \quad c = \frac{1}{b} \cdot \frac{\partial Q}{\partial h}. \tag{10.13}$$

Diese DGL hat die Form einer kinematischen Welle (vgl. 3. Band). Ihre Lösung besitzt die Form $f(x - ct)$ mit einer beliebigen differenzierbaren Funktion, beispielsweise $h(x, t) = A \cdot \sin(x - ct)$ aber auch ein Rechtecks- oder Dreiecksimpuls, wie im 2. Band beschrieben, besitzt eine solche Form. Dabei ist c die Phasengeschwindigkeit der Welle. Zu deren Berechnung können wir eine der beiden Gleichungen (10.9) wählen. Für diejenige von GMS gilt

$$v = k_{Str} \cdot r_H^{\frac{2}{3}} \cdot J_R^{\frac{1}{2}} = k_{Str} \cdot \left(\frac{bh}{b + 2h}\right)^{\frac{2}{3}} \cdot J_R^{\frac{1}{2}}.$$

Der Fluss wird dann zu

$$Q = bhv = bhk_{Str} \cdot \left(\frac{bh}{b + 2h}\right)^{\frac{2}{3}} \cdot J_R^{\frac{1}{2}} = b^{\frac{5}{3}} \cdot k_{Str} \cdot J_R^{\frac{1}{2}} \cdot \frac{h^{\frac{5}{3}}}{(b + 2h)^{\frac{2}{3}}}.$$

Damit folgt

$$c = \frac{1}{b} \cdot \frac{\partial Q}{\partial h} = k_{Str} \cdot J_R^{\frac{1}{2}} \cdot \frac{(bh)^{\frac{2}{3}}(6h + 5b)}{3(2h + b)^{\frac{5}{3}}}.$$

Als Spezialfall betrachten wir ein sehr breites Gerinne mit $r_H \approx h$.
    Daraus folgt

$$v = k_{Str} \cdot h^{\frac{2}{3}} \cdot J_R^{\frac{1}{2}}, \quad Q = bk_{Str} \cdot h^{\frac{5}{3}} \cdot J_R^{\frac{1}{2}}$$

und man erhält

$$c = \frac{5}{3}k_{Str} \cdot h^{\frac{2}{3}} \cdot J_R^{\frac{1}{2}} = \frac{5}{3}v.$$

Die Phasengeschwindigkeit ist demnach größer als die (über die Tiefe gemittelte) Teilchengeschwindigkeit.
    Das Modell der kinematischen Welle besitzt offenbar keine Dämpfung. Es eignet sich für steile Gerinne aufgrund des fehlenden Rückstaus.

II. Die diffusive Welle

Die Vereinfachungen sind in diesem Fall $\frac{\partial v}{\partial t}, v\frac{\partial v}{\partial x} \ll gJ_S$. Die Kontinuitätsgleichung $\frac{\partial A}{\partial t} + \frac{\partial Q}{\partial x} = 0$ wird dann bei konstanter Breite b zu

$$\frac{\partial h}{\partial t} + \frac{1}{b} \cdot \frac{\partial Q}{\partial x} = 0. \tag{10.14}$$

Die Impulsgleichung schreibt sich als $\frac{\partial h}{\partial x} = J_S - J_R$. Verwendet man für breite Gerinne wieder $v = k_{Str} \cdot h^{\frac{2}{3}} \cdot J_R^{\frac{1}{2}}$, dann folgt

$$v = k_{Str} \cdot h^{\frac{2}{3}} \cdot \sqrt{J_S - \frac{\partial h}{\partial x}}.$$

Der Fluss $Q = bhv$ ist damit eine Funktion von h und $\frac{\partial h}{\partial x}$ und lautet

$$Q = bk_{\text{Str}} \cdot h^{\frac{5}{3}} \cdot \sqrt{J_{\text{S}} - \frac{\partial h}{\partial x}} \, .$$

Für die Berechnung von $\frac{\partial Q}{\partial x}$ in (10.13) gilt

$$\frac{\partial Q}{\partial x} = \frac{\partial Q}{\partial h} \cdot \frac{\partial h}{\partial x} + \frac{\partial Q}{\partial \left(\frac{\partial h}{\partial x}\right)} \cdot \frac{\partial^2 h}{\partial x^2} \, .$$

Insgesamt schreibt sich (10.14) dann zu

$$\frac{\partial h}{\partial t} + \frac{1}{b} \cdot \frac{\partial Q}{\partial h} \cdot \frac{\partial h}{\partial x} + \frac{1}{b} \cdot \frac{\partial Q}{\partial \left(\frac{\partial h}{\partial x}\right)} \cdot \frac{\partial^2 h}{\partial x^2} = 0 \, .$$

Der Vergleich mit (10.13) zeigt, dass demnach ein Diffusions- oder Reibungsterm hinzukommt.

Zuerst berechnen wir

$$\frac{\partial Q}{\partial h} = \frac{5}{3} b k_{\text{Str}} \cdot h^{\frac{2}{3}} \cdot \sqrt{J_{\text{S}} - \frac{\partial h}{\partial x}} \quad \text{und} \quad \frac{\partial Q}{\partial \left(\frac{\partial h}{\partial x}\right)} = b k_{\text{Str}} \cdot h^{\frac{5}{3}} \cdot \frac{(-1)}{2\sqrt{J_{\text{S}} - \frac{\partial h}{\partial x}}} \, .$$

Der Vergleich liefert

$$\frac{\partial Q}{\partial \left(\frac{\partial h}{\partial x}\right)} = -\frac{3}{10} \cdot \frac{h}{J_{\text{S}} - \frac{\partial h}{\partial x}} \cdot \frac{\partial Q}{\partial h} \, .$$

Die Ausbeitungsgeschwindigkeit ist abermals $c = \frac{1}{b} \cdot \frac{\partial Q}{\partial h} = \frac{5}{3} v$, so dass wir insgesamt die zugehörige DGL als

$$\frac{\partial h}{\partial t} + \frac{5}{3} v \cdot \frac{\partial h}{\partial x} - \frac{3}{10} \cdot \frac{h}{J_{\text{S}} - \frac{\partial h}{\partial x}} \cdot \frac{5}{3} v \cdot \frac{\partial^2 h}{\partial x^2} = 0$$

oder schließlich

$$\frac{\partial h}{\partial t} + c \cdot \frac{\partial h}{\partial x} - D \cdot \frac{\partial^2 h}{\partial x^2} = 0 \quad \text{mit} \quad c = \frac{5}{3} v \quad \text{und} \quad D = \frac{3}{10} \cdot \frac{ch}{J_{\text{S}} - \frac{\partial h}{\partial x}}$$

angeben können.

Aufgrund ihres Charakters nennt man die Lösung dieser DGL auch parabolische Lösung der Saint-Venant-Gleichung. Da zusätzlich zum Gravitationsterm der Druckterm das Wasser vorwärts treibt, eignet sich das Modell beispielsweise bei langsam ansteigenden Wellen in Gerinnen mit zwangsweise kleinen Geschwindigkeiten. Ein Rückstau ist in diesem Fall möglich. Die vorhandene Dämpfung wird die Welle mit der Zeit auflösen.

10.8 Das Spannungs- und Geschwindigkeitsprofil einer Gerinneströmung

Wir betrachten die Impulserhaltung in Hauptströmungsrichtung (x-Richtung) und senkrecht dazu (Abb. 10.20 links). Für eine stationäre Strömung ist damit die Summe der angreifenden Kräfte am ausgewählten Kontrollvolumen Null. Für beide Richtungen ist dabei die Summe aus (treibender) Druckkraft, (treibender) Gewichtskraft und (rückwirkender) Spannungskraft gleich Null:

In x-Richtung erhalten wir ($dp < 0$)

$$-dp \cdot dz \cdot b - d\tau_{xz} \cdot dx \cdot b + \rho g \cdot dx\, dz \cdot b \cdot \sin \alpha = 0$$

und daraus

$$-\frac{1}{\rho} \cdot \frac{\partial p}{\partial x} - \frac{1}{\rho} \cdot \frac{\partial \tau_{xz}}{\partial z} + g \sin \alpha = 0 \,. \tag{10.15}$$

Für die z-Richtung ergibt sich analog

$$-\frac{1}{\rho} \cdot \frac{\partial p}{\partial z} - \frac{1}{\rho} \cdot \frac{\partial \tau_{zz}}{\partial z} - g \cos \alpha = 0 \,. \tag{10.16}$$

Diese Gleichungen stellen nichts anderes als die Euler-Gleichungen mit Spannungsterm dar. In einem erweiterten Sinne sind es die Navier-Stokes-Gleichungen mit $\frac{\partial u}{\partial x} = 0$ und $v = 0$ (vgl. auch die Herleitung der Saint-Venant-Gleichungen). Bei einer Hauptströmung in x-Richtung gehen wir von scherfreien Spannungen in z-Richtung aus und setzen $\tau_{zz} = 0$.

Gleichung (10.16) wird nun mit $\rho\, dz$ multipliziert und von einer beliebigen Höhe z bis zur geodätischen Höhe integriert (die geodätische Höhe muss nicht wie in der Skizze linear verlaufen, sie kann einen beliebigen Verlauf besitzen, zudem ist $p(z_{GH}) = p_0$):

$$-\int_{p(z)}^{p(z_{GH})} dp - \rho g \cos \alpha \int_{z}^{z_{GH}} dz = 0 \,.$$

Es folgt

$$p(x, z) = p_0 + \rho g (z_{GH}(x) - z) \cos \alpha \,. \tag{10.17}$$

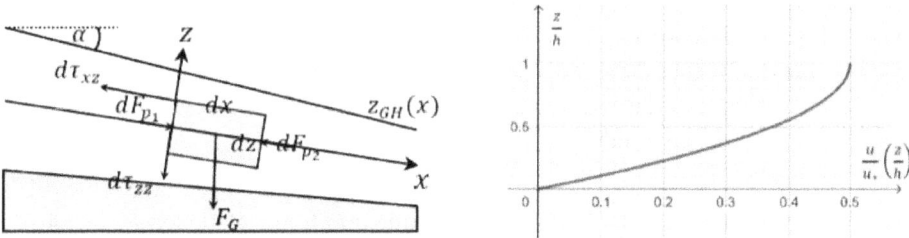

Abb. 10.20: Skizze zur Impulserhaltung in beide Hauptrichtungen und Graph von (10.19)

Die Druckverteilung einer laminaren Gerinneströmung ist damit hydrostatisch (dies wird auch für eine turbulente Strömung gelten).

Weiter bilden wir $\frac{\partial p}{\partial x} = \rho g \frac{\partial z_{GH}}{\partial x} \cos \alpha$, setzen dies in Gleichung (10.15) ein und erhalten

$$-g \frac{\partial z_{GH}}{\partial x} \cos \alpha - \frac{1}{\rho} \cdot \frac{\partial \tau_{xz}}{\partial z} + g \sin \alpha = 0 \,.$$

Für kleine Gefälle ist $\sin \alpha \approx 0$ und $\cos \alpha \approx 1$, was zu $d\tau_{xz} = -\rho g \frac{\partial z_{GH}}{\partial x} dz$ führt.

Eine Integration von der Sohle bis zu einer beliebigen Höhe,

$$\int_{\tau_B}^{\tau_{xz}} d\tau_{xz} = -\rho g \frac{\partial z_{GH}}{\partial x} \int_0^z dz \,,$$

ergibt $\tau_{xz}(z) = \tau_B - \rho g \frac{\partial z_{GH}}{\partial x} z$. Wirkt keine (Wind-)Spannung an der Oberfläche, dann führt die Auswertung zu $\tau_{xz}(h) = 0 = \tau_B - \rho g \frac{\partial z_{GH}}{\partial x} h$ und damit $\tau_B = \rho g \frac{\partial z_{GH}}{\partial x} h$. Der Teil $g \frac{\partial z_{GH}}{\partial x} h$ besitzt die Einheit einer Geschwindigkeit im Quadrat und wird mit u_*^2 abgekürzt.

Insbesondere ist $u_* = \sqrt{\frac{\tau_B}{\rho}}$ die Sohlschubspannungsgeschwindigkeit. Insgesamt erhalten wir

$$\tau_{xz}(z) = \rho g \frac{\partial z_{GH}}{\partial x} h - \rho g \frac{\partial z_{GH}}{\partial x} z \quad \text{oder} \quad \tau_{xz}(z) = \rho u_*^2 \left(1 - \frac{z}{h}\right) \,. \tag{10.18}$$

Die Spannung einer Gerinneströmung (laminar oder turbulent) fällt somit linear von der Sohle hin zur Wasseroberfläche ab (in Analogie zur Rohrströmung: linearer Abfall von der Wand zum Zentrum). Gleichung (10.18) gilt unabhängig vom Geschwindigkeitsprofil. Nehmen wir nun ein Newton'sches Fluid, so hat man $\eta \frac{\partial u(z)}{\partial z} = \rho u_*^2 (1 - \frac{z}{h})$. Multiplikation mit dz und nochmalige Integration ergibt

$$\eta \int_0^u du = \rho u_*^2 \int_0^z \left(1 - \frac{z}{h}\right) dz \,, \quad u(z) = \frac{u_*^2}{\nu} z \left(1 - \frac{z}{2h}\right)$$

und endlich das parabolische (relative) Geschwindigkeitsprofil

$$\frac{u(z)}{u_*} = \frac{u_* h}{\nu} \cdot \frac{z}{h} \left(1 - \frac{z}{2h}\right) \,. \tag{10.19}$$

Für eine Skizze wählen wir schlicht $\frac{u_* h}{\nu} = 1$. Solchen dimensionslosen Geschwindigkeitsprofilen werden wir im Zusammenhang mit der Grenzschichttheorie häufig begegnen. Das Profil muss dabei nicht zwangsweise parabolisch sein (siehe 6. Band).

Gehen wir im Weiteren von einem Normalabfluss aus, dann ist $z_{GH} = z_{Sohle}$, $\frac{\partial z_{GH}}{\partial x} = \frac{h_V}{l} = J_E = J_{Sohle} = J$ und damit

$$\tau_B = \rho g h J \,. \tag{10.20}$$

Nach dieser Formel wäre die Belastung der Sohle durch das Abgleiten einer starren Wassersäule der Höhe h zu berechnen. Demnach würde die gesamte Beschleunigungsenergie an der Sohle dissipiert. Der größte Teil geht aber durch die Reibung der Fluidteilchen untereinander verloren (bei der laminaren Strömung ist es die Schubspannung der übereinander liegenden Schichten, die diesen Energieverlust ausmacht). Damit ist der Wert, den man für die Sohlspannung nach Gleichung (10.20) erhält, egal ob eine laminare oder eine turbulente Strömung vorliegt, viel zu hoch. Für $\rho = 1019 \frac{kg}{m^3}$ und $J = 0,0001$ erhält man beispielsweise $\tau_B = h \frac{N}{m^2}$ als erste grobe Abschätzung. Tatsächlich ist es so, dass die Sohlschubspannung praktisch gesehen nicht gemessen werden kann. Man muss sich auf theoretische Annahmen stützen.

Als Nächstes berechnen wir die mittlere Strömungsgeschwindigkeit. Dazu integrieren wir das Strömungsprofil über die gesamte Wassertiefe und erhalten

$$\bar{u} = \frac{u_*^2 h}{\nu} \cdot \frac{1}{h^2} \int_0^h \left(z - \frac{z^2}{2h} \right) dz = \frac{u_*^2}{\nu h} \cdot \left[\frac{z^2}{2} - \frac{z^3}{6h} \right]_0^h = \frac{u_*^2 h}{3\nu} = \frac{gh^2 J}{3\nu} . \tag{10.21}$$

Der Durchfluss für eine Breite b wäre dann

$$Q = A\bar{u} = \frac{gbh^3 J}{3\nu} . \tag{10.22}$$

Um zu berechnen, in welcher Tiefe die gemittelte Geschwindigkeit erreicht wird, setzen wir

$$\frac{u_*^2 h}{\nu} \cdot \frac{\bar{z}}{h} \left(1 - \frac{\bar{z}}{2h} \right) = \frac{u_*^2 h}{3\nu}$$

und erhalten mit $x = \frac{\bar{z}}{h}$ nacheinander

$$\frac{\bar{z}}{h} \left(1 - \frac{\bar{z}}{2h} \right) = \frac{1}{3} , \quad 3x(2 - x) = 2 , \quad 3x^2 - 6x + 2 = 0$$

und schließlich $x_{1,2} = \frac{3 \pm \sqrt{3}}{3}$ oder $\bar{z} = 0,42h$. Das Ergebnis von Gleichung (10.21) vergleichen wir noch mit den Fließformeln aus dem letzten Kapitel. Für sehr breite Rechteckgerinne setzen wir für den hydraulischen Durchmesser $d_H \approx 4h$. Die Formeln von de Chézy, Weisbach und GMS lauteten

$$v = \frac{C}{2} \sqrt{d_H J} , \quad v = \sqrt{\frac{2g}{\lambda}} \sqrt{d_H J} \quad \text{bzw.} \quad v = k_{Str} \cdot r_H^{\frac{2}{3}} \cdot \sqrt{J}$$

oder für breite Rechteckgerinne

$$v = C \sqrt{hJ} , \quad v = \sqrt{\frac{2g}{\lambda}} \cdot \sqrt{d_H J} \quad \text{bzw.} \quad v = k_{Str} \cdot h^{\frac{2}{3}} \cdot \sqrt{J} .$$

Während die Geschwindigkeit in Gleichung (10.21) proportional zu h^3 und J ist, besteht bei den „alten" Fließformeln eine Proportionalität zu $h^{\frac{1}{2}}$, bzw. $h^{\frac{2}{3}}$ und $J^{\frac{1}{2}}$. Der Unterschied liegt darin, dass diese Gleichungen für reale turbulente Strömungen aufgestellt wurden und zudem die Sohlrauheit beinhalten, während die Gleichungen (10.21) und (10.22) nur für laminare Strömungen gelten.

11 Strömungen von Gasen

Gase unterscheiden sich gegenüber Flüssigkeiten dadurch, dass Erstere komprimierbar sind. Deswegen muss die Kontinuitätsgleichung für eine stationäre Strömung angepasst werden. Aus der Massenänderung der Zustände an zwei verschiedenen Orten $\dot{m}_1 = \dot{m}_2$ oder $\frac{dm_1}{dt} = \frac{dm_2}{dt}$ folgt nacheinander $\rho_1 \frac{dV_1}{dt} = \rho_2 \frac{dV_2}{dt}$, $\rho_1 A_1 \frac{dx_1}{dt} = A_2 \rho_2 \frac{dx_2}{dt}$, $\rho_1 A_1 v_1 = A_2 \rho_2 v_2$ und schließlich die Kontinuitätsgleichung einer stationären Gasströmung

$$\rho A v = konst.$$

11.1 Die Isentropengleichungen

Im Weiteren betrachten wir ein ideales Gas, d. h., es gilt die Gasgleichung

$$p = \rho \cdot R_s \cdot T \quad \text{oder} \quad pV = m \cdot R_s \cdot T, \tag{11.1}$$

wobei R_s für die spezifische Gaskonstante steht.

Die Zustandsänderungen des Gases geschehen adiabatisch, also ohne Wärmeaustausch mit der Umgebung und reibungsfrei. Letzteres bedeutet, dass keine Energie in Wärme umgewandelt wird. Beide Bedingungen zusammen ergeben einen adiabatisch-reversiblen Vorgang, den man auch isentrop nennt. Die Entropie S ist dann konstant, es gilt $dS = 0$, denn $dS = \frac{dQ}{T}$ und $dQ = 0$. Aus der Adiabasie folgt die Poisson-Gleichung $p \cdot V^\kappa = konst.$ (vgl. 3. Band).

Die Zahl $\kappa = \frac{c_p}{c_V}$ bezeichnet den Adiabaten- oder Isentropenexponenten. c_p und c_V sind die spezifischen Wärmekapazitäten bei konstantem Druck bzw. bei konstantem Volumen. Im 4. Band wurde zudem der Zusammenhang $c_p - c_V = R_s$ hergeleitet.

Die Poisson-Gleichung lässt sich auch schreiben als

$$\frac{p_1}{p_2} = \left(\frac{V_2}{V_1} \right)^\kappa. \tag{11.2}$$

Mit Hilfe der Gleichung (11.1) kann man die Poisson-Gleichung auf verschiedene Arten formulieren. Aus $p_1 V_1 = m \cdot R_s \cdot T_1$ und $p_2 V_2 = m \cdot R_s \cdot T_2$ erhält man $\frac{p_1}{p_2} = \frac{V_2 T_1}{V_1 T_2}$ und unter Verwendung von (11.2)

$$\left(\frac{V_2}{V_1} \right)^\kappa = \frac{V_2 T_1}{V_1 T_2} \quad \text{und} \quad \frac{T_1}{T_2} = \left(\frac{V_2}{V_1} \right)^{\kappa - 1} \quad \text{oder} \quad T \cdot V^{\kappa - 1} = konst. \tag{11.3}$$

Anders umgeformt wird aus $\frac{T_1}{T_2} = \frac{V_1 p_1}{V_2 p_2}$ mit Hilfe von Gleichung (11.2)

$$\frac{T_1}{T_2} = \left(\frac{p}{p_2} \right)^{-\frac{1}{\kappa}} \frac{p_1}{p_2}$$

https://doi.org/10.1515/9783110684520-011

und damit

$$\frac{T_1}{T_2} = \left(\frac{p_1}{p_2}\right)^{\frac{\kappa-1}{\kappa}} \quad \text{oder} \quad T \cdot p^{\frac{\kappa-1}{\kappa}} = konst. \tag{11.4}$$

Aus der Gleichung $p \cdot V^{\kappa} = konst.$ kann man auch $p \cdot (\frac{m}{\rho})^{\kappa} = p \cdot (\frac{1}{\rho})^{\kappa} m^{\kappa} = konst.$ ableiten und dies schreiben als

$$p \cdot \rho^{-\kappa} = konst. \quad \text{oder} \quad \frac{p_1}{p_2} = \left(\frac{\rho_1}{\rho_2}\right)^{\kappa}. \tag{11.5}$$

Schließlich formen wir noch Gleichung (11.3) um zu $T \cdot (\frac{m}{\rho})^{\kappa-1} = konst.$ und erhalten

$$T \cdot \rho^{1-\kappa} = konst. \quad \text{oder} \quad \frac{T_1}{T_2} = \left(\frac{\rho_1}{\rho_2}\right)^{\kappa-1}. \tag{11.6}$$

Die Gleichungen (11.2)–(11.6) heißen Adiabaten- oder Isentropengleichungen.

11.2 Rohrströmungen von Gasen

Ausgangspunkt ist die reibungsbehaftete Euler-Gleichung (2.4), die für eine stationäre Strömung die Gestalt $\rho v \cdot dv + dp + \rho g \cdot dh + dp_V = 0$ mit einem Druckverlust dp_V annimmt. Da die Dichte bei Gasen klein ist, kann man $\rho g \cdot dh \approx 0$ setzen. Zudem ist es zulässig, die Änderung der kinetischen Energie gegenüber der Druckarbeit zu vernachlässigen, also $\rho v \cdot dv \ll dp$. (Im 6. Band werden wir darauf zurückkommen und die Änderung der kinetischen Energie mit in die Gesamtbilanz einbeziehen.) In diesem Fall verbleibt $dp = -dp_V$ oder mit dem Ansatz von Weisbach $dp = -\lambda \frac{dl}{d} \rho \frac{\overline{u}^2}{2}$. Nun betrachten wir zwei Zustände einer Rohrströmung mit den Größen p_1, ρ_1, u_1 bzw. p, ρ, u.

Die beiden Zustände werden mit der Gasgleichung (11.1) verglichen und man erhält $\frac{p_1}{\rho_1 T_1} = \frac{p}{\rho T}$ oder $\frac{\rho_1}{\rho} = \frac{p_1 T}{p T_1}$. Die Kontinuitätsgleichung liefert bei konstantem Rohrquerschnitt $\rho \overline{u} = konst.$, was zu $\overline{u} = \overline{u}_1 \cdot \frac{\rho_1}{\rho} = \overline{u}_1 \cdot \frac{p_1 T}{p T_1}$ führt.

Damit schreibt sich der Druckverlust als $dp_V = -\frac{\lambda}{2d} \cdot \rho_1 \cdot \frac{p T_1}{p_1 T} \cdot \overline{u}_1^2 \cdot \frac{p_1^2 T^2}{p^2 T_1^2} \cdot dl$ und schließlich

$$dp_V = -\frac{\lambda \rho_1}{2d} \overline{u}_1^2 \cdot \frac{p_1 T}{p T_1} \, dl. \tag{11.7}$$

1. Isotherme Strömung. In diesem Fall ist $T = konst.$ Dies erreicht man mittels einer langsamen Strömung und fehlender Isolation. Der Überschuss an Wärme wird an die Umgebung abgegeben (Bsp. Ferngasleitung). Mit den veränderlichen Größen ρ, $\overline{u}$ und p ändern sich eigentlich auch η, Re und λ. Der Einfachheit halber setzen wir λ als konstant voraus. Gleichung (11.7) geht dann über in $p \cdot dp_V = -\frac{\lambda \rho_1}{2d} \overline{u}_1^2 \cdot p_1 \, dl$ und die Integration

$$\int_{p_1}^{p_2} p \, dp_V = -\frac{\lambda \rho_1}{2d} \overline{u}_1^2 \cdot p_1 \int_0^l dl$$

führt auf $\frac{1}{2}(p_2^2 - p_1^2) = -\frac{\lambda\rho_1}{2d}\overline{u}_1^2 \cdot p_1 l$ und schließlich zu

$$\left(\frac{p_2}{p_1}\right)^2 - 1 = -\frac{\lambda l \rho_1}{d \cdot p_1}\overline{u}_1^2 . \tag{11.8}$$

2. Adiabatische Strömung. Es ist $T \neq konst.$ Das Rohr ist in diesem Fall isoliert (Bsp. Fernwärmeleitung). Es findet kein Austausch mit der Umgebung statt.

Mit Hilfe von (11.3) schreibt sich Gleichung (11.7) als

$$dp_V = -\frac{\lambda\rho_1}{2d}\overline{u}_1^2 \cdot \frac{p_1}{p} \cdot \left(\frac{p}{p_1}\right)^{\frac{\kappa-1}{\kappa}} dl \quad \text{oder} \quad p^{\frac{1}{\kappa}} dp_V = -\frac{\lambda\rho_1}{2d}\overline{u}_1^2 \cdot p_1^{\frac{1}{\kappa}} dl .$$

Aus der Integration

$$\int_{p_1}^{p_2} p^{\frac{1}{\kappa}} dp_V = -\frac{\lambda\rho_1}{2d}\overline{u}_1^2 \cdot p_1^{\frac{1}{\kappa}} \int_0^l dl$$

erwächst

$$\left[\frac{1}{1+\frac{1}{\kappa}} \cdot p^{1+\frac{1}{\kappa}}\right]_{p_1}^{p_2} = -\frac{\lambda\rho_1}{2d}\overline{u}_1^2 \cdot p_1^{\frac{1}{\kappa}} l , \quad \frac{\kappa}{\kappa+1}\left(p^{\frac{\kappa+1}{\kappa}} - p_1^{\frac{\kappa+1}{\kappa}}\right) = -\frac{\lambda\rho_1}{2d}\overline{u}_1^2 \cdot p_1^{\frac{1}{\kappa}} l$$

und schließlich

$$\left(\frac{p_2}{p_1}\right)^{\frac{\kappa+1}{\kappa}} - 1 = -\frac{\kappa+1}{\kappa} \cdot \frac{\lambda l \rho_1}{d \cdot p_1}\overline{u}_1^2 . \tag{11.9}$$

Beispiel. Durch eine 1 km lange horizontale Dampfleitung mit 16 cm Durchmesser strömen stündlich 30,6 t bei einem Eingangsdruck von 50 bar hindurch. Die Wandrauheit betrage $k = 0,1$ mm. Weiter sei $\rho_1 = 16,4 \frac{kg}{m^3}$, $\eta = 26 \cdot 10^{-6} \frac{kg}{ms}$ und $\kappa = 1,28$. Es soll der Druckunterschied bestimmt werden. Dabei wird die Reynolds-Zahl nur mit den Anfangsgrößen bestimmt und wir verzichten auf eine Iteration.

1. Isotherme Strömung. Der Massenstrom beträgt $\dot{m} = \frac{30.600}{3.600} = 8,5 \frac{m^3}{s}$. Dies führt auf die Gleichung

$$\dot{m} = \rho_1 A \overline{u}_1 = \rho_1 \pi R^2 \overline{u}_1 \quad \text{und} \quad \overline{u}_1 = \frac{\dot{m}}{\rho_1 \pi R^2} = \frac{8,5}{16,4 \cdot \pi \cdot 0,08^2} = 25,78 \frac{m}{s} .$$

Weiter ist

$$Re = \frac{\rho_1 d \overline{u}_1}{\eta} = \frac{16,4 \cdot 0,16 \cdot 25,78}{26 \cdot 10^{-6}} = 2.601.571 .$$

Unter Verwendung der Formel von Colebrook-White,

$$\frac{1}{\sqrt{\lambda}} = 1,74 - 2\log_{10}\left(\frac{2 \cdot 0,0001}{0,16} + \frac{18,7}{2.601.571\sqrt{\lambda}}\right)$$

erhält man den Wert $\lambda = 0,0177$. Aus (11.8) folgt

$$\left(\frac{p_2}{5 \cdot 10^6}\right)^2 - 1 = -\frac{0,0177 \cdot 1000 \cdot 16,4}{0,16 \cdot 5 \cdot 10^6} \cdot 25,78^2 = -0,242$$

und somit $p_2 = 43,54$ bar. Entlang des Rohres beträgt der Druckverlust $\Delta p_V = 6,46$ bar.

2. Adiabatische Strömung. Mit Hilfe von (11.9) erhält man

$$\left(\frac{p_2}{5 \cdot 10^6}\right)^{\frac{2,28}{1,28}} - 1 = -\frac{2,28}{1,28} \cdot \frac{0,0177 \cdot 1000 \cdot 16,4}{2 \cdot 0,16 \cdot 5 \cdot 10^6} \cdot 25,78^2,$$

also $p_2 = 43,54$ bar und $\Delta p_V = 6,35$ bar.

Aufgabe
Bearbeiten Sie die Übung 24.

11.3 Die Energiegleichung für Gase

Für eine stationäre Strömung lautet die Bernoulli-Gleichung $\frac{1}{2}\rho u^2 + p = konst.$ oder auch $\frac{1}{2}u^2 + \frac{p}{\rho} = konst.$ Dabei kann die Gewichtskraft gegenüber den beiden anderen Termen vernachlässigt werden, weil $\rho g\, dh \approx 0$ ist. Verändert sich die Dichte bei Druckschwankungen, so erhält die Gleichung die Form $e = \frac{1}{2}u^2 + \int \frac{dp}{\rho(p)} = konst.$ Mit e bezeichnen wir die massenspezifische Gesamtenergie (üblicher ist der Buchstabe U, aber das kleine u ist schon vergeben). Zur weiteren Herleitung könnte man die Poisson-Gleichung verwenden. Wir beschreiten einen anderen Weg und betrachten die Änderung der Enthalpie $dH = T\, dS + V\, dp$ (4. Band). Aus $dS = 0$ folgt $dH = V\, dp$ oder $dh = \frac{dp}{\rho(p)}$. Anderseits ist die Enthalpie auch die Wärmeänderung bei konstantem Druck. Dies sieht man auch so: Aus der Definition der Enthalpie $H = E + p \cdot V$ ergibt sich $dH = dE + V\, dp + p\, dV$. Benutzt man nun den Ausdruck der inneren Energie als Wärmeänderung minus die am Volumen verrichtete Arbeit, $dE = dQ - p\, dV$, so führt die Verrechnung zu $dH = dQ + V\, dp$ und bei konstantem Druck zu $dH = dQ_p$. Somit ist $dH = c_p \cdot m \cdot dT$ und massenspezifisch $dh = c_p \cdot dT$. Insgesamt erhält man $c_p \cdot dT = \frac{dp}{\rho(p)}$. Die unbestimmte Integration ergibt den Energiesatz für eine stationäre, isentrope Strömung eines idealen Gases:

$$e = \frac{1}{2}u^2 + c_p T = konst. \tag{11.10}$$

11.4 Gasgeschwindigkeiten

Die Schallgeschwindigkeit eines Gases
Wir schreiben die Kontinuitätsgleichung für Gase $\rho A u = konst.$ differenziell und erhalten

$$d(\rho A u) = 0, \quad dp \cdot Au + \rho u \cdot dA + \rho A \cdot du = 0 \quad \text{und} \quad \frac{du}{u} + \frac{d\rho}{\rho} + \frac{dA}{A} = 0. \tag{11.11}$$

Bei konstantem Querschnitt verbleibt $\frac{du}{u} + \frac{d\rho}{\rho} = 0$ oder $du = -u \cdot \frac{d\rho}{\rho} = 0$. Aus der Euler-Gleichung (Kapitel 2.2) $\frac{\partial u}{\partial t} \cdot ds + u \cdot du + \frac{dp}{\rho} + g \cdot dh = 0$ vernachlässigen wir die Schwerkraft wie anhin und den instationären Teil, so dass sich die Gleichung zu $u \cdot du + \frac{dp}{\rho} = 0$ reduziert. Zusammen ergibt sich $u \cdot (-u \cdot \frac{d\rho}{\rho}) + \frac{dp}{\rho} = 0$ oder $\frac{dp}{d\rho} = u^2$. Wir verwenden den üblichen Buchstaben c für die Schallgeschwindigkeit und erhalten

$$c = \sqrt{\frac{dp}{d\rho}} \,. \tag{11.12}$$

Differenziation von (11.4) $p \cdot \rho^{-\kappa} = konst.$ führt auf $dp \cdot \rho^{-\kappa} + p \cdot d\rho \cdot (-\kappa)\rho^{-\kappa-1} = 0$ und demnach $\frac{dp}{d\rho} = \kappa \cdot \frac{p}{\rho}$. Schließlich schreibt sich die Schallgeschwindigkeit als $c = \sqrt{\kappa \cdot \frac{p}{\rho}}$ und mit Gleichung (11.1) zu

$$c = \sqrt{\kappa \cdot R_s \cdot T} \,. \tag{11.13}$$

Die Machzahl
Wir betrachten ein in einem Gefäß eingeschlossenes Gas, das nach Öffnen des Ventils austritt. Anfangs seien die Zustandsgrößen p_0, ρ_0, T_0 und $u_0 = 0$. Unmittelbar nach dem Ausströmen verändern sich die Zustandsgrößen zu p, ρ, T und u. Die Energieerhaltung (11.10) schreibt sich in diesem Fall als $\frac{1}{2}u^2 + c_p T = c_p T_0$, woraus $u = \sqrt{2c_p(T_0 - T)}$ entsteht. Eine maximale Geschwindigkeit wird für $T = 0$ erreicht, sie beträgt

$$u_{max} = \sqrt{2c_p T_0} \,. \tag{11.14}$$

Die relative Geschwindigkeit ist dann

$$\frac{u}{u_{max}} = \sqrt{1 - \frac{T}{T_0}} \tag{11.15}$$

oder mit (11.4)

$$\frac{u}{u_{max}} = \sqrt{1 - \left(\frac{p}{p_0}\right)^{\frac{\kappa-1}{\kappa}}} \,. \tag{11.16}$$

Für eine Darstellung fügen wir noch

$$\frac{T}{T_0} = \left(\frac{p}{p_0}\right)^{\frac{\kappa-1}{\kappa}} \quad \text{und} \quad \frac{\rho}{\rho_0} = \left(\frac{p}{p_0}\right)^{\frac{1}{\kappa}}$$

hinzu. Wir wählen $\kappa = 1,4$ (Luft) und skizzieren (11.16) zusammen mit (11.4) und (11.5) (Abb. 11.1).

An dieser Stelle wollen wir den Energiesatz neu formulieren. Aus $\rho(p) = \rho_0(\frac{p}{p_0})^{\frac{1}{\kappa}}$ folgt

$$\int_{p_0}^{p} \frac{dp}{\rho(p)} = \frac{p_0^{\frac{1}{\kappa}}}{\rho_0} \int_{p_0}^{p} p^{-\frac{1}{\kappa}} dp = \frac{p_0^{\frac{1}{\kappa}}}{\rho_0} \left[\frac{\kappa}{\kappa-1} p^{\frac{\kappa-1}{\kappa}}\right]_{p_0}^{p} = \frac{p_0^{\frac{1}{\kappa}}}{\rho_0} \cdot \frac{\kappa}{\kappa-1} \left(p^{\frac{\kappa-1}{\kappa}} - p_0^{\frac{\kappa-1}{\kappa}}\right)$$

$$= \frac{\kappa}{\kappa-1} \cdot \frac{p_0}{\rho_0} \left(\left(\frac{p}{p_0}\right)^{\frac{\kappa-1}{\kappa}} - 1\right) \,.$$

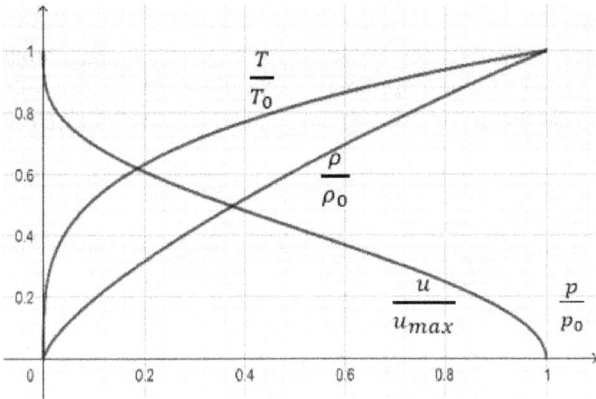

Abb. 11.1: Graphen von (11.4), (11.5) und (11.16)

Damit erhalten wir

$$e = \frac{1}{2}u^2 + \frac{\kappa}{\kappa - 1} \cdot \frac{p_0}{\rho_0} \left(\left(\frac{p}{p_0} \right)^{\frac{\kappa-1}{\kappa}} - 1 \right) = konst. \tag{11.17}$$

Als Nächstes soll die Machzahl als Funktion der Quotienten $\frac{p}{p_0}$, $\frac{T}{T_0}$ und $\frac{\rho}{\rho_0}$ angegeben werden.

Die Machzahl ist definiert als $Ma = \frac{u}{c}$. Der Schallgeschwindigkeit entspricht $Ma = 1$. Abb. 11.2 soll die Schallausbreitung für verschiedene Machzahlen veranschaulichen ($c = konst.$).

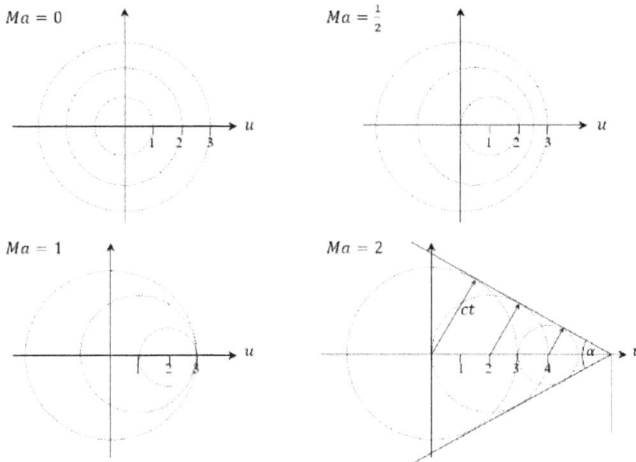

Abb. 11.2: Skizze zu den Machzahlen

Die Wellenfronten der ausgelösten Schallquelle bilden einen Keil bzw. Kegel. Der halbe Öffnungswinkel heißt Mach'scher Winkel. Es gilt $\sin(\frac{\alpha}{2}) = \frac{c \cdot t}{u \cdot t} = \frac{c}{u} = \frac{1}{Ma}$. Dabei können Strömungen mit $Ma \le 0{,}3$ als inkompressibel betrachtet werden.

Wir schreiben mit Hilfe der Gleichungen (11.13)–(11.16) und (11.4)–(11.6) die Machzahl als

$$Ma = \frac{u}{u_{max}} \cdot \frac{u_{max}}{c} = \sqrt{1 - \frac{T}{T_0}} \cdot \frac{\sqrt{2c_p T_0}}{\sqrt{\kappa R_s T}} = \sqrt{1 - \frac{T}{T_0}} \cdot \frac{\sqrt{2 \cdot \frac{\kappa R_s}{\kappa - 1} \cdot T_0}}{\sqrt{\kappa R_s T}}$$

$$= \sqrt{1 - \frac{T}{T_0}} \cdot \sqrt{\frac{2}{\kappa - 1} \cdot \frac{T}{T_0}} = \sqrt{\frac{2}{\kappa - 1}} \cdot \sqrt{\frac{T_0}{T} - 1} = \sqrt{\frac{2}{\kappa - 1}} \cdot \sqrt{\left(\frac{p_0}{p}\right)^{\frac{\kappa - 1}{\kappa}} - 1}$$

$$= \sqrt{\frac{2}{\kappa - 1}} \cdot \sqrt{\left(\frac{\rho_0}{\rho}\right)^{\kappa - 1} - 1} \, .$$

Somit erhalten wir drei Darstellungen für die Machzahl:

$$
\left.
\begin{aligned}
Ma(T) &= \sqrt{\frac{2}{\kappa - 1}} \cdot \sqrt{\left(\frac{T}{T_0}\right)^{-1} - 1} \\[2mm]
Ma(p) &= \sqrt{\frac{2}{\kappa - 1}} \cdot \sqrt{\left(\frac{p}{p_0}\right)^{\frac{1-\kappa}{\kappa}} - 1} \\[2mm]
Ma(\rho) &= \sqrt{\frac{2}{\kappa - 1}} \cdot \sqrt{\left(\frac{\rho}{\rho_0}\right)^{1-\kappa} - 1}
\end{aligned}
\right\}
\quad \text{respektive} \quad
\left\{
\begin{aligned}
\frac{T}{T_0} &= \left(1 + \frac{\kappa - 1}{2} \cdot Ma^2\right)^{-1} \\[2mm]
\frac{p}{p_0} &= \left(1 + \frac{\kappa - 1}{2} \cdot Ma^2\right)^{\frac{\kappa}{1-\kappa}} \\[2mm]
\frac{\rho}{\rho_0} &= \left(1 + \frac{\kappa - 1}{2} \cdot Ma^2\right)^{\frac{1}{1-\kappa}}
\end{aligned}
\right.
$$

$$(11.18)$$

Für $\kappa = 1{,}4$ ergeben sich

$$Ma(T) = \sqrt{5} \cdot \sqrt{\left(\frac{T}{T_0}\right)^{-1} - 1}, \quad Ma(p) = \sqrt{5} \cdot \sqrt{\left(\frac{p}{p_0}\right)^{\frac{2}{7}} - 1} \quad \text{und}$$

$$Ma(\rho) = \sqrt{5} \cdot \sqrt{\left(\frac{\rho}{\rho_0}\right)^{-0{,}4} - 1},$$

respektive

$$\frac{T}{T_0} = (1 + 0{,}2 \cdot Ma^2)^{-1}, \quad \frac{p}{p_0} = (1 + 0{,}2 \cdot Ma^2)^{-\frac{7}{2}} \quad \text{und} \quad \frac{\rho}{\rho_0} = (1 + 0{,}2 \cdot Ma^2)^{-\frac{5}{2}}.$$

Letztere drei Funktionen werden in Abhängigkeit der Machzahl in Abb. 11.3 dargestellt.

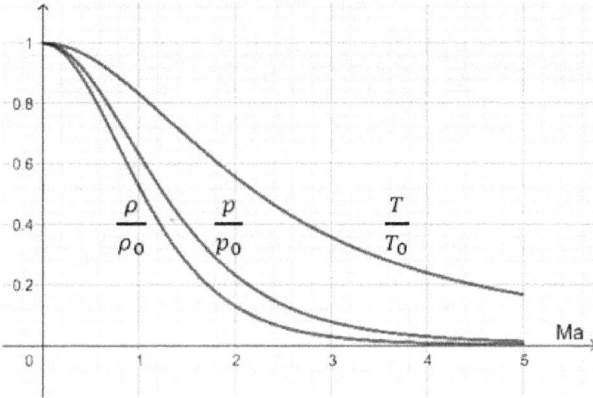

Abb. 11.3: Graphen von (11.18)

Kritische Zustandsgrößen

Besitzt die Strömung die relative Geschwindigkeit $Ma = 1$, so bezeichnet man die zugehörigen Zustandsgrößen, mit einem Stern versehen, als kritisch. Aus

$$1 = \sqrt{\frac{2}{\kappa - 1}} \cdot \sqrt{\left(\frac{T^*}{T_0}\right)^{-1} - 1}$$

wird dann

$$\frac{T^*}{T_0} = \left(\frac{\kappa - 1}{2} + 1\right)^{-1} = \left(\frac{\kappa + 1}{2}\right)^{-1} = \frac{2}{\kappa + 1}.$$

Mit (11.4) erhält man aus

$$\left(\frac{p^*}{p_0}\right)^{\frac{\kappa-1}{\kappa}} = \frac{2}{\kappa + 1}$$

den Wert

$$\frac{p^*}{p_0} = \left(\frac{2}{\kappa + 1}\right)^{\frac{\kappa}{\kappa-1}}.$$

Gleichung (11.5) liefert

$$\frac{\rho^*}{\rho_0} = \left(\frac{2}{\kappa + 1}\right)^{\frac{1}{\kappa-1}}. \tag{11.19}$$

Schließlich folgt mit (11.15)

$$\frac{u^*}{u_{max}} = \sqrt{1 - \frac{T^*}{T_0}} = \sqrt{1 - \frac{2}{\kappa + 1}} = \sqrt{\frac{\kappa - 1}{\kappa + 1}}.$$

Für Luft mit $\kappa = 1,4$ ergeben sich die in der Tabelle erfassten Werte.

$\frac{p^*}{p_0}$	$\frac{T^*}{T_0}$	$\frac{\rho^*}{\rho_0}$	$\frac{u^*}{u_{max}}$
0,528	0,833	0,634	0,408

Die Massenstromdichte

Aus dem Massenstrom $\dot{m} = \rho A u$ entsteht die Massenstromdichte zu $\frac{\dot{m}}{A} = \dot{\gamma} = \rho u$ und die relative Massenstromdichte bezogen auf die maximale unter Verwendung von (11.5) und (11.6) zu

$$\frac{\dot{\gamma}}{\dot{\gamma}_{max}} = \frac{\rho u}{\rho_0 u_{max}} = \left(\frac{p}{p_0}\right)^{\frac{1}{\kappa}} \sqrt{1 - \left(\frac{p}{p_0}\right)^{\frac{\kappa-1}{\kappa}}} = \frac{\rho}{\rho_0} \sqrt{1 - \left(\frac{\rho}{\rho_0}\right)^{\kappa-1}} = \left(\frac{T}{T_0}\right)^{\frac{1}{\kappa-1}} \sqrt{1 - \frac{T}{T_0}}.$$

Wieder sei $\kappa = 1,4$ und man erhält die Graphen in Abb. 11.4.

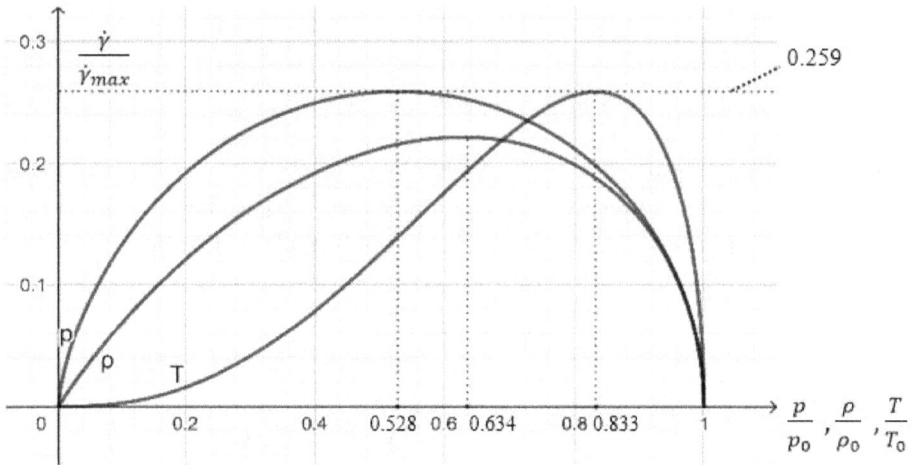

Abb. 11.4: Graphen der Massenstromdichte

Die drei Graphen besitzen ihr Maximum für $Ma = 1$. Der maximale Wert beträgt dann

$$\left(\frac{\dot{\gamma}}{\dot{\gamma}_{max}}\right)_{max} = \frac{\rho^*}{\rho_0} \cdot \frac{u^*}{u_{max}} = \left(\frac{2}{\kappa+1}\right)^{\frac{1}{\kappa-1}} \sqrt{\frac{\kappa-1}{\kappa+1}}.$$

Für Luft ($\kappa = 1,4$) ist $(\frac{\dot{\gamma}}{\dot{\gamma}_{max}})_{max} = 0,259$.

12 Die Laval-Düse

Es soll die Frage geklärt werden, ob es möglich ist, einzig über die Form einer Strom-röhre ein Gas auf eine Geschwindigkeit von $Ma > 1$ zu beschleunigen.

12.1 Die Hugoniot-Gleichung

Die Euler-Gleichung $u \cdot du + \frac{dp}{\rho} = 0$ schreiben wir als $u \cdot du + \frac{dp}{d\rho} \cdot \frac{d\rho}{\rho} = 0$. Mit (11.12) wird daraus

$$u \cdot du + c^2 \cdot \frac{d\rho}{\rho} = 0, \quad u \cdot du + \frac{c^2}{Ma^2} \cdot \frac{d\rho}{\rho} = 0 \quad \text{und} \quad \frac{d\rho}{\rho} = -Ma^2 \cdot \frac{du}{u}.$$

Dies setzen wir in Gleichung (11.11) ein und erhalten $\frac{du}{u} + \frac{dA}{A} - Ma^2 \cdot \frac{du}{u} = 0$ oder $\frac{dA}{A} = (Ma^2 - 1) \cdot \frac{du}{u}$.

Dies ist die Hugoniot-Gleichung. Wir untersuchen bei verschiedenen Machzahlen, was beispielsweise eine Zunahme der Geschwindigkeit $du > 0$ bewirkt.

$Ma < 1$: Damit ist $Ma^2 - 1 < 0$. Für $du > 0$ erfordert dies $dA < 0$. Der Querschnitt muss sich verringern. Ferner sinken für wachsende Machzahlen sowohl Druck, Dichte und Temperatur. Dies erkennt man auch aus Abb. 12.1. Folglich sinkt auch der Massenstrom (vgl. Abb. 12.2).

$Ma = 1$: Für diesen Wert ist der Querschnitt A am kleinsten und der Massenstrom wird am größten.

$Ma > 1$: Nun ist $Ma^2 - 1 > 0$. Mit $du > 0$ muss der Querschnitt anwachsen: $dA > 0$. Dabei verringern sich sowohl Druck, Dichte, Temperatur und der Massen-strom (vgl. Abb. 11.3 und Abb. 11.4).

Kurz: Zur Beschleunigung und Drucksenkung einer Strömung im Unterschallbereich muss die Querschnittsfläche des Rohrs verringert, im Überschallbereich erweitert wer-den.

Ziel ist es nun, eine Formel für das Verhältnis $\frac{A^*}{A}$ als Funktion sowohl des Druck-verhältnisses $\frac{p}{p_0}$ als auch der Machzahl anzugeben. Dazu stellen wir noch einige neue Zusammenhänge her. Mit (11.4), (11.13) und den Beziehungen für die kritischen Zu-standsgrößen ergeben sich die Gleichungen

$$\frac{c}{c_0} = \frac{\sqrt{\kappa R_s T}}{\sqrt{\kappa R_s T_0}} = \left(\frac{T}{T_0}\right)^{\frac{1}{2}} = \left(\frac{p}{p_0}\right)^{\frac{\kappa - 1}{2\kappa}}, \quad \frac{c_0}{c^*} = \frac{\sqrt{\kappa R_s T_0}}{\sqrt{\kappa R_s T^*}} = \left(\frac{T_0}{T^*}\right)^{\frac{1}{2}} = \left(\frac{\kappa + 1}{2}\right)^{\frac{1}{2}}$$

und ebenfalls

$$\frac{\rho}{\rho^*} = \left(\frac{\kappa + 1}{2}\right)^{\frac{1}{\kappa - 1}}. \tag{12.1}$$

Mit der Kontinuitätsgleichung gilt auch $\rho u A = \rho^* u^* A^* = \rho^* c^* A^*$ ($Ma = \frac{u}{c}$ ergibt $1 = \frac{u^*}{c^*}$).

https://doi.org/10.1515/9783110684520-012

Es folgt

$$\frac{A^*}{A} = \frac{\rho u}{\rho^* c^*} = \frac{\rho u}{\rho^* c^*} \cdot \frac{\rho_0}{\rho_0} \cdot \frac{c_0}{c_0} = \frac{c_0}{c^*} \cdot \frac{\rho_0}{\rho^*} \cdot \frac{\rho}{\rho_0} \cdot \frac{c_0}{c_0} \cdot Ma \, .$$

Wir verrechnen die Gleichung auf zwei verschiedene Arten unter Benutzung von (11.5), (11.18) und (12.1) weiter. Man erhält

1.

$$\frac{A^*}{A} = \frac{c_0 \, \rho_0}{c^* \, \rho^*} \left(\frac{p}{p_0}\right)^{\frac{1}{\kappa}} \left(\frac{p}{p_0}\right)^{\frac{\kappa-1}{2\kappa}} \sqrt{\frac{2}{\kappa-1} \left[\left(\frac{p}{p_0}\right)^{\frac{1-\kappa}{\kappa}} - 1\right]}$$

$$\frac{A^*}{A} = \frac{c_0 \, \rho_0}{c^* \, \rho^*} \sqrt{\frac{2}{\kappa-1}} \left(\frac{p}{p_0}\right)^{\frac{1}{\kappa}} \sqrt{\left(\frac{p}{p_0}\right)^{\frac{\kappa-1}{\kappa}} \left[\left(\frac{p}{p_0}\right)^{\frac{1-\kappa}{\kappa}} - 1\right]}$$

$$\frac{A^*}{A} = \frac{c_0 \, \rho_0}{c^* \, \rho^*} \sqrt{\frac{2}{\kappa-1}} \left(\frac{p}{p_0}\right)^{\frac{1}{\kappa}} \sqrt{1 - \left(\frac{p}{p_0}\right)^{\frac{\kappa-1}{\kappa}}}$$

$$\frac{A^*}{A}\left(\frac{p}{p_0}\right) = \left(\frac{\kappa+1}{2}\right)^{\frac{\kappa+1}{2(\kappa-1)}} \sqrt{\frac{2}{\kappa-1}} \left(\frac{p}{p_0}\right)^{\frac{1}{\kappa}} \sqrt{1 - \left(\frac{p}{p_0}\right)^{\frac{\kappa-1}{\kappa}}} \, . \tag{12.2a}$$

2.

$$\frac{A^*}{A} = \frac{c_0 \, \rho_0}{c^* \, \rho^*} \left(1 + \frac{\kappa-1}{2} Ma^2\right)^{\frac{1}{1-\kappa}} \left(1 + \frac{\kappa-1}{2} Ma^2\right)^{-\frac{1}{2}} Ma$$

$$\frac{A^*}{A} = \frac{c_0 \, \rho_0}{c^* \, \rho^*} \left(1 + \frac{\kappa-1}{2} Ma^2\right)^{\frac{\kappa+1}{2(1-\kappa)}} Ma$$

$$\frac{A^*}{A} = \left(\frac{2}{\kappa+1}\right)^{\frac{\kappa+1}{2(1-\kappa)}} \left(1 + \frac{\kappa-1}{2} Ma^2\right)^{\frac{\kappa+1}{2(1-\kappa)}} Ma$$

$$\frac{A^*}{A}(Ma) = Ma \left(\frac{2 + (\kappa-1)Ma^2}{\kappa+1}\right)^{\frac{\kappa+1}{2(1-\kappa)}} \, . \tag{12.2b}$$

Die Verläufe von $\frac{A^*}{A}$ und der bereits dargestellten Massenstromdichte $\frac{\dot{y}}{\dot{y}_{max}}$ entsprechen sich bis auf einen Faktor. Nun stellen wir $\frac{p}{p_0}(\frac{u}{u_{max}})$ und $\frac{A^*}{A}(Ma)$ im selben Koordinatensystem dar.

Dazu wird (11.16) zu

$$\frac{p}{p_0}\left(\frac{u}{u_{max}}\right) = \left[1 - \left(\frac{u}{u_{max}}\right)^2\right]^{\frac{\kappa}{\kappa-1}} \tag{12.3}$$

umgeformt.

Das Problem ist, dass die Achsen verschieden skaliert sind. Deswegen soll $\frac{A^*}{A}$ ebenfalls als Funktion von $\frac{u}{u_{max}}$ angegeben werden. Aus

$$Ma = \frac{u}{c} = \frac{u}{u_{max}} \cdot \frac{u_{max}}{c} = \frac{u}{u_{max}} \cdot \sqrt{\frac{2}{\kappa-1} \cdot \frac{T}{T_0}}$$

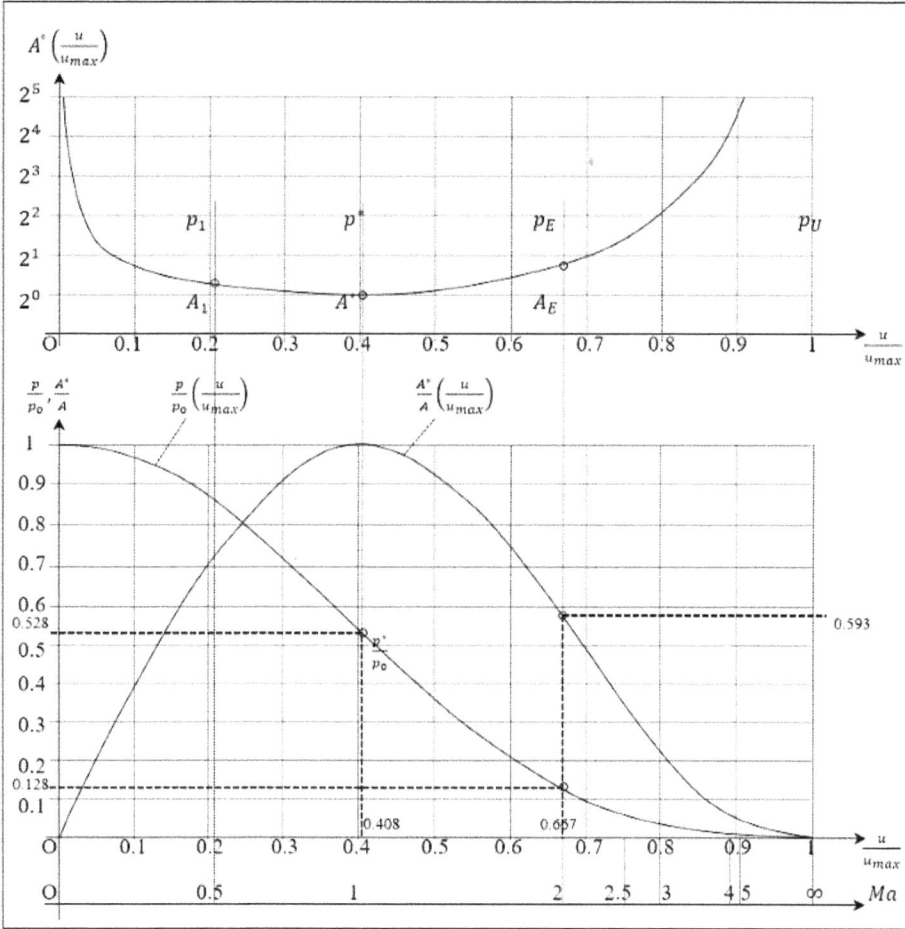

Abb. 12.1: Graphen von (12.3), (12.4) und (12.5)

entsteht unter Benutzung von (11.18)

$$Ma = \frac{u}{u_{max}} \cdot \sqrt{\frac{2}{\kappa - 1} \cdot \left(1 + \frac{\kappa - 1}{2} \cdot Ma^2\right)}.$$

Setzen wir nun kurzfristig $z := \frac{u}{u_{max}}$, so erhalten wir

$$Ma^2 = z^2 \cdot \left[\frac{2}{\kappa - 1} \cdot \left(1 + \frac{\kappa - 1}{2} \cdot Ma^2\right)\right], \quad Ma^2 = z^2 \cdot \left(\frac{2}{\kappa - 1} + Ma^2\right),$$

$$Ma^2(1 - z^2) = \frac{2}{\kappa - 1} \cdot z^2 \quad \text{und} \quad Ma = \sqrt{\frac{2}{\kappa - 1}} \cdot \frac{x}{\sqrt{1 - x^2}}.$$

Demnach ist

$$\frac{A^*}{A}\left(\frac{u}{u_{\max}}\right) = \sqrt{\frac{2}{\kappa-1}} \cdot \frac{x}{\sqrt{1-x^2}} \left(\frac{2}{\kappa+1} + \frac{\kappa-1}{\kappa+1} \cdot \frac{2}{\kappa-1} \cdot \frac{x^2}{1-x^2}\right)^{\frac{\kappa+1}{2(1-\kappa)}}$$

$$= \sqrt{\frac{2}{\kappa-1}} \cdot \left(\frac{2}{\kappa+1}\right)^{\frac{\kappa+1}{2(1-\kappa)}} \cdot \frac{x}{\sqrt{1-x^2}} \left(\frac{1}{1-x^2}\right)^{\frac{\kappa+1}{2(1-\kappa)}}$$

$$= \sqrt{\frac{2}{\kappa-1}} \cdot \left(\frac{2}{\kappa+1}\right)^{\frac{\kappa+1}{2(1-\kappa)}} \cdot \frac{x}{(1-x^2)^{\frac{1}{2}+\frac{\kappa+1}{2(1-\kappa)}}}$$

und schließlich

$$\frac{A^*}{A}\left(\frac{u}{u_{\max}}\right) = \sqrt{\frac{2}{\kappa-1}} \cdot \left(\frac{2}{\kappa+1}\right)^{\frac{\kappa+1}{2(1-\kappa)}} \cdot \frac{u}{u_{\max}} \cdot \left(1 - \left(\frac{u}{u_{\max}}\right)^2\right)^{\frac{1}{\kappa-1}} . \tag{12.4}$$

In der oberen Skizze von Abb. 12.1 wird zudem $A^* = 1$ gesetzt und gezeichnet wird

$$A^\circ\left(\frac{u}{u_{\max}}\right) = 1 + \log_2\left[A\left(\frac{u}{u_{\max}}\right)\right] , \tag{12.5}$$

weil die Werte für $\frac{u}{u_{\max}}$ gegen 0 und 1 sehr groß werden. Verglichen mit dem relativen Querschnittsverhältnis $\frac{A^*}{A}(\frac{u}{u_{\max}})$, das wir in die untere Skizze von Abb. 12.1 übernehmen, stellt $A^\circ(\frac{u}{u_{\max}})$ den absoluten Querschnitt dar, falls $A^* = 1$ gewählt wird. Wieder ist $\kappa = 1,4$.

Die speziellen eingezeichneten Werte beziehen sich auf das folgende Beispiel.

Beispiel. An einem Druckbehälter, indem sich Luft unter einem Druck p_0 und der Temperatur $T_0 = 25\,°C$ befindet, ist eine Lavaldüse angeschlossen, deren kleinster Querschnitt $A^* = 1\,cm^2$ beträgt. Der Außendruck ist $p_u = 1$ bar. Am Austrittsort soll die Geschwindigkeit $Ma = 2$ erreicht werden. Die Stoffwerte seien $\kappa = 1,4$ und $R_s = 287,2\,\frac{J}{kgK}$.

Als erstes berechnen wir das Verhältnis der Endgeschwindigkeit und der maximal möglichen:

Es gilt

$$\left(\frac{u_E}{u_{\max}}\right)^2 = \frac{Ma^2}{\frac{2}{\kappa-1}+Ma^2} = \frac{4}{5+4} = \frac{4}{9}$$

und folglich $\frac{u_E}{u_{\max}} = \frac{2}{3}$. Die größtmögliche Geschwindigkeit beträgt

$$u_{\max} = \sqrt{2 \cdot \frac{\kappa \cdot R_s}{\kappa-1} \cdot T_0} = \sqrt{\frac{2 \cdot 1,4 \cdot 287,2 \cdot 298,15}{0,4}} = 774,21\,\frac{m}{s} .$$

Demnach erreicht das Gas am Ende der Düse die Geschwindigkeit $u_E = \frac{2}{3}u_{\max} = 516,14\,\frac{m}{s}$. Das Verhältnis von kritischem Querschnitt und demjenigen am Austrittsort berechnet sich mit (12.2) zu

$$\frac{A^*}{A_E} = Ma\left(\frac{2+(\kappa-1)Ma^2}{\kappa+1}\right)^{\frac{\kappa+1}{2(1-\kappa)}} = 2 \cdot \left(\frac{2+0,4\cdot4}{2,4}\right)^{\frac{2,4}{-0,8}} = 0,593 .$$

Damit ist $A_E = 1,6875\ \text{cm}^2$. Weiter folgt das Temperaturverhältnis

$$\frac{T_E}{T_0} = \left(1 + \frac{\kappa - 1}{2}Ma^2\right)^{-1} = (1 + 0,2 \cdot 4)^{-1} = \frac{5}{9}$$

und daraus die Temperatur am Ende der Düse, $T_E = 165,64\ \text{K}$. Der herrschende Druck im Behälter wird mit dem Außendruck verglichen:

$$\frac{p_u}{p_0} = \left(1 + \frac{\kappa - 1}{2}Ma^2\right)^{\frac{\kappa}{1-\kappa}} = (1 + 0,2 \cdot 4)^{\frac{1,4}{-0,4}} = 0,128\,,$$

was einem Behälterdruck von $p_0 = \frac{1\,\text{bar}}{0,128} = 7,82\ \text{bar}$ entspricht. Zusätzlich bestimmen wir noch die kritischen Größen (im kleinsten Querschnitt A^*). Es gilt

$$p^* = p_0 \cdot \left(\frac{2}{\kappa + 1}\right)^{\frac{\kappa}{\kappa-1}} = 4,13\ \text{bar}\,, \quad T^* = T_0 \cdot \frac{2}{\kappa + 1} = 248,46\ \text{K} \quad \text{und}$$

$$u^* = u_{\max}\sqrt{\frac{\kappa - 1}{\kappa + 1}} = 316,07\ \frac{\text{m}}{\text{s}}\,,$$

was $Ma = 1$ entspricht.

Schließlich soll noch der Massenstrom ermittelt werden. Dazu benötigen wir die Dichte im Behälter:

$$\rho_0 = \frac{p_0}{R_s \cdot T_0} = \frac{7,82 \cdot 10^5}{287,2 \cdot 298,15} = 9,14\ \frac{\text{kg}}{\text{m}^3}\,.$$

Daraus folgt auch noch

$$\rho^* = \rho_0 \cdot \left(\frac{2}{\kappa + 1}\right)^{\frac{1}{\kappa-1}}\,, \quad \rho^* = 5,79\ \frac{\text{kg}}{\text{m}^3}\,.$$

Damit ist $\dot{m} = A^*\rho^*u^* = 10^{-4} \cdot 5,79 \cdot 316,07 = 0,18\ \frac{\text{kg}}{\text{s}}$. Der Massenstrom lässt sich beispielsweise auch mit Hilfe des bekannten Verhältnisses $\frac{\gamma^*}{\gamma_{\max}} = 0,259$ (vgl. Abb. 12.2) berechnen:

$$\dot{m} = A^*\gamma^* = A^*\frac{\gamma^*}{\rho_0\,u_{\max}}\rho_0 u_{\max} = A^*\frac{\gamma^*}{\gamma_{\max}}\rho_0 u_{\max} = A^* \cdot 0,259 \cdot \rho_0 u_{\max}$$

$$= 10^{-4} \cdot 0,259 \cdot 9,14 \cdot 774,21 = 0,18\ \frac{\text{kg}}{\text{s}}\,.$$

Aufgabe
Bearbeiten Sie die Übung 25.

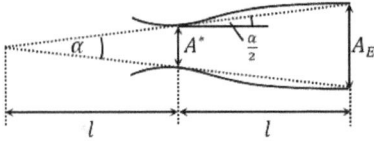

Abb. 12.2: Skizze zur Querschnittszunahme der Laval-Düse

Die im Beispiel beschriebene Laval-Düse beschleunigt die Gasströmung auf Überschallgeschwindigkeit, und zwar so, dass der Druck p_E am Ende der Düse dem Umgebungsdruck p_u entspricht: $p_E = p_u$. Dies erreicht man durch den passenden Querschnitt A_E am Austritt der Düse. Man sagt, dass das Gasdruckverhältnis $\frac{p_u}{p_0}$ dem Flächenverhältnis $\frac{A^*}{A_E}$ „angepasst" ist. Sind drei der vier Größen p_0, p_u, A^* und A_E gegeben, dann ist die vierte bestimmt, sofern der Enddruck p_E dem Umgebungsdruck p_u entsprechen soll. Damit ist auch gewährleistet, dass die erreichte Geschwindigkeit u_E aufrecht erhalten wird.

Wird beispielsweise der Druck p_0 im Behälter erhöht und werden p_u, A^* sowie A_E unverändert belassen, dann ist der Gasdruck am Ende der Düse größer als der Umgebungsdruck $p_E > p_u$. Es kommt am Austritt zu einer Nachexpansion des Gases. Dies geschieht nicht mehr isentrop. Die hergeleiteten Gleichungen sind dann ungültig.

Wird p_0 zu klein gewählt, dann ist $p_E < p_u$ und eine Nachkompression am Ende der Düse ist die Folge. Es kann auch sein, dass ein Verdichtungsstoß des Gases hin bis zum engsten Querschnitt A^* eintritt, so dass am Düsenende wieder Druckausgleich, $p_E = p_u$, herrscht.

Die in der oberen der beiden Skizzen mit p_1 und A_1 bezeichneten Größen beschreiben den Fall, dass $\frac{p_u}{p_0}$ oberhalb des kritischen Werts $\frac{p^*}{p_0} = 0,528$ liegt. Es herrscht dann in der gesamten Düse Unterschall. Die Geschwindigkeit steigt bei sinkendem Querschnitt, erreicht zwar im kleinsten Querschnitt höchstens Schallgeschwindigkeit (je näher $\frac{p_u}{p_0}$ gegen $\frac{p^*}{p_0}$ gewählt wird), aber bei zunehmendem Querschnitt sinkt die Geschwindigkeit auch wieder auf $Ma < 1$. Die Düse wirkt in diesem Fall als Diffusor.

Beispiel.

$$Ma = 0,5 \implies p_0 = 1,19\,\text{bar} \qquad (\text{bei } p_u = 1\,\text{bar})$$

$$\implies A_E = 1,34\,\text{cm}^2 \qquad (\text{bei } A^* = 1\,\text{cm}^2)$$

$$\implies T_E = 283,95\,\text{K} \qquad (\text{bei } T_0 = 298,15\,\text{K})$$

$$\implies u_E = 168,95\,\frac{\text{m}}{\text{s}}.$$

Die Strömung könnte man als Venturi-Rohrströmung,

$$u = \sqrt{\frac{2 \cdot \Delta p}{\rho\left(\frac{A_0^2}{A_1^2} - 1\right)}},$$

mit $\rho = konst.$ (vgl. Übung 3) auffassen. Wir überprüfen dies, verwenden die beiden Dichten $1,230\,\frac{\text{kg}}{\text{m}^3}$ bei $10\,°\text{C}$ und $1,118\,\frac{\text{kg}}{\text{m}^3}$ bei $20\,°\text{C}$ und bilden den Mittelwert $\rho =$

$1{,}174\,\frac{\mathrm{kg}}{\mathrm{m}^3}$, den wir in obige Formel einsetzen:

$$u = \sqrt{\frac{2 \cdot 0{,}19 \cdot 10^5}{1{,}174 \cdot \left(\frac{1{,}34^2}{1^2} - 1\right)}} = 201{,}70\,\frac{\mathrm{m}}{\mathrm{s}}\,.$$

Man erkennt, dass der Vergleich mit einer Venturi-Rohre hinkt, da die Dichte eben nicht konstant ist.

Für die Praxis ist zu beachten, dass die Zunahme des Querschnitts von A^* auf A_E vorzugsweise einer S-Form wie in Abb. 12.2 folgt. Es gilt $\tan(\frac{\alpha}{2}) = \frac{A_E - A^*}{2l}$. Dabei sollte der Winkel $\alpha < 10°$ sein, damit sich die Strömung nicht ablöst (vgl. Grenzschichttheorie, 6. Band). Aus dieser Bedingung ergibt sich eine Vorgabe für die Länge der Düse: $l = \frac{1}{2}\tan(\frac{\alpha}{2}) \cdot (A_E - A^*)$.

12.2 Der senkrechte Verdichtungsstoß

Der Stoß heißt deswegen senkrecht, weil er normal zur Angriffsfläche der Düse erfolgt. Der Verdichtungsstoß ist eine Besonderheit von Überschallströmungen kompressibler Fluide. Wie schon bei der Laval-Düse erwähnt, treten in einem kleinen Bereich, üblicherweise von der Größenordnung $dx = 10^{-5}$, sprunghafte Änderungen der Zustandsgrößen auf. Wärme wird von außen zwar nicht zugeführt, somit bleibt die Strömung adiabatisch. Hingegen führen die auftretenden Strömungsverluste dazu, dass die Entropie ansteigt und die Strömung nicht mehr als isentrop betrachtet werden kann. Alle hergeleiteten Isentropengleichungen gelten somit nicht mehr. Da die Lauflänge dx der Verdichtung sehr klein ist, kann man die Querschnittsfläche A als konstant betrachten. Dies ist aber nicht zwingend. Die Zustandsgrößen nach der Verdichtung erhalten ein Dach (Abb. 12.3).

Zur Beschreibung muss nun auch die Impulserhaltung beispielsweise in Form des Stützkraftsatzes hinzugezogen werden. Es gilt

die Massenerhaltung:	$\rho \cdot u \cdot A = \hat{\rho} \cdot \hat{u} \cdot A\,,$	(12.6)
die Impulserhaltung:	$p \cdot A + \rho \cdot A \cdot u^2 = \hat{p} \cdot A + \hat{\rho} \cdot A \cdot \hat{u}^2\,,$	(12.7)
die Energieerhaltung:	$\frac{1}{2}u^2 + c_p T = \frac{1}{2}\hat{u}^2 + c_p \hat{T}\,,$	(12.8)
das Gasgesetz:	$p = \rho \cdot R_\mathrm{s} \cdot T\,, \quad \hat{p} = \hat{\rho} \cdot R_\mathrm{s} \cdot \hat{T}$	(12.9)
und die Formel für die spezifische Wärme:	$c_p = \dfrac{\kappa \cdot R_\mathrm{s}}{\kappa - 1}\,.$	(12.10)

Insgesamt stehen uns fünf Gleichungen zur Verfügung, um aus den Größen Ma, u, ρ, p, T die entsprechenden Größen nach der Verdichtung $\widehat{Ma}$, $\hat{u}$, $\hat{\rho}$, $\hat{p}$, $\hat{T}$ zu ermitteln.

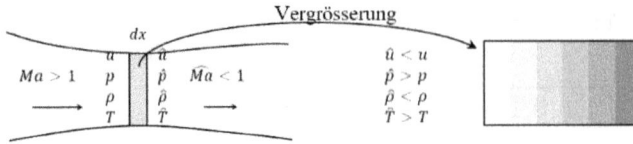

Abb. 12.3: Skizze zum Verdichtungsstoß

Bemerkung. Im Fall isentroper Strömung könnte man für die Lösung desselben Problems die Gleichungen (12.6), (12.8)–(12.10) und eine entsprechende Isentropengleichung verwenden.

Zur Herleitung neuer Beziehungen für den Verdichtungsstoß schreibt sich (12.8) mit Hilfe von (12.9) und (12.10) zu

$$\frac{1}{2}u^2 + \frac{\kappa \cdot R_s}{\kappa - 1}T = \frac{1}{2}\hat{u}^2 + \frac{\kappa \cdot R_s}{\kappa - 1}\hat{T}\,, \qquad \frac{1}{2}u^2 + \frac{\kappa}{\kappa - 1}\cdot\frac{p}{\rho} = \frac{1}{2}\hat{u}^2 + \frac{\kappa}{\kappa - 1}\cdot\frac{\hat{p}}{\hat{\rho}}$$

und schließlich

$$\frac{\kappa - 1}{2}u^2 + \kappa \cdot \frac{p}{\rho} = \frac{\kappa - 1}{2}\hat{u}^2 + \kappa \cdot \frac{\hat{p}}{\hat{\rho}}\,. \qquad (12.11)$$

Aus (12.6) wird $\hat{u} = u \cdot \frac{\rho}{\hat{\rho}} = u \cdot \varepsilon$ mit $\varepsilon := \frac{\rho}{\hat{\rho}}$. Eingesetzt in (12.7) folgt nacheinander

$$p + \rho \cdot u^2 = \hat{p} + \hat{\rho} \cdot u^2 \cdot \varepsilon^2\,, \qquad\qquad \frac{\hat{p}}{p} = 1 + \frac{\rho}{p}\cdot u^2 - \frac{\hat{\rho}}{p}\cdot u^2 \cdot \varepsilon^2\,,$$

$$\frac{\hat{p}}{p} = 1 + \frac{u^2}{\frac{p}{\rho}} - \frac{\hat{\rho}}{\rho \cdot \frac{p}{\rho}}\cdot u^2 \cdot \varepsilon^2 \quad \text{und} \quad \frac{\hat{p}}{p} = 1 + \frac{\kappa \cdot u^2}{\kappa \cdot \frac{p}{\rho}} - \frac{\hat{\rho}}{\rho}\cdot\frac{\kappa}{\kappa \cdot \frac{p}{\rho}}\cdot u^2 \cdot \varepsilon^2\,.$$

Der Term $\kappa \cdot \frac{p}{\rho}$ wird durch c^2 ersetzt:

$$\frac{\hat{p}}{p} = 1 + \frac{\kappa \cdot u^2}{c^2} - \frac{\kappa}{\varepsilon}\cdot\frac{1}{c^2}\cdot u^2 \varepsilon^2\,.$$

Mit $Ma = \frac{u}{c}$ folgt

$$\frac{\hat{p}}{p} = 1 + \kappa \cdot Ma^2 - \kappa \cdot Ma^2 \cdot \varepsilon\,. \qquad (12.12)$$

Weiter wird Gleichung (12.11) durch $c^2 = \kappa \cdot \frac{p}{\rho}$ dividiert und man erhält

$$1 + \frac{\kappa - 1}{2}\cdot\frac{u^2}{c^2} = \frac{\hat{p}}{p}\cdot\frac{\rho}{\hat{\rho}} + \frac{\kappa - 1}{2}\cdot\frac{\hat{u}^2}{c^2} \quad \text{und} \quad 1 + \frac{\kappa - 1}{2}\cdot Ma^2 = \frac{\hat{p}}{p}\cdot\varepsilon + \frac{\kappa - 1}{2}\cdot Ma^2 \cdot \varepsilon^2\,.$$

Einsetzen von (12.12) führt zu

$$1 + \frac{\kappa - 1}{2}\cdot Ma^2 = [1 + \kappa \cdot Ma^2 - \kappa \cdot Ma^2 \cdot \varepsilon]\cdot\varepsilon + \frac{\kappa - 1}{2}\cdot Ma^2 \cdot \varepsilon^2\,,$$

$$1 + \frac{\kappa - 1}{2}\cdot Ma^2 = [1 + \kappa \cdot Ma^2]\cdot\varepsilon + \frac{\kappa + 1}{2}\cdot Ma^2 \cdot \varepsilon^2$$

und der quadratischen Gleichung

$$\varepsilon^2 - \frac{1 + \kappa \cdot Ma^2}{\frac{\kappa+1}{2} \cdot Ma^2} \cdot \varepsilon + \frac{1 + \frac{\kappa-1}{2} \cdot Ma^2}{\frac{\kappa+1}{2} \cdot Ma^2} = 0 \,.$$

Wir schreiben diese Gleichung nacheinander als

$$\varepsilon^2 - \frac{2 + 2\kappa \cdot Ma^2}{(\kappa + 1) \cdot Ma^2} \cdot \varepsilon + \frac{1 + \frac{\kappa-1}{2} \cdot Ma^2}{\frac{\kappa+1}{2} \cdot Ma^2} = 0 \,,$$

$$\varepsilon^2 + \left[\frac{-2}{(\kappa + 1) \cdot Ma^2} - \frac{2\kappa}{\kappa + 1} \right] \varepsilon + \frac{2 + (\kappa - 1) \cdot Ma^2}{(\kappa + 1) \cdot Ma^2} = 0 \quad \text{und}$$

$$\varepsilon^2 + \left[\frac{-2}{(\kappa + 1) \cdot Ma^2} - \frac{2\kappa}{\kappa + 1} \right] \varepsilon + \left[\frac{2}{(\kappa + 1) \cdot Ma^2} + \frac{\kappa - 1}{\kappa + 1} \right] = 0 \,.$$

Dies führt auf die Form $\varepsilon^2 + \alpha \cdot \varepsilon + \beta = 0$ mit $\beta = -\alpha - 1$ und den Lösungen

$$\varepsilon_{1,2} = \frac{-\alpha \pm \sqrt{\alpha^2 - 4\beta}}{2} = \frac{-\alpha \pm \sqrt{\alpha^2 + 4\alpha + 4}}{2} = \frac{-\alpha \pm \sqrt{(\alpha + 2)^2}}{2} = \frac{-\alpha \pm \sqrt{(\alpha + 2)^2}}{2}$$

$$= \frac{-\alpha \pm |\alpha + 2|}{2} \,.$$

Die Fallunterscheidung ergibt beide Male dasselbe Ergebnis:

i) $\alpha + 2 > 0 \quad \Longrightarrow \quad \varepsilon_{1,2} = \frac{-\alpha \pm (\alpha + 2)}{2} = \begin{cases} \frac{-\alpha + \alpha + 2}{2} = 1 \\ \frac{-\alpha - \alpha - 2}{2} = \beta \end{cases}$

ii) $\alpha + 2 < 0 \quad \Longrightarrow \quad \varepsilon_{1,2} = \frac{-\alpha \pm (-\alpha - 2)}{2} = \begin{cases} \frac{-\alpha - \alpha - 2}{2} = \beta \\ \frac{-\alpha + \alpha + 2}{2} = 1 \,. \end{cases}$

$\varepsilon = \frac{\rho}{\hat{\rho}} = 1$ bedeutet keinerlei Dichteänderung. Hingegen ist

$$\varepsilon = \frac{\rho}{\hat{\rho}} = \beta = \frac{2}{(\kappa + 1) \cdot Ma^2} + \frac{\kappa - 1}{\kappa + 1}$$

unser gesuchtes Ergebnis, das wir als

$$\frac{\hat{\rho}}{\rho} = \frac{(\kappa + 1) \cdot Ma^2}{2 + (\kappa - 1) \cdot Ma^2} \tag{12.13}$$

schreiben.

Aus (12.6) folgt $\frac{\hat{u}}{u} = \frac{2+(\kappa-1) \cdot Ma^2}{(\kappa+1) \cdot Ma^2}$. Insbesondere ist $\frac{\hat{u}^*}{u^*} = \frac{2+(\kappa-1)}{(\kappa+1)} = 1$, also

$$\hat{u}^* = u^* \,. \tag{12.14}$$

Setzen wir (12.13) in (12.12) ein, so entsteht

$$\frac{\hat{p}}{p} = 1 + \kappa \cdot Ma^2 - \kappa \cdot Ma^2 \cdot \left[\frac{2}{(\kappa + 1) \cdot Ma^2} + \frac{\kappa - 1}{\kappa + 1} \right]$$

$$= \frac{(\kappa + 1)(1 + \kappa \cdot Ma^2) - \kappa \left[2 + (\kappa - 1) \cdot Ma^2 \right]}{\kappa + 1}$$

$$= \frac{\kappa + \kappa^2 Ma^2 + 1 + \kappa Ma^2 - 2\kappa - \kappa^2 Ma^2 + \kappa Ma^2}{\kappa + 1} = \frac{\kappa + 1 + 2\kappa Ma^2 - 2\kappa}{\kappa + 1}$$

und demnach $\frac{\hat{p}}{p} = 1 + \frac{2\kappa}{\kappa+1}(Ma^2 - 1)$. Mit Hilfe von (11.1) folgt das Temperaturverhältnis

$$\frac{\hat{T}}{T} = \frac{\hat{p}}{R_s \cdot \hat{\rho}} \cdot \frac{R_s \cdot \rho}{p} = \frac{\hat{p}}{\hat{\rho}} \cdot \frac{\rho}{p} = \left[1 + \frac{2\kappa}{\kappa+1}(Ma^2 - 1)\right] \cdot \frac{(\kappa+1) \cdot Ma^2}{2 + (\kappa-1) \cdot Ma^2}$$

$$= \frac{[2\kappa \cdot Ma^2 - (\kappa-1)]\left[2 + (\kappa-1) \cdot Ma^2\right]}{(\kappa+1)^2 \cdot Ma^2}.$$

Für die Schallgeschwindigkeiten gilt nach (11.13)

$$\frac{\hat{c}}{c} = \sqrt{\frac{\hat{T}}{T}} = \frac{\sqrt{[2\kappa Ma^2 - (\kappa-1)]\left[2 + (\kappa-1)Ma^2\right]}}{(\kappa+1) \cdot Ma}.$$

Schließlich ist

$$\frac{\widehat{Ma}}{Ma} = \frac{\hat{u}}{u} \cdot \frac{c}{\hat{c}} = \frac{2 + (\kappa-1) \cdot Ma^2}{(\kappa+1) \cdot Ma^2} \cdot \frac{(\kappa+1) \cdot Ma}{\sqrt{[2\kappa Ma^2 - (\kappa-1)]\left[2 + (\kappa-1)Ma^2\right]}}$$

$$= \frac{1}{Ma}\sqrt{\frac{2 + (\kappa-1)Ma^2}{2\kappa Ma^2 - (\kappa-1)}}.$$

Zum Schluss bestimmen wir noch den Grenzwert der Machzahl nach dem Stoß für $Ma \to \infty$ und Luft ($\kappa = 1{,}4$).

$$\lim_{Ma\to\infty} \widehat{Ma} = \lim_{Ma\to\infty} \sqrt{\frac{\frac{2}{Ma^2} + (\kappa-1)}{2\kappa - \frac{(\kappa-1)}{Ma^2}}} = \sqrt{\frac{\kappa-1}{2\kappa}} = 0{,}378 \,.$$

Das bedeutet, dass in jedem Fall die Geschwindigkeit nach dem Stoß auf Unterschall sinkt. Die übrigen Verhältnisse folgen zu

$$\lim_{Ma\to\infty} \frac{\hat{\rho}}{\rho} = \frac{\kappa+1}{\kappa-1} = 6\,, \quad \lim_{Ma\to\infty} \frac{\hat{u}}{u} = \frac{\kappa-1}{\kappa+1} = \frac{1}{6} \quad \text{und}$$

$$\lim_{Ma\to\infty} \frac{\hat{p}}{p} = \lim_{Ma\to\infty} \frac{\hat{T}}{T} = \lim_{Ma\to\infty} \frac{\hat{c}}{c} = \infty \,.$$

Für eine Skizze der sechs Verhältnisse $\frac{\hat{p}}{p}$, $\frac{\hat{\rho}}{\rho}$, $\frac{\hat{T}}{T}$, $\frac{\hat{c}}{c}$, $\frac{\hat{u}}{u}$ und $\frac{\widehat{Ma}}{Ma}$ sei wiederum $\kappa = 1{,}4$ (Abb. 12.4).

Ist die Entropie Null, dann wird die gesamte am Gas verrichtete Arbeit zur Erhöhung der inneren Energie verwendet. Bei einem Verdichtungsstoß müssen wir mit Wärmeverlusten rechnen, was $dS > 0$ bedeutet. Die Kombination der beiden Hauptsätze der Thermodynamik führt zu $T \cdot dS = dE + p \cdot dV$ (vgl. 4. Band oder Kapitel 11.3 dieses Bandes). Die innere Energie schreibt sich bekanntermaßen als $dE = c_V \cdot m \cdot dT$ und zudem ist $pV = m \cdot R_s \cdot T$ nach (11.1). Insgesamt folgt $dS = \frac{dE}{T} + \frac{p\,dV}{T} = c_V \cdot m \cdot \frac{dT}{T} + m \cdot R_s \cdot \frac{dV}{V}$. Aus der Definition der Masse $\rho V = m$ erhalten wir $d\rho \cdot V + \rho \cdot dV = 0$ und daraus $\frac{dV}{V} = -\frac{d\rho}{\rho}$. Damit schreibt sich die Entropie als $dS = \frac{dE}{T} + \frac{p\,dV}{T} = c_V \cdot m \cdot \frac{dT}{T} - m \cdot R_s \cdot \frac{d\rho}{\rho}$.

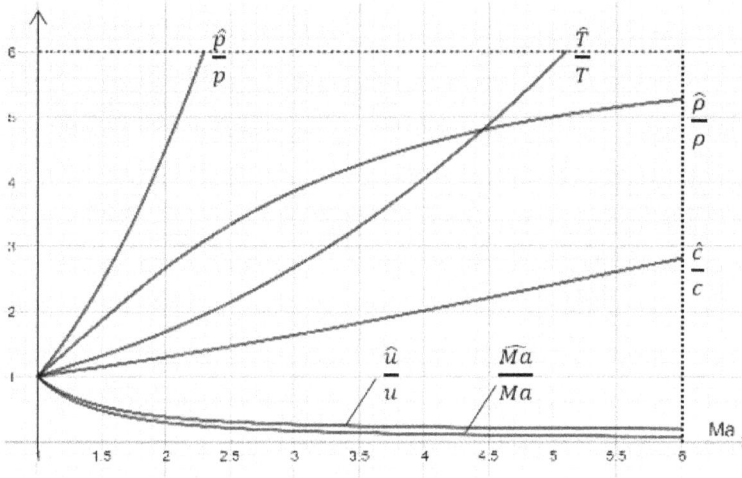

Abb. 12.4: Graphen der sechs Verhältnisse

Es soll die Änderung der Entropie vor und nach dem Verdichtungsstoß miteinander verglichen werden. Dazu integrieren wir die DGL:

$$\int_{S}^{\hat{S}} dS = c_V \cdot m \cdot \int_{T}^{\hat{T}} \frac{dT}{T} - m \cdot R_s \cdot \int_{\rho}^{\hat{\rho}} \frac{d\rho}{\rho} \, .$$

Es folgt nacheinander

$$\hat{S} - S = c_V \cdot m \cdot \ln\left(\frac{\hat{T}}{T}\right) - m \cdot (c_p - c_V) \cdot \ln\left(\frac{\hat{\rho}}{\rho}\right) ,$$

$$\frac{\hat{S} - S}{c_V \cdot m} = \ln\left(\frac{\hat{T}}{T}\right) - (\kappa - 1) \cdot \ln\left(\frac{\hat{\rho}}{\rho}\right) = \ln\left[\frac{\hat{T}}{T} \cdot \left(\frac{\rho}{\hat{\rho}}\right)^{\kappa-1}\right] ,$$

$$\frac{\hat{S} - S}{c_V \cdot m} = \ln\left(\left[1 + \frac{2\kappa}{\kappa + 1}(Ma^2 - 1)\right] \cdot \frac{(\kappa + 1) \cdot Ma^2}{2 + (\kappa - 1) \cdot Ma^2} \cdot \left[\frac{2 + (\kappa - 1) \cdot Ma^2}{(\kappa + 1) \cdot Ma^2}\right]^{\kappa-1}\right)$$

und schließlich

$$\frac{\hat{S} - S}{c_V \cdot m} = \ln\left(\left[1 + \frac{2\kappa}{\kappa + 1}(Ma^2 - 1)\right] \cdot \left[\frac{2 + (\kappa - 1) \cdot Ma^2}{(\kappa + 1) \cdot Ma^2}\right]^{\kappa}\right) . \qquad (12.15)$$

Für $Ma = 1$ ist $\frac{\hat{S}-S}{c_V \cdot m} = 0$. Wir folgern, dass bei Unterschallströmung keine Stöße auftreten. Zusätzlich kann man bei niedriger Überschallströmung, etwa $Ma \leq 0{,}3$, den Energieverlust vernachlässigen und die Strömung als isentrop betrachten. In Abb. 12.5 wird noch der Quotient $\frac{\hat{p}_0}{p_0}$ (12.16) übernommen. Die Bedeutung dieses Verhältnisses klären wir gerade anschließend.

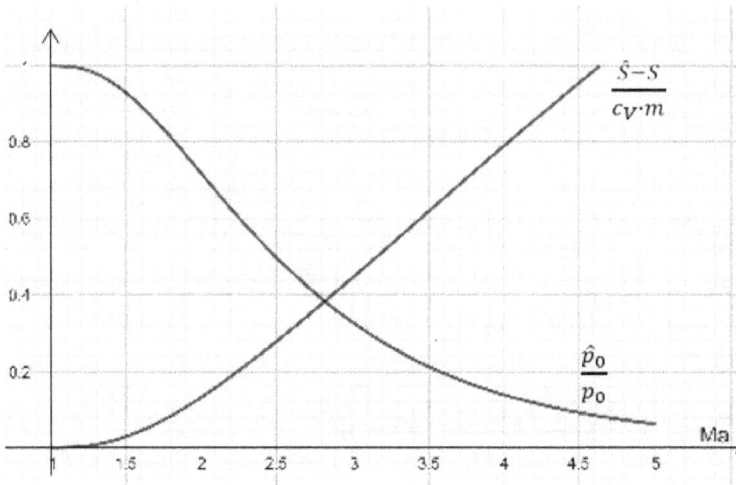

Abb. 12.5: Graphen von (12.15) und (12.16)

12.3 Änderung der Ruhegrößen beim Verdichtungsstoß

Wir haben vorhin bestimmt, wie sich die Zustandsgrößen nach einem Stoß ändern.

Die Ruhegrößen vor dem Stoß seien p_0, T_0, ρ_0 und $u_0 = 0$. Für die Ruhegrößen nach dem Stoß denken wir uns die Strömung isentrop bis zur Ruhe abgebremst, also $\hat{p}_0$, $\hat{T}_0$, $\hat{\rho}_0$ und $\hat{u}_0 = 0$ (Abb. 12.6).

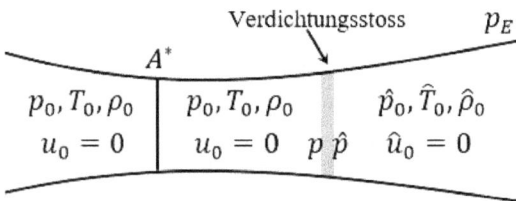

Abb. 12.6: Skizze zur Änderung der Ruhegrößen beim Verdichtungsstoß

Aus dem Energiesatz $c_p T_0 + \frac{u_0^2}{2} = c_p \hat{T}_0 + \frac{\hat{u}_0^2}{2}$ folgt $c_p T_0 = c_p \hat{T}_0$ und damit $\hat{T}_0 = T_0$. Dann ist aufgrund von $c = \sqrt{\kappa \cdot R_s \cdot T}$ (11.13) auch $\hat{c}_0 = c_0$. Da nicht zwischen Ruhe- und statischer Entropie unterschieden wird, gilt $S_0 = S$, $\hat{S}_0 = \hat{S}$ und damit

$$\frac{\hat{S}_0 - S_0}{c_V \cdot m} = \ln\left[\frac{\hat{T}_0}{T_0} \cdot \left(\frac{\rho_0}{\hat{\rho}_0}\right)^{\kappa-1}\right].$$

Mit $\hat{T}_0 = T_0$ wird daraus

$$\frac{\hat{S}_0 - S_0}{c_V \cdot m} = \ln\left(\left[1 + \frac{2\kappa}{\kappa+1}(Ma^2 - 1)\right] \cdot \left[\frac{2 + (\kappa-1)\cdot Ma^2}{(\kappa+1)\cdot Ma^2}\right]^\kappa\right) = \ln\left(\frac{\rho_0}{\hat{\rho}_0}\right)^{\kappa-1},$$

was

$$\frac{\hat{\rho}_0}{\rho_0} = \left[1 + \frac{2\kappa}{\kappa+1}(Ma^2 - 1)\right]^{\frac{1}{1-\kappa}} \cdot \left[\frac{(\kappa+1)\cdot Ma^2}{2 + (\kappa-1)\cdot Ma^2}\right]^{\frac{\kappa}{\kappa-1}} \tag{12.16}$$

ergibt.

Abermals mit $p_0 = \rho_0 \cdot R_s \cdot T_0$ und $\hat{p}_0 = \hat{\rho}_0 \cdot R_s \cdot \hat{T}_0$ (11.1) folgt aufgrund von $\hat{T}_0 = T_0$ die Identität

$$\frac{\hat{p}_0}{p_0} = \frac{\hat{\rho}_0}{\rho_0}. \tag{12.17}$$

Ruhedruck und Ruhedichte ändern sich damit. Dieses Verhältnis wurde in die vorherige Skizze übernommen, um etwas Platz zu sparen.

12.4 Das Pitot-Rohr

Im Überschallflug kann über ein Pitot-Rohr die Machzahl eines Flugzeugs bestimmt werden.

In Abb. 12.7 links ist Ma die Anström-Machzahl, p_u und p_{u_0} der Umgebungs- bzw. Ruhedruck. Mit $\hat{p}$ bezeichnen wir den Stoßdruck unmittelbar hinter der Verdichtungsstelle und mit $\hat{p}_0$ den zugehörigen Ruhedruck.

Das Messinstrument stellt ein Hindernis dar. Demnach tritt vor der Rohröffnung ein Verdichtungsstoß auf. Gemessen werden p_u und $\hat{p}_0$ (mit $\hat{u}_0 = 0$). Der Druck $\hat{p}_0$ entspricht in diesem Fall dem Staudruck (wie bei den Potenzialströmungen, wo am betreffenden Ort die Geschwindigkeit ebenfalls Null ist). Unter Verwendung von (11.18) und (12.16) gilt

$$\frac{p_u}{\hat{p}_0} = \frac{p_u}{p_0} \cdot \frac{p_0}{\hat{p}_0}$$

$$= \left[1 + \frac{\kappa-1}{2}\cdot Ma^2\right]^{\frac{\kappa}{1-\kappa}} \cdot \left[1 + \frac{2\kappa}{\kappa+1}(Ma^2 - 1)\right]^{\frac{1}{1-\kappa}} \cdot \left[\frac{(\kappa+1)\cdot Ma^2}{2 + (\kappa-1)\cdot Ma^2}\right]^{\frac{\kappa}{\kappa-1}}$$

$$= \left(\left[\frac{2}{2 + (\kappa-1)\cdot Ma^2}\right]^\kappa \cdot \left[1 + \frac{2\kappa}{\kappa+1}(Ma^2 - 1)\right] \cdot \left[\frac{2 + (\kappa-1)\cdot Ma^2}{(\kappa+1)\cdot Ma^2}\right]^\kappa\right)^{\frac{1}{\kappa-1}}$$

$$= \left(2^\kappa \cdot \left[1 + \frac{2\kappa}{\kappa+1}(Ma^2 - 1)\right] \cdot \frac{1}{\left[(\kappa+1)\cdot Ma^2\right]^\kappa}\right)^{\frac{1}{\kappa-1}}$$

und schließlich

$$\frac{p_u}{\hat{p}_0} = \left[\frac{1 + \frac{2\kappa}{\kappa+1}(Ma^2 - 1)}{\left(\frac{\kappa+1}{2}\cdot Ma^2\right)^\kappa}\right]^{\frac{1}{\kappa-1}}. \tag{12.18}$$

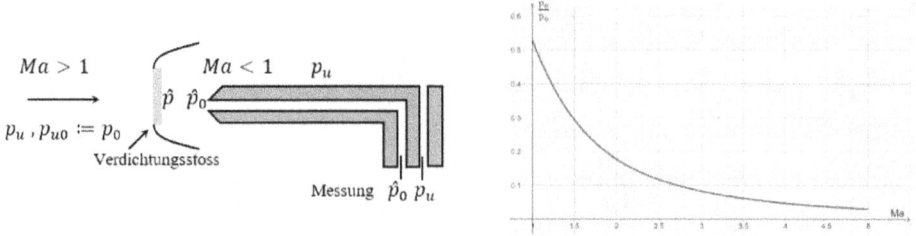

Abb. 12.7: Skizze zum Pitot-Rohr und Graph von (12.18)

Für $Ma = 1$ gibt es keinen Verdichtungsstoß. In diesem Fall ist $\hat{p}_0 = p_0$ und folglich (Abb. 12.7 rechts)

$$\frac{p_u}{\hat{p}_0} = \frac{p_u}{p_0} = \frac{p^*}{p_0} = 0{,}528 \ .$$

12.5 Fiktiver kritischer Querschnitt einer Unterschallströmung

Nachdem die Strömung den Verdichtungsstoß erfahren hat, kann sie bis zum Austritt als isentrop betrachtet werden.

Der Ort der Verdichtung und der zugehörige Querschnitt bleiben dabei aber unbekannt. Um die bestehenden Formeln einer isentropen Strömung anzuwenden, behandelt man diese so, als würde die Strömung bis zum fiktiven Querschnitt $\hat{A}_f^*$ auf $Ma = 1$ beschleunigt, um erst anschließend dem Ausgang zuzusteuern (Abb. 12.8).

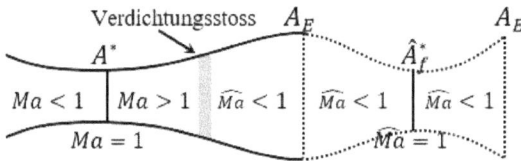

Abb. 12.8: Skizze zum fiktiven Querschnitt

Die Kontinuitätsgleichung schreibt sich zu $\rho^* u^* A^* = \hat{\rho}^* \hat{u}^* \hat{A}_f^*$. Mit Gleichung (12.14) wird daraus $\rho^* A^* = \hat{\rho}^* \hat{A}_f^*$ oder $\frac{A^*}{\hat{A}_f^*} = \frac{\hat{\rho}^*}{\rho^*}$. Da die Strömung nach der Verdichtung isentrop verläuft, gilt sowohl die Gleichung

$$\frac{\rho^*}{\rho_0} = \left(\frac{2}{\kappa + 1}\right)^{\frac{1}{\kappa - 1}} \tag{11.19}$$

als auch

$$\frac{\hat{\rho}^*}{\hat{\rho}_0} = \left(\frac{2}{\kappa + 1}\right)^{\frac{1}{\kappa - 1}} \ .$$

Damit erhält man

$$\frac{A^*}{\hat{A}_f^*} = \frac{\hat{p}_0 \left(\frac{2}{\kappa+1}\right)^{\frac{1}{\kappa-1}}}{p_0 \left(\frac{2}{\kappa+1}\right)^{\frac{1}{\kappa-1}}} = \frac{\hat{p}_0}{p_0}$$

und schließlich nach (12.16) $\frac{A^*}{\hat{A}_f^*} = \frac{\hat{p}_0}{p_0}$.

Mit $p_0 > \hat{p}_0$ (vgl. Abb. 12.5) ist auch $\hat{A}_f^* > A^*$. Für die kritischen Drücke folgt $\hat{p}_f^* < p^*$, denn es gilt

$$\frac{p^*}{p_0} = 0{,}528 = \frac{\hat{p}_f^*}{\hat{p}_0} > \frac{\hat{p}_f^*}{p_0} .$$

Wir fassen zum Schluss die Änderung der kritischen Zustandsgrößen vor und nach dem Stoß in einer Tabelle zusammen.

Vergleich der Zustandsgrößen vor dem Stoß und nach dem Stoß	Vergleich der kritischen Zustandsgrößen vor dem Stoß und der fiktiven, kritischen Zustandsgrößen nach dem Stoß
$p < \hat{p}, p_0 > \hat{p}_0$	$\hat{p}_f^* < p^*$
$\rho < \hat{\rho}, \rho_0 > \hat{\rho}_0$	$\hat{\rho}_f^* < \rho^*$
$T < \hat{T}, T_0 = \hat{T}_0$	$\hat{T}_f^* = T^*$
$c < \hat{c}, c_0 = \hat{c}_0$	$\hat{u}^* = u^* = c^* = \hat{c}^*$
$u > \hat{u}$	$\hat{A}_f^* > A^*$
$Ma > \widehat{Ma}$	$\widehat{Ma_f^*} > Ma^*$

Damit sind wir in der Lage, den Strömungsverlauf in einer unangepassten Laval-Düse zu beschreiben.

Beispiel 1. Wir geben den Ort bzw. den zugehörigen Querschnitt des Verdichtungsstoßes an: $A_{vs} = 2\,cm^2$. Weiter ist $p_0 = 2\,bar$, $A^* = 1\,cm^2$ und der Austrittsquerschnitt $A_E = 3{,}5\,cm^2$. Gesucht ist der Umgebungsdruck am Austritt $p_E = p_u$.

Aus $\frac{A^*}{A_{vs}} = \frac{1}{2}$ folgt die Machzahl mit

$$\frac{A^*}{A_{vs}} = Ma \left(\frac{2 + (\kappa - 1)Ma^2}{\kappa + 1}\right)^{\frac{\kappa+1}{2(1-\kappa)}}$$

(12.2) zu $Ma = 2{,}197$.

Weiter ergibt (12.16)

$$\frac{A^*}{\hat{A}_f^*} = \frac{\hat{p}_0}{p_0} = \left[1 + \frac{2\kappa}{\kappa + 1}(Ma^2 - 1)\right]^{\frac{1}{1-\kappa}} \cdot \left[\frac{(\kappa + 1) \cdot Ma^2}{2 + (\kappa - 1) \cdot Ma^2}\right]^{\frac{\kappa}{\kappa-1}} = 0{,}629$$

und daraus $\hat{A}_f^* = 1{,}589\,cm^2$, $\hat{p}_0 = 1{,}259$.

Schließlich gilt mit (12.2)

$$\frac{\hat{A}_f^*}{A_E} = \left(\frac{\kappa + 1}{2}\right)^{\frac{\kappa+1}{2(\kappa-1)}} \sqrt{\frac{2}{\kappa - 1}} \cdot \left(\frac{p_E}{\hat{p}_0}\right)^{\frac{1}{\kappa}} \sqrt{1 - \left(\frac{p_E}{\hat{p}_0}\right)^{\frac{\kappa-1}{\kappa}}} = 0{,}949 ,$$

woraus $p_E = 0{,}949 \cdot p_0 = 1{,}194\,bar$ folgt.

Beispiel 2. Im Unterschied zum ersten Beispiel soll der Druck am Austritt gegeben sein: $p_E = p_u = 1$ bar. Die Lage des Verdichtungsstoßes ist hingegen unbekannt.

Weiterhin gilt $p_0 = 2$ bar, $A^* = 1\,\text{cm}^2$ und $A_E = 3{,}5\,\text{cm}^2$.

Es entsteht in diesem Fall ein Gleichungssystem mit den beiden Unbekannten $\hat{A}_f^*$ und $\hat{p}_0$:

$$\frac{A^*}{\hat{A}_f^*} = \frac{\hat{p}_0}{p_0} \quad \text{und} \quad \frac{\hat{A}_f^*}{A_E} = \left(\frac{\kappa+1}{2}\right)^{\frac{\kappa+1}{2(\kappa-1)}} \sqrt{\frac{2}{\kappa-1}} \cdot \left(\frac{p_E}{\hat{p}_0}\right)^{\frac{1}{\kappa}} \sqrt{1 - \left(\frac{p_E}{\hat{p}_0}\right)^{\frac{\kappa-1}{\kappa}}}.$$

Die Größe $\hat{A}_f^*$ wird ersetzt, woraus

$$A_E \cdot \left(\frac{\kappa+1}{2}\right)^{\frac{\kappa+1}{2(\kappa-1)}} \sqrt{\frac{2}{\kappa-1}} \cdot \left(\frac{p_E}{\hat{p}_0}\right)^{\frac{1}{\kappa}} \sqrt{1 - \left(\frac{p_E}{\hat{p}_0}\right)^{\frac{\kappa-1}{\kappa}}} = A^* \cdot \frac{p_0}{\hat{p}_0} \cdot \frac{p_E}{p_E}$$

entsteht. Wir setzen zur Abkürzung

$$\alpha := A_E \cdot \left(\frac{\kappa+1}{2}\right)^{\frac{\kappa+1}{2(\kappa-1)}} \sqrt{\frac{2}{\kappa-1}} \quad \text{und} \quad \alpha := \frac{p_E}{\hat{p}_0}$$

und erhalten

$$\alpha \cdot z^{\frac{1}{\kappa}} \sqrt{1 - z^{\frac{\kappa-1}{\kappa}}} = A^* \cdot z \cdot \frac{p_0}{p_E}.$$

Zudem sei

$$\beta = \frac{A^* \cdot p_0}{\alpha \cdot p_E} = z^{\frac{1}{\kappa}-1} \sqrt{1 - z^{\frac{\kappa-1}{\kappa}}},$$

was zu

$$z^{\frac{1-\kappa}{\kappa}} \sqrt{1 - z^{-\frac{1-\kappa}{\kappa}}} = \beta$$

führt. Setzen wir noch $y = \frac{1-\kappa}{\kappa}$, so ergibt dies $z^y \sqrt{1 - z^{-y}} = \beta$, $\sqrt{z^{2y} - z^y} = \beta$ und schließlich $z^{2y} - z^y - \beta^2 = 0$.

Mit Hilfe einer letzten Substitution, $z = u^y$, folgt die Lösung zu

$$u_{1,2} = \frac{1 \pm \sqrt{1 + 4\beta^2}}{2}$$

oder

$$\left(\frac{p_E}{\hat{p}_0}\right)^{\frac{1-\kappa}{\kappa}} = \frac{1}{2}\left[1 + \sqrt{1 + 4\left(\frac{A^* \cdot p_0}{\alpha \cdot p_E}\right)^2}\right], \quad \frac{p_E}{\hat{p}_0} = \left(\frac{1}{2}\left[1 + \sqrt{1 + 4\left(\frac{A^* \cdot p_0}{\alpha \cdot p_E}\right)^2}\right]\right)^{\frac{\kappa}{1-\kappa}}$$

und schließlich

$$\hat{p}_0 = p_E \left(\frac{1}{2}\left[1 + \sqrt{1 + 4\left(\frac{A^* \cdot p_0}{\left(\frac{\kappa+1}{2}\right)^{\frac{\kappa+1}{2(\kappa-1)}} \sqrt{\frac{2}{\kappa-1}} \cdot A_E \cdot p_E}\right)^2}\right]\right)^{\frac{\kappa}{1-\kappa}} = 1{,}077 \text{ bar}.$$

Letztlich folgt aus

$$\frac{\hat{p}_0}{p_0} = \left[1 + \frac{2\kappa}{\kappa + 1}(Ma^2 - 1)\right]^{\frac{1}{1-\kappa}} \cdot \left[\frac{(\kappa + 1) \cdot Ma^2}{2 + (\kappa - 1) \cdot Ma^2}\right]^{\frac{\kappa}{\kappa-1}} = 0,538$$

die Machzahl $Ma = 2,404$ und aus

$$\frac{A^*}{A_{vs}} = Ma\left(\frac{2 + (\kappa - 1)Ma^2}{\kappa + 1}\right)^{\frac{\kappa+1}{2(1-\kappa)}} = 0,415$$

der Verdichtungsquerschnitt $A_{vs} = 2,412\ \text{cm}^2$.

Übungen

1. In einem Spritzrohr befindet sich Benzin (Dichte $\rho = 780 \frac{kg}{m^3}$) und darunter ein Gas unter einem Überdruck von $\Delta p = 4$ bar (Abb. 9 links). Die Höhe der Flüssigkeitssäule beträgt $H = 0,2$ m. Der Durchmesser am Ende des Rohrs ist $d_2 = 10$ mm. Der Durchmesser in der Grenzschicht zwischen Gas und Benzin beträgt $d_1 = 10$ mm. Leiten Sie zuerst einen Ausdruck für die Geschwindigkeit v_2 her und berechnen Sie dann den Wert von v_2.

2. Am 20.9.1911 kollidierte der Kreuzer RMS Hawke mit dem transatlantischen Ozeanriesen RMS Olympic in einem Seitenarm des Ärmelkanals, als die Schiffe in derselben Richtung fahrend, lediglich einen Abstand von 100 m zueinander besaßen. Der Kreuzer muss in den Sog des größeren Schiffs geraten sein, als jener eine Wendung nach Steuerbord vollzog. Zeigen Sie, dass der Bernoulli-Effekt eine mögliche Erklärung für das Unglück liefert (Abb. 9 rechts). $v_{a,1}$ und $v_{a,2}$ seien die Geschwindigkeiten des Wassers an der jeweils abgewandten Schiffseite. v_i ist die Geschwindigkeit des Wassers zwischen den Schiffen. Nach dem Gesetz von Bernoulli ist $v_i > v_{a,1}$ und $v_i > v_{a,2}$. Zeigen Sie, dass dann $p_{a,1} > p_{i,1}$ bzw. $p_{a,2} > p_{i,2}$ folgt und damit die Schiffe sich zwangsweise „anziehen" mussten.

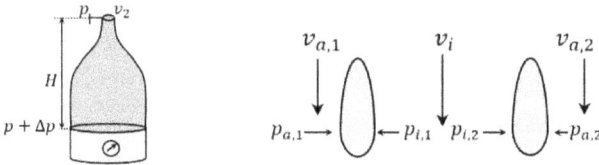

Abb. 9: Skizze zu den Übungen 1 und 2

3. Das Venturi-Rohr dient der Messung von Volumenströmen von Flüssigkeiten und Gasen (Abb. 10 links). Dabei wird eine Verengung eingebaut und die Druckdifferenz gegenüber dem unverengten Rohr gemessen. Nehmen wir einen Wasserstrom mit $\rho = 1000 \frac{kg}{m^3}$. Die Rohrdurchmesser betragen $d_1 = 8$ cm und $d_2 = 6$ cm. An einem Quecksilbermanometer wird ein Druckunterschied von $\Delta p = 500$ Torr gemessen. Bestimmen Sie den Volumenstrom $\dot{V}$.

4. Ein Gefäß mit dem Durchmesser 40 cm ist bis zu einer Höhe $H = 1$ m mit Wasser gefüllt (Abb. 10 rechts). Es wird am Boden über ein Rohr mit dem Durchmesser 10 cm entleert. Gleichzeitig werden dem Tank 6 Liter pro Sekunde zugeführt.
   a) Wie lautet die Gleichung für die Füllstandshöhe $h(t)$?
   b) Wann und bei welcher Höhe $h(t)$ wird der Tiefststand erreicht?
   c) Wann entspricht der Füllstand der ursprünglichen Höhe?
   d) Wieviel Liter pro Sekunde dürfte man höchstens einfüllen, damit der Tank sich bis zu einer Füllhöhe von 1 cm entleert?

https://doi.org/10.1515/9783110684520-013

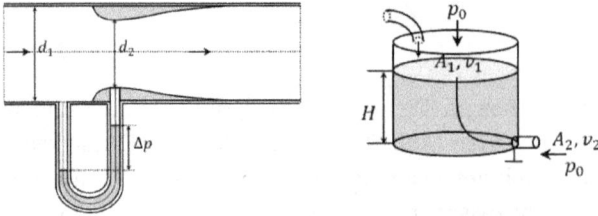

Abb. 10: Skizze zu den Übungen 3 und 4

5. In der besprochenen Heberleitung wird das Wasser des Behälters bei konstant bleibender Füllhöhe H über eine Röhre der Länge l abgeleitet (Abb. 11 links). Im Punkt D ist der Druck innerhalb der Röhre minimal.
    a) Welche Bedingung muss H_R erfüllen, damit der Wasserfluss im Punkt D nicht abreißt? Beantworten Sie die Frage für den Fall i) $t = 0$ und ii) $t \to \infty$.
    b) Welche Bedingung aus a) ist stärker, i) oder ii)?

6. Ein Rohrkrümmer mit überall gleichem Querschnitt A hat die Form eines Viertel-torus (Abb. 11 rechts). Wasser strömt horizontal in die Röhre und vertikal aus der Röhre.
    a) Bestimmen Sie die auf die Rohrwand wirkenden Komponenten K_x und K_z der Mantelkraft für diesen Fall.
    b) Es sei $A = 0{,}12\,\text{m}^2$, $\rho = 10^3\,\frac{\text{kg}}{\text{m}^3}$, $p_2 = 50\,\text{kPa}$, $Q = 0{,}12\,\frac{\text{m}^3}{\text{s}}$ und $l = 1\,\text{m}$. Bestimmen Sie die Beträge von K_x und K_z und die daraus enstehende Man-telkraft K auf den Krümmer.

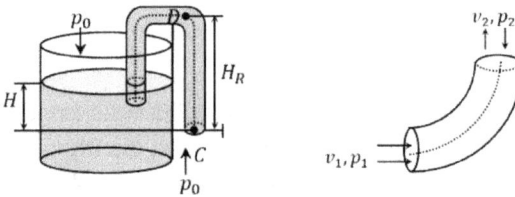

Abb. 11: Skizze zu den Übungen 5 und 6

7. Ein Fluid der Dichte ρ fließe mit der Geschwindigkeit von v_1 durch ein Rohr.
    a) Welchem Druckverlust entspricht eine plötzliche Erweiterung des Durchmes-sers um die Hälfte ausgedrückt mit ρ und v_1 (Verlustziffer $\xi = 1$)?
    b) Wie groß ist die zugehörige Druckänderung $\Delta p = p_2 - p_1$ ausgedrückt mit ρ und v_1?

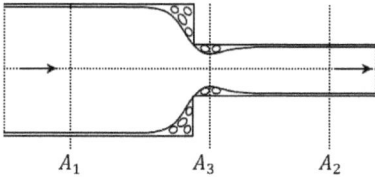

Abb. 12: Skizze zur Übung 8

A_1 A_3 A_2

8. Ein Fluid erfährt an einer Stelle eine plötzliche Verengung (Abb. 12). Die Stromfäden ziehen sich bis zu einem kleinsten Querschnitt A_3 zusammen, um sich dann in einiger Entfernung wieder an die Rohrwand anzulegen. Der Druckverlust bei der Einschnürung ist gering. Erheblicher ist der Verlust bei erneuter Erweiterung. Diesen Vorgang kann man in der Borda-Carnot-Form $\Delta p_V = \frac{1}{2}\rho(v_3 - v_2)$ darstellen.
   a) Benutzen Sie $\mu = \frac{A_3}{A_2}$ für das Verhältnis des Kontraktionsquerschnitts zum kleineren Rohrquerschnitt und drücken Sie Δp_V mit ρ, A_1, A_2 und v_1 aus unter Verwendung der Kontinuitätsgleichung und der Näherungsformel von Weisbach: $\mu = 0{,}63 + 0{,}37(\frac{A_2}{A_1})^3$.
   Wieder sei der Einfachheit halber die Verlustziffer $\xi = 1$.
   b) Nehmen Sie wie in der vorhergehenden Aufgabe $\frac{d_1}{d_2} = 1{,}5$ und drücken Sie Δp_V mit ρ und v_1 aus. Vergleichen Sie das Ergebnis mit Übung 7.

9. Gegeben ist die Funktion $\psi(x,y) = x + 2xy + y$.
   a) Zeigen Sie, dass ψ eine Stromfunktion definiert.
   b) Bestimmen Sie das zugehörige Potenzial, falls es existiert.
   c) Skizzieren Sie einige Strom- und Potenzialfunktionen. Welche Strömung wird durch ψ beschrieben?

10. Gleiche Fragestellung wie bei 9. für die Funktion $\psi(x,y) = \sqrt{\sqrt{x^2 + y^2} - x}$.

11. Es soll die Umströmung eines mit $v_\infty = 1\,\frac{m}{s}$ angeströmten ovalen Körpers, wie in Kapitel 5.4 beschrieben, simuliert werden. Wie müssen die Größen a und Q gewählt werden, damit der Körper gleich lang wie breit wird?

12. In Kapitel 6 wird eine Übersicht über die Keilströmungen gegeben. Bestimmen Sie die Stromfunktion in kartesischen Koordinaten der sechs genannten Polarformen.

13. Geben Sie die räumliche Staupunktströmung in Kugelkoordinaten an.

14. Eine horizontale Wasserleitung mit dem Durchmesser $0{,}1$ m verläuft durch einen Erdhügel (Abb. 13). Da die Druckmessungen in den Punkten 1 bis 4 nicht gleichmäßig abnehmen, vermutet man ein Leck zwischen den Punkten 2 und 3. Nehmen Sie $\rho = 1000\,\frac{kg}{m^3}$ und $\nu = 10^{-6}\,\frac{m^2}{s}$.
   a) Bestimmen Sie die mittlere Strömungsgeschwindigkeiten $\bar{u}_{12}$ und $\bar{u}_{34}$ in den entsprechenden Abschnitten. Verwenden Sie für den Druckverlust den Ansatz von Darcy-Weisbach $\Delta p_{konst} = \lambda \frac{l}{d}\rho\frac{\bar{u}^2}{2}$ und die Formel von Colebrook-White $\frac{1}{\sqrt{\lambda}} = 1{,}74 - 2 \cdot \log_{10}(\frac{18{,}7}{Re\sqrt{\lambda}})$ $(k = 0)$.

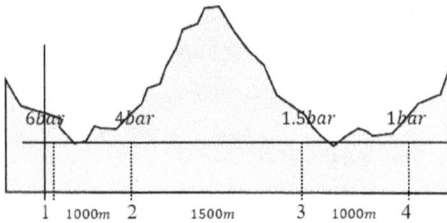

Abb. 13: Skizze zur Übung 14

b) Bestimmen Sie den Volumenstrom für den Wasserverlust an der Leckstelle.

c) An welcher Stelle befindet sich das Leck?

15. Durch eine horizontale Leitung von 1 km Länge und 20 cm Durchmesser fließen pro Minute 4500 Liter Wasser von 15 °C. Die Dichte sei $\rho_{15°C} = 999{,}10\ \frac{kg}{m^3}$. Mit Hilfe eines Pitot-Rohrs wird praktisch am Anfang der Strömung die Geschwindigkeit $u_{max} = 2{,}85\ \frac{m}{s}$ in Rohrmitte gemessen.

a) Bestimmen Sie die durchschnittliche Geschwindigkeit $\bar{u}$.

b) Welchem Exponenten n entsprechen die Werte $\bar{u}$ und u_{max}?

c) Wie groß ist demnach die zugehörige Reynolds-Zahl? Bestätigen Sie auch die Turbulenz der Strömung.

d) Bestimmen Sie die Rohrreibungszahl λ.

e) Wie groß ist der Druckverlust entlang der gesamten Rohrlänge?

16. In einem 5 m tiefen Gewässer wird jede zweite Sekunde die maximale Amplitude von 0,5 m der Oberfläche einer Wasserwelle gemessen.

a) Bestimmen Sie die Wellenlänge.

b) Wie groß ist die maximale Geschwindigkeit an der Oberfläche und am Boden?

17. Sie werfen einen Stein in einen Fluss (Abb. 14 links). Aus dem entstehenden Wellenbild schätzen Sie etwa $b \approx 2a$. Bestimmen Sie daraus die Froude-Zahl.

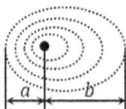

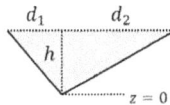

Abb. 14: Skizzen zu den Übungen 17 und 22

18. Ein Rechteckgerinne der Geschwindigkeit $v_1 = 3\ \frac{m}{s}$ fließt über eine Bodenschwelle (Abb. 15). Die Erhebung sei gerade so groß, dass die Fließart von strömend zu schießend übergeht (Kapitel 10.1, Fall III.). Danach fließt das Wasser die Böschung hinab. Die Höhe des Wasserspiegels beträgt dann $h_2 = 0{,}5$ m. Die Breite des Gerinnes ist $b = 10$ m.

a) Berechnen Sie h_1, Q und v_2.

b) Bestimmen Sie die Höhe d der Schwelle.

c) Zeigen Sie, dass die Strömung weiterhin schießend bleibt.

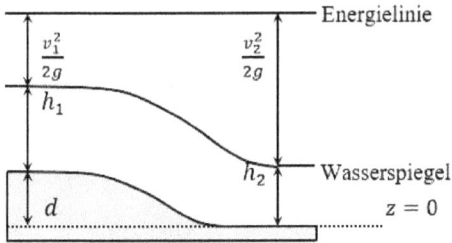

Abb. 15: Skizze zur Übung 18

19. a) Drücken Sie sowohl den Druckverlust $\Delta h_V = \frac{(h_2-h_1)^3}{4h_1h_2}$ als auch die Höhenenergie des Oberwassers $\Delta E_1 = h_1 + \frac{v_1^2}{2g}$ beim Wechselsprung durch die Froude-Zahl $Fr_1^2 = \frac{v_1^2}{gh_1}$ der Anströmung und der Höhe h_1 aus.

    b) Schreiben Sie das Verhältnis $\frac{\Delta h_V}{\Delta E_1}$ als Funktion von Fr_1 alleine und stellen Sie den Verlauf dar.

20. Gegeben ist eine Dreiecksrinne der Höhe h. Die Steigungen der Böschungen seien $m_1 = \frac{d_1}{h}$ und $m_2 = \frac{d_2}{h}$.

    a) Zeigen Sie in einem ersten Schritt, dass der minimale benetzte Umfang für $m_1 = m_2$ erreicht wird.

    b) Beweisen Sie mit Kenntnis des Ergebnisses aus a), dass $m_1 = m_2 = m = 1$ ist.

    c) Bestimmen Sie die Grenztiefe h_{Gr} zuerst in Abhängigkeit von m_1 und m_2, dann für $m_1 = m_2 = m$ und schließlich für $m = 1$.

    d) Bestimmen Sie eine Formel für die Grenzgeschwindigkeit v_{Gr} als Funktion von h_{Gr}.

21. Gegeben ist ein Rechteckgerinne der Breite $b = 10$ m und ein abgerundetes Wehr mit der Tiefe $w = 2$ m und derselben Breite. Nach einem vollkommenen Überfall erreicht die Strömung am Fuß des Wehrs eine Höhe von $h_2 = 0,3$ m.

    a) Stellen Sie die Bernoulli-Gleichung für die höchste Bahnlinie der Strömung in einem Punkt 1 auf der Wehrkrone und einem Punkt 2 am Fuß des Wehrs auf und bestimmen Sie daraus den Fluss Q und die Geschwindigkeit v_2 am Fuß des Wehrs.

    b) Benutzen Sie die Gleichung (10.5) von du Buat und berechnen Sie daraus die Überfallhöhe $h_ü$ und die Anströmgeschwindigkeit v_0.

    c) Bestimmen Sie zum Vergleich noch h_{Gr} und v_{Gr}.

22. Gegeben ist eine Dreiecksrinne mit optimalen Abmessungen, d. h., der Böschungswinkel ist $\alpha = 45°$ (Abb. 14 rechts).

    a) Bestimmen Sie den hydraulischen Durchmesser.

    b) Welche Wassertiefe stellt sich mit Hilfe der Formel von GMS bei folgenden Werten ein? $Q = 0,2 \frac{m^3}{s}$, $J = 0,005$ und $k_{Str} = 40$.

    c) Wie lang müssen demnach die Seitenwände der Rinne gewählt werden, damit das Wasser nicht überläuft?

23. Gegeben ist eine gleichschenklige Trapezrinne mit optimalen Abmessungen, d. h., die Steigung der Böschung beträgt $m = \frac{1}{\sqrt{3}}$.

   a) Bestimmen Sie den hydraulischen Durchmesser.

   b) Gegeben seien $Q = 0,2 \frac{m^3}{s}$, $J = 0,005$, $c = 1$ m und $k_{Str} = 50$. Welche Wassertiefe stellt sich ein, wenn Sie

   b_1) die Formel nach GMS,

   b_2) die Formel nach Weisbach und die Colebrook-White-Gleichung in der Form $\frac{1}{\sqrt{\lambda_0}} = 1,74 - 2\log_{10}(\frac{2k}{d_{H,0}})$ benutzen?

24. Durch eine 1 km lange horizontale Leitung mit unbekanntem Durchmesser strömen pro Sekunde $10\,m^3$ Wasserdampf bei einem Eingangsdruck von 50 bar hindurch. Weiter sei $\rho_1 = 16,4 \frac{kg}{m^3}$, $\eta = 26 \cdot 10^{-6} \frac{kg}{ms}$ und $k = 0,1$ mm. Die Strömung verlaufe isotherm.

   a) Wie groß muss der Radius der Leitung gewählt werden, wenn der Druckverlust höchstens 10 bar betragen soll?

   b) Bestimmen Sie die Größen ρ, $\bar{u}_1$ und $\bar{u}$.

25. An einem Druckbehälter, in dem sich Luft unter einem Druck von $p_0 = 8$ bar und einer Temperatur von $T_0 = 25\,°C$ befindet, ist eine Laval-Düse angeschlossen, deren Querschnitt am Austritt $A_E = 1,5\,cm^2$ beträgt. Bei Inbetriebnahme soll ein Massenstrom von $\dot{m} = 0,15 \frac{kg}{s}$ fließen. Berechnen Sie nacheinander die Größen u_{max}, ρ_0, A^*, Ma, T_E und p_u.

Weiterführende Literatur

N. A. Adams. Fluidmechanik I. Vorlesungsskript, TU München, Sommersemester 2008.

N. A. Adams. Fluidmechanik II, Einführung in die Dynamik der Fluide. Vorlesungsskript, TU München, Wintersemester 2014/15.

A.-M. Chiavetta. Lineare Wasserwellen. Hauptseminar, Johannes Gutenberg Universität Mainz, 2016.

H. Czichos und M. Hennecke. *Das Ingenieurwissen*. Springer, 32. Auflage, 2004. ISBN 3-540-20325-7.

R. Freimann. *Hydraulik für Bauingenieure*. Carl Hanser, 3. Auflage, 2014. ISBN 978-3-446-43740-1.

W. H. Hager. *Abwasserhydraulik*. Springer, 1995. ISBN 13: 978-3-642-77430-0.

P. Hakenesch. Fluidmechanik, Version 3.0. Vorlesungsskript, Technische Hochschule Nürnberg, 2012.

G. H. Jirka und C. Lang. *Einführung in die Gerinnehydraulik*. Univerlag Karlsruhe, 2014. ISBN 978-3-86644-363-1.

S. Mai, C. Paesler und C. Zimmermann. Wellen und Seegang an Küsten und Küstenbauwerken. Vorlesungsergänzungen Heft 90a, Universität Hannover, 2004.

A. Malcherek. Fließgewässer – Hydromechanik und Wasserbau, Version 3.0. Vorlesungsskript, Universität München, 2000.

A. Malcherek. Vorlesungsvideos auf youtube: Ästuar 1, Gerinnehydraulik 2, 4–6, 8, 14, Hydraulik 8–10, Hydrodynamik 6, 14, Kontrollstrukturen 1, 3, 4, 6, 8, 10, 11. Universität der Bundeswehr, München, 2015–2020.

A. Malcherek. *Gezeiten und Wellen*. Springer, 2. Auflage, 2018. ISBN 978-3-658-19302-7.

I. Neuweiler. Strömungsmechanik für Bauingenieure. Gesamtausgabe 10/2010, Universität Hannover, 2010.

H. Patt. *Hochwasser-Handbuch*. Springer, 2001. ISBN 978-3-642-63210-5.

C. Rapp. *Hydraulik für Ingenieure und Naturwissenschaftler*. Springer, 2017. ISBN 978-3-658-18618-0.

V. Schröder. *Übungsaufgaben zur Strömungsmechanik 1*. Springer, 2. Auflage, 2018. ISBN 978-3-662-56053-2.

K. Strauss. Strömungsmechanik für Bio- und Chemieingenieure. Vorlesungsskript, Universität Dortmund, 1987–2004.

D. Surek und S. Stempin. *Angewandte Strömungsmechanik*. Teubner, 2007. ISBN 978-3-8351-0118-0.

http://www.aia.rwth-aachen.de/vlueb/vl/technische_stroemungslehre/assign/uebung9.pdf.

http://www.grentz.ch/files/potentialstroemung_magnuseffekt_grentz_2010_2_14.pdf.

http://hakenesch.userweb.mwn.de/aerodynamik/K4_Folien.pdf.

http://www.hollow-cubes.de/Rep_Kuestening/Kw02.pdf.

https://krene.ch/krene/wp-content/uploads/2010/09/HS08-Siwall.pdf.

https://tu-dresden.de/ing/maschinenwesen/ilr/ressourcen/dateien/tfd/studium/dateien/Aerodynamik_V.pdf?lang=de.

https://www.unikassel.de/fb10/fileadmin/datas/fb10/physik/oberflaechenphysik/exp2/Lehre/ExpPhysI/Hydrodynamik.pdf.

https://doi.org/10.1515/9783110684520-014

Stichwortverzeichnis

Abminderungsfaktor 145
Absenkgeschwindigkeit 10, 25, 27–29, 31
Adiabatisch 162, 177
Angepasst 121, 150, 162, 176
Auftriebskraft 66, 71, 72
Ausströmgeschwindigkeit 143

Bazin 133, 150, 161
Borda-Carnot 21, 95, 191
Böschung 120, 121, 192, 194
Brechen 121

Colebrook-White 96, 103, 134, 152–154, 164,
    192, 194

D'Alembert 75, 95
Darcy 150, 192
De Chézy 147
Diffusive Welle 157
Diffusor 176
Dipolmoment 63
Drehung 36, 37
Druckbeiwert 58, 78
Druckverlust 22, 95, 96, 101, 103, 149, 163, 164,
    190–194
Du Buat 140, 193
Düse 15, 16, 69–71, 89, 90, 174–177, 185, 194
Dynamisch 9

Eigenrotation 36
Einfach zusammenhängend 39, 41, 42
Energiedichte 116, 117, 119
Energieerhaltung 7, 13, 28, 166, 177
Energietransport 118
Enthalpie 165
Entropie 162, 177, 180, 182

Flachwasser 110–113, 120, 126
Froude 128, 131, 132, 192, 193

Gauckler/Manning/Strickler 150, 152
Geodätisch 132, 155, 159
Grenzschichttheorie 160, 177
Grenztiefe 126, 127, 129, 130, 135, 136, 139, 193

Haartrockner 89
Hagen-Poiseuille 101

Heberleitung 11, 22, 190
Höhenverlust 22
Hydraulisch 133, 151–153
Hydrostatisch 7, 9, 125, 144, 145, 149, 155
Hyperbel 53

Impulserhaltung 6, 13, 21, 29, 99, 159, 177
Inkompressibel 2, 4, 7, 168
Instationär 2, 4, 7, 30, 111
Isentrop 162, 176, 177, 181, 182, 184

Kamin 98
Kapillardruck 110, 111
Kapillarwellen 110
Kàrmàn 33
Kinematische Welle 113, 154, 156, 157
Kompressibel 4, 7
Kontrollvolumen 131
Kreisrinne 134, 136, 150, 151, 153
Kritische Zustandsgrößen 169

Laminar 100, 102, 147, 154, 160, 161
Laval 176, 177, 185, 194

Mach'scher Winkel 168
Magnus 71
Malcherek 29, 30, 141, 143, 145
Mantelkraft 16–18, 20, 98, 190
Massenbilanz 4, 5, 154
Massenstrom 3, 4, 63, 99, 145, 164, 170, 171,
    175, 194
Massenstromdichte 170, 172
Mittlere Leistungsdichte 118

Navier 2, 154, 159
Newton 99, 160
Normalabfluss 148, 149, 160
Normalenvektor 43, 49, 55
Nulldruck 59, 66

Oberflächenfunktion 107, 109
Oberflächenspannung 99, 105, 110, 111
Orthogonalität 50, 54, 87

Parabolische Lösung 158
Phasengeschwindigkeit 105, 108–111
Pitot 9, 183, 184, 192
Poisson 165

https://doi.org/10.1515/9783110684520-015

Poleni 137–140
Pumpe 16

Rankine 44, 56, 57, 67, 80, 91, 92
Rauheit 95, 96, 102, 103, 133, 148, 150, 153
Rechteckrinne 134, 139, 152
Reynolds 96, 99, 101, 102, 104, 148, 192
Ringspalt 100
Rohrkrümmer 19–21, 190
Rohrreibungszahl 95, 133, 152, 192
Rückstau 145–147
Ruhedruck 183

Saint-Venant 155, 159
Scherung 36, 37
Schütz 130, 142–145, 147
Schwerewellen 110
Sog 66, 189
Sohlhöhe 125, 128, 129
Sohlschubspannung 161
Spannung 100, 110, 160
Springbrunnen 15
Stationär 3, 4, 8, 144
stationär 46
Statisch 7, 9, 114
Staudruck 7, 9, 183
Staupunkt 57, 59, 67, 72, 73, 77, 78, 80, 91
Stokes 2, 40, 41, 121, 154, 159
Strickler-Beiwert 150
Strudel 68

Taylor 36
Tiefwasser 109, 110, 112, 113, 120, 121
Torricelli 8, 24, 27, 28, 138, 143, 147
Totale Beschleunigung 14
Trapezrinne 134, 152, 194
Turbulent 17, 147, 154, 160, 161

Überfallbeiwert 139
Überfallhöhe 137–140
Überkritisch 127
U-Boot 62
Umgebungsdruck 138, 176, 185
Unterkritisch 127
Unvollkommener Abfluss 145
U-Rohr 13

Vena contracta 29, 30, 142, 143, 145
Venturi 176, 177, 189

Verlustzahl 95
Verlustziffer 22, 190, 191
Viskos 38, 147
Volumenstrom 14, 49, 50, 60, 70, 71, 89, 90,
96, 100–103, 189, 192

Wasserspiegel 8, 12, 66, 67, 126, 128, 129, 140
Wechselsprung 129–131, 137, 193
Weisbach 95, 101, 103, 137, 138, 149, 152, 153,
161, 191, 192, 194
Wellenenergie 115
Wirbelstärke 37, 38

Zentripetalkraft 43
Zustandsgrößen 2, 166, 169, 171, 177, 182, 185

www.ingramcontent.com/pod-product-compliance
Lightning Source LLC
Chambersburg PA
CBHW081523220326
41598CB00036B/6305